Word/Excel/PPT

商务办公

技能 + 技巧 + 实战

应用大全

一线文化◎编著

U0261375

中国铁道出版社有限公司
CHINA RAILWAY PUBLISHING HOUSE CO., LTD.

内 容 简 介

　　书中以 Office 2021 为平台，从商务办公人员的工作需求出发，配合大量典型实例，全面而系统地讲解了 Office 办公软件在商务办公工作中的应用。全书共 19 章：第 1~13 章，主要讲解 Office 办公软件中 Word、Excel 和 PPT 的基本操作，包括 Office 快速入门、编辑办公文档、图文混排、绘制表格、编辑长文档、审阅及邮件合并、编辑电子表格、公式与函数、图表、分析与管理数据、制作幻灯片、编辑幻灯片和播放幻灯片等操作；第 14~16 章，主要讲解 Word、Excel 和 PPT 的相关使用技巧；第 17~19 章，主要讲解 Office 办公软件在实际工作中的应用，包括制作劳动合同、公司宣传文档、财产物资管理制度、办公用品登记表、员工工资表、销售统计表、公司费用支出明细表、沟通技巧培训、年终总结和产品宣传画册等实例。

　　本书可作为需要使用 Office 软件处理日常办公事务的文秘、人事、财务、销售、市场营销、统计等专业人员的案头参考书，也可以作为大、中专职业院校、电脑培训班相关专业的教材或参考用书。

图书在版编目（CIP）数据

Word/Excel/PPT 商务办公技能+技巧+实战应用大全/
一线文化编著. —北京：中国铁道出版社有限公司，
2022.10
　ISBN 978-7-113-29285-0

　Ⅰ. ①W… Ⅱ. ①一… Ⅲ. ①办公自动化-应用软件
Ⅳ. ①TP317.1

　中国版本图书馆 CIP 数据核字（2022）第 106765 号

书　　名：Word/Excel/PPT 商务办公技能+技巧+实战应用大全
　　　　　Word/Excel/PPT SHANGWU BANGONG JINENG+JIQIAO+SHIZHAN YINGYONG DAQUAN
作　　者：一线文化

责任编辑：于先军　　　编辑部电话：（010）51873026　　　邮箱：46768089@qq.com
封面设计：宿　萌
责任校对：孙　玫
责任印制：赵星辰

出版发行：中国铁道出版社有限公司（100054，北京市西城区右安门西街 8 号）
网　　址：http://www.tdpress.com
印　　刷：三河市宏盛印务有限公司
版　　次：2022 年 10 月第 1 版　　2022 年 10 月第 1 次印刷
开　　本：787 mm×1 092 mm 1/16　印张：25.75　字数：580 千
书　　号：ISBN 978-7-113-29285-0
定　　价：79.80 元

前言

如何将杂乱无章的文字整理成段落清晰、结构简单的文字报告？

如何从千丝万缕的庞大数据库中找到关键数据，把需要的数据报表快速呈给客户和领导？

如何将枯燥的文字报告，制作成版式精美、便于理解的幻灯片？

行政制度如何编制？销售收入、成本、费用是否正常？培训工作如何顺利进行？

…………

诸如此类的问题还有很多，面对客户的需求及公司领导的工作要求，你是否每天都是起早贪黑地忙碌工作？

大多数职场人员都在用 Office 办公软件，但并非人人都会用 Office。对于想用 Office 提高工作效率、远离加班的朋友，这本书将是你们的正确选择！

通过本书，既能够快速学会 Office 办公软件，又能够掌握 Office 在商务办公工作中的应用，实现"早做完，不加班"的梦想。本书主要介绍以下三方面的内容：

第一，软件功能操作！（这是掌握 Office 办公软件的必备知识和基础。）

第二，实用操作技巧！（这是快速获取经验和技巧的一条捷径。）

第三，实战应用！（这是身临其境、活学活用的"练武场"。）

在日常办公中，职场人士、商务人士对 Office 办公软件的运用可谓十分频繁。Office 2021 功能强大、应用广泛。如果广大职场人士和商务精英能掌握 Office 2021 中的 Word、Excel、PowerPoint 组件的使用技巧，必然能大大提高工作效率，从而制作出专业而美观的 Word 文档，数据完善而具分析功能的 Excel 表格，逻辑清晰、页面精美的 PPT 幻灯片，轻松赢得同事的掌声，领导的赞许。

为了让读者快速掌握 Office 2021 在商务办公中的实际应用，我们精心策划并编写了这本书，旨在让读者朋友轻松实现"早做完，不加班"的梦想。

■ 本书特色

（1）**讲解版本新，内容常用实用**。本书在内容安排上，遵循"常用、实用"的原则，以微软公司新推出的 Office 2021 版本为平台，结合日常商务办公应用的实际需求，系统、全面地讲解使用 Office 2021 软件制作并编辑文档、编制与分析数据表格、制作幻灯片的方法与技巧等相关应用。

（2）**图解写作，一看即懂，一学就会**。为了让读者更易学习和理解，本书采用"步骤引导+图解操作"的写作方式进行讲解。而且，在步骤讲述中以"❶、❷、❸……"的方式分解出操作小步骤，并在图上进行对应标识，非常方便读者学习掌握。只要按照书中讲述的步骤方法去操作练习，就可以做出与书同步的效果来。真正做到简单明了、一看即会、易学易懂。

（3）技能操作+实用技巧+办公实战＝应用大全。本书充分考虑到读者"学以致用"的原则，精心策划了本书内容。

第 1~13 章是软件技能操作的内容，这部分内容主要针对初学读者，从零开始，系统并全面地讲解了 Office 2021 软件功能操作与应用知识，让新手快速入门。

第 14~16 章是技巧提高的内容，介绍了 Office 2021 中的实用操作技巧，让读者可以通过使用技巧提高工作效率。

第 17~19 章是商务办公实战的内容，这部分的每章都列举多个典型的商务办公案例，系统地讲解商务办公人士常用的办公文档的制作和应用，其目的是让读者学习到办公实战经验。

■ 丰富的学习资源，学习更轻松

为了方便读者快速学习，本书提供了丰富的学习资源，让你花一本书的钱，就能得到多本书的学习内容。具体包括如下：

❶素材文件：指本书中实例的素材文件。其全部收录在"素材文件"文件夹中。读者在学习时，可以参考图书讲解内容，打开对应的素材文件进行同步操作练习。

❷结果文件：指本书中实例的最终效果文件。其全部收录在"效果文件"文件夹中。读者在学习时，可以打开结果文件，查看其实例效果，为自己在学习中的练习操作提供帮助。

❸视频文件：本书提供了长达 356 分钟的与书同步的案例制作视频教程。

❹赠送：1000 个实用的 Office 商务办公应用模板。读者可以在日常商务办公中借鉴参考使用，高效处理和解决工作上的问题。

■ 你是否适合本书

本书可作为需要使用 Office 软件处理日常办公事务的文秘、人事、财务、销售、市场营销、统计等专业人员的案头参考书，也可以作为大、中专职业院校、电脑培训班相关专业的教材或参考用书。

作　者

2022 年 9 月

目 录

第1章 Office 2021 商务办公快速入门 1

1.1 了解 Office 2021 的新功能 2
   1.1.1 自动保存文档更新 2
   1.1.2 增加深色模式 2
   1.1.3 沉浸式阅读 3
   1.1.4 新的"绘图"选项卡 3
   1.1.5 使用图标集 3
   1.1.6 草绘样式轮廓 4
   1.1.7 取消隐藏多个工作表 4
   1.1.8 获取工作簿统计信息 5
   1.1.9 录制幻灯片功能增加 5
1.2 认识 Office 2021 主要组件界面 6
   1.2.1 Word 2021 办公文档制作
       界面 6
   1.2.2 Excel 2021 电子表格处理
       界面 7
   1.2.3 PowerPoint 2021 演示文稿
       制作界面 8
1.3 掌握 Office 2021 各组件的共性
   操作 8
   1.3.1 新建文件 9
   1.3.2 保存文件 10
   1.3.3 打开文件 11
   1.3.4 关闭文件 12
   1.3.5 保护文件 13
   1.3.6 打印文件 16
1.4 自定义 Office 2021 工作环境 17

1.4.1 自定义工作界面外观 17
1.4.2 在快速访问工具栏中添加
     常用按钮 18
1.4.3 将功能区按钮添加到快速
     访问工具栏 19
1.4.4 在选项卡中创建自己常用的
     工具组 19
1.5 案例制作——新建"员工状态
   报告"文档 22
本章小结 23

第2章 使用 Word 2021 制作与编辑办公文档 24

2.1 输入 Word 文档内容 25
   2.1.1 输入普通文本 25
   2.1.2 插入特殊符号 25
   2.1.3 输入日期和时间 26
   2.1.4 插入公式 27
2.2 编辑 Word 文档内容 29
   2.2.1 选择文本 29
   2.2.2 复制和移动文本 30
   2.2.3 删除文本 32
   2.2.4 查找和替换文本 33
2.3 设置文档字符格式 34
   2.3.1 通过"字体"组设置 34
   2.3.2 通过"字体"对话框设置 35
   2.3.3 通过"浮动"工具栏设置 37
2.4 设置段落格式 37
   2.4.1 设置对齐方式 37

2.4.2　设置段落缩进 38

2.4.3　设置段落间距 39

2.4.4　添加项目符号 39

2.4.5　添加编号 41

2.4.6　添加段落边框 42

2.4.7　添加段落底纹 43

2.5　案例制作——制作"招聘启事"

　　文档 43

本章小结 47

第 3 章　使用 Word 2021 制作

图文并茂的办公文档 48

3.1　插入与编辑图片 49

3.1.1　插入图片 49

3.1.2　调整图片大小 50

3.1.3　对图片进行裁剪 51

3.1.4　调整图片位置和环绕文字的

　　　方式 51

3.1.5　设置图片样式 52

3.1.6　调整图片效果 53

3.2　形状的使用 54

3.2.1　插入形状并输入文字 54

3.2.2　更改形状 55

3.2.3　美化形状 55

3.3　文本框的使用 56

3.3.1　使用内置文本框 57

3.3.2　手动绘制文本框 57

3.3.3　编辑文本框 58

3.4　使用艺术字突显内容 59

3.4.1　插入艺术字 59

3.4.2　编辑艺术字 60

3.5　SmartArt 图形的使用 61

3.5.1　插入 SmartArt 图形 61

3.5.2　编辑 SmartArt 图形 61

3.5.3　美化 SmartArt 图形 63

3.6　案例制作——制作"宣传单"

　　文档 63

本章小结 67

第 4 章　使用 Word 2021 制作

办公表格 68

4.1　创建表格 69

4.1.1　拖动行列数创建表格 69

4.1.2　指定行列数创建表格 69

4.1.3　手动绘制表格 70

4.1.4　插入 Excel 电子表格 71

4.2　编辑表格 71

4.2.1　输入表格内容 72

4.2.2　选择表格单元格 72

4.2.3　插入行或列 73

4.2.4　删除行或列 74

4.2.5　调整行高和列宽 75

4.2.6　拆分与合并单元格 77

4.2.7　设置表格内容的对齐方式 78

4.3　美化表格 79

4.3.1　套用表格样式 79

4.3.2　为表格添加边框 80

4.3.3　为表格添加底纹 82

4.4　案例制作——制作"客户档案表"

　　文档 83

本章小结 86

第 5 章　使用 Word 2021 制作

与编辑长文档 87

5.1　封面与页面效果设计 88

5.1.1　插入封面 88

5.1.2　设置页面大小和方向 89

5.1.3　设置页面颜色 90

5.1.4　添加页面边框 91

5.1.5　添加水印 92

5.2 使用样式快速编辑长文档............93
　5.2.1 套用系统内置样式 93
　5.2.2 新建样式............93
　5.2.3 修改样式 95
5.3 页眉和页脚............96
　5.3.1 插入页眉和页脚............96
　5.3.2 自定义页眉和页脚 97
　5.3.3 插入页码 98
5.4 目录的使用............99
　5.4.1 插入目录 99
　5.4.2 更改目录 100
　5.4.3 更新目录 101
5.5 案例制作——制作"员工行为
　　规范"文档............102
本章小结............107

第 6 章　使用 Word 2021 对文档
　　　　进行审阅及邮件合并 108
6.1 校对文档内容............109
　6.1.1 检查拼写和语法 109
　6.1.2 统计字数............110
6.2 文档审阅与修订 110
　6.2.1 添加批注 110
　6.2.2 查看批注 111
　6.2.3 修订文档内容 112
　6.2.4 接受或拒绝修订 113
6.3 邮件合并............114
　6.3.1 批量创建信封 114
　6.3.2 邮件合并文档 116
6.4 案例制作——制作"工资条"
　　文档............119
本章小结............122

第 7 章　使用 Excel 2021 制作
　　　　电子表格 123
7.1 工作表的基本操作............124
　7.1.1 选择工作表............124
　7.1.2 插入与删除工作表 124
　7.1.3 重命名工作表 125
　7.1.4 移动或复制工作表 126
　7.1.5 隐藏或显示工作表 127
　7.1.6 保护工作表............128
7.2 输入与编辑表格数据............129
　7.2.1 输入表格数据 129
　7.2.2 快速填充数据 130
　7.2.3 修改单元格中的数据 131
　7.2.4 移动和复制数据 132
　7.2.5 查找替换数据 133
7.3 单元格的基本操作............135
　7.3.1 插入与删除单元格 135
　7.3.2 调整行高和列宽 136
　7.3.3 合并单元格............137
7.4 设置单元格格式............138
　7.4.1 设置字体格式 138
　7.4.2 设置对齐方式 138
　7.4.3 设置数字格式 139
　7.4.4 设置录入数据的有效性 140
　7.4.5 设置边框 141
　7.4.6 设置单元格底纹 143
7.5 美化表格............144
　7.5.1 使用条件格式 144
　7.5.2 套用表格样式 145
　7.5.3 设置单元格样式 148
7.6 案例制作——制作"员工基本
　　信息表"............149
本章小结............153

第 8 章　Excel 2021 公式
　　　　与函数的使用 154

8.1　使用公式计算数据 155
8.1.1　了解公式的组成 155
8.1.2　认识公式中的运算符 155
8.1.3　熟悉公式的运算优先级 156
8.1.4　输入公式 157
8.1.5　复制公式 157

8.2　单元格引用 158
8.2.1　相对引用 159
8.2.2　绝对引用 159
8.2.3　混合引用 160

8.3　名称的使用 161
8.3.1　定义单元格名称 161
8.3.2　将名称应用于公式 162

8.4　使用函数计算数据 163
8.4.1　函数的分类 163
8.4.2　插入函数 164
8.4.3　嵌套函数 165

8.5　常用函数的使用 165
8.5.1　使用 SUM 函数自动求和 166
8.5.2　使用 AVERAGE()函数
　　　求平均值 166
8.5.3　使用 RANK()函数排名 167
8.5.4　使用 MAX()函数计算
　　　最大值 168
8.5.5　使用 MIN()函数计算
　　　最小值 169
8.5.6　使用 IF()函数计算条件值 170

8.6　案例制作——制作"业务员销售
　　　业绩统计表" 172

本章小结 175

第 9 章　使用 Excel 2021 图表
　　　　分析数据 176

9.1　认识图表 177
9.1.1　图表的组成 177
9.1.2　图表的类型 177

9.2　创建和编辑图表 179
9.2.1　创建图表 179
9.2.2　移动图表位置 181
9.2.3　调整图表大小 182
9.2.4　更改图表类型 182
9.2.5　更改图表布局 183
9.2.6　应用图表样式 183

9.3　设置图表格式 184
9.3.1　设置图表区格式 184
9.3.2　设置坐标轴刻度 185
9.3.3　设置图例位置 186

9.4　使用迷你图显示数据趋势 187
9.4.1　创建迷你图 187
9.4.2　编辑迷你图 188

9.5　使用数据透视表分析数据 189
9.5.1　创建数据透视表 189
9.5.2　编辑数据透视表 190
9.5.3　使用切片器查看数据 192
9.5.4　美化数据透视表和切片器 ...193

9.6　使用数据透视图直观显示数据 194
9.6.1　创建数据透视图 194
9.6.2　编辑数据透视图 195

9.7　案例制作——制作"产品质量
　　　分析表" 196

本章小结 200

第 10 章　使用 Excel 2021 管理
　　　　　与统计数据 201

10.1　数据排序 202
10.1.1　快速排序 202
10.1.2　高级排序 202
10.1.3　自定义排序 203

10.2　数据筛选 204

10.2.1 自动筛选 205

10.2.2 自定义筛选 205

10.2.3 高级筛选 207

10.3 数据分类汇总 208

10.3.1 创建分类汇总 208

10.3.2 显示和隐藏分类汇总 209

10.3.3 删除分类汇总 210

10.4 模拟分析数据 211

10.4.1 单变量求解 211

10.4.2 模拟运算表 212

10.5 方案管理器的使用 213

10.5.1 创建方案 213

10.5.2 显示方案 216

10.5.3 生成方案摘要 217

10.6 案例制作——制作"办公用品
采购单" 218

本章小结 220

**第 11 章 PowerPoint 2021
幻灯片的基本操作 221**

11.1 幻灯片的基本操作 222

11.1.1 新建幻灯片 222

11.1.2 选择幻灯片 223

11.1.3 移动和复制幻灯片 223

11.1.4 删除幻灯片 224

11.2 设计幻灯片 225

11.2.1 设置幻灯片大小 225

11.2.2 设置幻灯片主题 226

11.2.3 设置幻灯片背景格式 226

11.3 编辑幻灯片 228

11.3.1 在幻灯片中输入文本 228

11.3.2 设置文本字体格式 229

11.3.3 设置文本段落格式 230

11.4 制作幻灯片母版 231

11.4.1 设置幻灯片母版背景 231

11.4.2 设置幻灯片母版占位符
格式 232

11.4.3 设置幻灯片母版的页眉
页脚 233

11.5 案例制作——制作"商务礼仪
培训"幻灯片 235

本章小结 237

**第 12 章 PowerPoint 2021 幻灯片
内容的丰富 238**

12.1 使用图形对象丰富幻灯片
内容 239

12.1.1 图片的使用 239

12.1.2 艺术字的使用 240

12.1.3 形状的使用 241

12.1.4 SmartArt 图形的使用 243

12.1.5 表格的使用 244

12.1.6 图表的使用 245

12.2 在幻灯片中插入多媒体 247

12.2.1 插入音频文件 247

12.2.2 设置音频属性 248

12.2.3 插入视频文件 248

12.3 超链接的使用 249

12.3.1 添加超链接 250

12.3.2 删除超链接 251

12.3.3 添加动作按钮 251

12.4 案例制作——制作"公司年终
会议"幻灯片 252

本章小结 257

**第 13 章 PowerPoint 2021 幻灯片
的动画设置与放映输出 258**

13.1 为幻灯片添加切换动画 259

13.1.1 添加幻灯片切换动画 259

13.1.2 设置切换动画效果选项 259

13.1.3 设置切换动画计时 260

13.2 设置幻灯片动画效果................261

13.2.1 添加动画效果 261

13.2.2 添加路径动画 262

13.2.3 设置动画效果 263

13.3 幻灯片放映设置与放映........264

13.3.1 设置幻灯片放映类型........264

13.3.2 使用排练计时 265

13.3.3 放映幻灯片 266

13.4 导出演示文稿...................267

13.4.1 将演示文稿导出为图片
文件 267

13.4.2 导出为视频文件 268

13.4.3 打包演示文稿 269

13.5 案例制作——制作"婚庆用品展"
幻灯片 270

本章小结 275

第 14 章 Word 2021 商务办公
应用技巧速查 276

技巧 001: 自动定时保存文档...........277

技巧 002: 设置自动恢复文档的
保存位置 277

技巧 003: 将 Word 文档保存为
模板文件 278

技巧 004: 如何在文档中输入上、
下标 278

技巧 005: 如何输入带圈字符...........279

技巧 006: 使用替换功能快速删除
多余的空行 279

技巧 007: 一次性删除文档中的
所有空格 280

技巧 008: 快速清除文档中的
所有格式 281

技巧 009: 将图片设置为项目符号....282

技巧 010: 设置自动编号的起始值....283

技巧 011: 使用格式刷快速复制格式 ...283

技巧 012: 自由旋转图片 284

技巧 013: 快速删除图片背景...........285

技巧 014: 将图片裁剪为任意形状....285

技巧 015: 使多个图片对象快速对齐 ...286

技巧 016: 将多个对象组合为一个
对象 286

技巧 017: 通过编辑节点快速更改
形状外观 287

技巧 018: 如何将一个表格拆分为
多个表格 287

技巧 019: 如何防止表格跨页断行....288

技巧 020: 设置表格跨页时标题行
自动重复 289

技巧 021: 如何实现一次性插入
多行或多列 289

技巧 022: 根据表格模板快速
创建表格 289

技巧 023: 对表格数据进行简单
计算 290

技巧 024: 快速对表格数据进行排序 ...291

技巧 025: 为常用的样式设置快捷键 ...291

技巧 026: 应用主题快速设置文档
整体效果 292

技巧 027: 将新建的主题保存到
主题列表中 292

技巧 028: 制作首页不同的页眉
页脚 293

技巧 029: 如何删除页眉页脚中的
横线 293

技巧 030: 怎么设置首字下沉效果....293

技巧 031: 快速将文档内容分为
多栏 294

技巧 032: 如何快速分页 295

技巧 033：快速实现双行合一效果....295

技巧 034：如何关闭语法错误功能....296

技巧 035：如何更改页面的页边距....296

技巧 036：快速设置文档中文字的
方向..297

技巧 037：渐变填充页面效果...........297

技巧 038：纹理填充页面效果...........298

技巧 039：打印文档中指定的页数....298

技巧 040：怎么设置文档的自动
双面打印..............................299

技巧 041：如何将多页文档打印
到一张纸上..........................299

技巧 042：如何打印出文档的
背景色和图像..................299

第 15 章　Excel 2021 商务办公
应用技巧速查.................301

技巧 043：如何设置工作表标签颜色...302

技巧 044：如何将工作表移动到
其他工作簿中..................302

技巧 045：同时对工作簿中的多个
工作表进行查看..............303

技巧 046：如何让工作表中的标题行
在滚动时始终显示...........303

技巧 047：如何编辑工作表的
页眉页脚..........................304

技巧 048：设置打印页边距...........305

技巧 049：快速打印多张工作表........305

技巧 050：快速输入以"0"开头的
数据..................................305

技巧 051：巧妙输入位数较多的
编号..................................306

技巧 052：如何在多个不连续的
单元格中输入相同的
内容..................................306

技巧 053：如何填充相差值较大的
序列..307

技巧 054：清除单元格的所有格式....308

技巧 055：在粘贴数据时对数据
进行目标运算..................308

技巧 056：在多个单元格中使用
数组公式进行计算..........309

技巧 057：在单个单元格中使用
数组公式进行计算..........310

技巧 058：使用 COUNT()函数
进行统计..........................310

技巧 059：使用 PRODUCT()函数
计算乘积..........................311

技巧 060：使用 PV()函数计算
投资的现值..................311

技巧 061：使用 FV()函数计算
投资的期值..................312

技巧 062：使用 RATE()函数计算
年金的各期利率.............312

技巧 063：使用 PMT()函数计算
月还款额..........................313

技巧 064：使用 DB()函数计算
给定时间内的折旧值.......313

技巧 065：使用 OR()函数判断
指定的条件是否为真.......314

技巧 066：使用 AND()函数判断
指定的多个条件是否
同时成立..........................314

技巧 067：使用 YEAR()函数返回
日期对应年份..................315

技巧 068：使用 MONTH()函数
返回日期对应的月份.......315

技巧 069：使用 DAY()函数返回
日期对应当月的天数.......316

技巧 070: 使用 TODAY()函数
返回当前日期 316

技巧 071: 使用 NOW()函数返回
当前的日期和时间 316

技巧 072: 使用 DATE()函数返回
日期.................................316

技巧 073: 使用 COUNTIF()函数
按条件统计单元格个数 ...317

技巧 074: 使用 SUMIF()函数
按条件求和 317

技巧 075: 使用 LEFT()函数从
文本左侧提取字符 318

技巧 076: 使用 RIGHT()函数从
文本右侧提取字符 318

技巧 077: 快速创建组合图表..........319

技巧 078: 切换图表行列交换数据 320

技巧 079: 精确选择图表中的元素 320

技巧 080: 为图表添加趋势线..........320

技巧 081: 快速显示/隐藏图表元素 321

技巧 082: 如何更新数据透视表中的
数据.................................321

技巧 083: 在数据透视表中筛选数据 ...322

技巧 084: 按笔画进行排序..........322

技巧 085: 按单元格背景颜色
进行排序 323

技巧 086: 如何对双行标题的
工作表进行筛选 324

第 16 章 PowerPoint 2021 商务
办公应用技巧速查..........325

技巧 087: 将不需要显示的幻灯片
隐藏.................................326

技巧 088: 如何为幻灯片中的
内容分栏 326

技巧 089: 如何将幻灯片中的文本
内容转化为 SmartArt
图形.................................327

技巧 090: 如何对幻灯片进行
分组管理 327

技巧 091: PowerPoint 中能不能对插入
的音频文件进行剪辑 328

技巧 092: 快速剪辑幻灯片中插入的
视频.................................328

技巧 093: 如何让幻灯片中的内容
链接到其他文件中 329

技巧 094: 快速打开超链接内容
进行查看 329

技巧 095: 直接为幻灯片对象
添加动作 330

技巧 096: 如何为切换动画添加
声音.................................330

技巧 097: 能不能为同一对象
添加多个动画 331

技巧 098: 使用动画刷快速复制
动画.................................331

技巧 099: 利用触发器控制视频的
播放.................................332

技巧 100: 如何设置放映幻灯片时
不播放添加的动画效果 ...333

技巧 101: 只放映指定要放映的
幻灯片 333

技巧 102: 在放映过程中如何
跳转到指定的幻灯片 334

技巧 103: 如何取消单击切换幻灯片 ...334

技巧 104: 不打开演示文稿就能
放映幻灯片 335

技巧 105: 放映幻灯片时如何
隐藏光标.........................335

技巧 106：为幻灯片重要内容
　　　　　添加标注 335

技巧 107：通过墨迹书写功能
　　　　　快速添加标注 336

**第 17 章　Word 2021 商务办公
　　　　　实战应用** 338

17.1　制作"劳动合同"文档...........339
　　17.1.1　新建"劳动合同"文档 ...339
　　17.1.2　设置文本格式 340
　　17.1.3　设置页面效果 342
17.2　制作"公司宣传"文档...........343
　　17.2.1　插入并编辑图片 343
　　17.2.2　制作公司名称 345
　　17.2.3　完善文档内容 347
17.3　制作"财产物资管理制度"
　　　文档 349
　　17.3.1　替换文本内容 350
　　17.3.2　样式的新建与应用 351
　　17.3.3　添加页眉页脚 353
　　17.3.4　插入目录 354
本章小结 355

**第 18 章　Excel 2021 商务办公
　　　　　实战应用** 356

18.1　制作"办公用品领用登记表"....357
　　18.1.1　录入表格数据 357
　　18.1.2　设置单元格格式 359
　　18.1.3　设置单元格条件格式.........361
18.2　制作"员工工资表" 362
　　18.2.1　计算员工工资应发
　　　　　　和扣款部分 363

18.2.2　计算个人所得税
　　　　和实发工资 365
　　18.2.3　制作员工工资条 366
18.3　计算与分析"销售统计表"....368
　　18.3.1　使用函数计算数据 368
　　18.3.2　创建图表....................370
　　18.3.3　编辑和美化图表 371
18.4　分析"公司费用支出明细表"...373
　　18.4.1　对表格数据进行排序.........374
　　18.4.2　创建数据透视表 374
　　18.4.3　编辑和美化数据透视表 375
　　18.4.4　创建并编辑数据透视图 376
本章小结..378

**第 19 章　PowerPoint 2021 商务
　　　　　办公实战应用** 379

19.1　制作"沟通技巧培训"幻灯片....380
　　19.1.1　新建与保存演示文稿.........381
　　19.1.2　添加幻灯片内容 382
　　19.1.3　编辑幻灯片 383
19.2　制作"年终工作总结"幻灯片....385
　　19.2.1　设计幻灯片母版 386
　　19.2.2　添加和编辑幻灯片对象 389
19.3　动态展示"产品宣传画册"
　　　幻灯片 393
　　19.3.1　添加切换和动画效果 393
　　19.3.2　设置幻灯片排练计时 395
　　19.3.3　将幻灯片发布为视频..........396
本章小结..397

第1章

Office 2021 商务办公快速入门

↘本章导读

Office 2021 是微软公司发布的一款办公软件的集合，通过它可以制作出各种类型的办公文件。Office 2021 中包含的办公组件有七款，日常工作中常用的有 Word 2021、Excel 2021 和 PowerPoint 2021 三款办公组件。本章将对这三款办公组件的相关知识和一些操作进行介绍，使用户对各组件有一个基本的了解。

↘知识要点

- ❖ 了解 Office 2021 的新功能
- ❖ 认识 Office 2021 主要组件界面
- ❖ 掌握 Office 2021 组件的共性操作
- ❖ 自定义 Office 2021 工作界面

↘案例展示

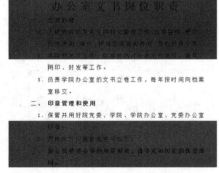

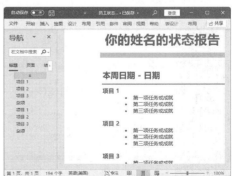

1.1 了解 Office 2021 的新功能

Office 2021 进行了多方面的升级，包括文档共同创作、新的"Tell Me"导航支持、与 Power BI 的集成，以及更多的权限管理功能等，下面将对 Office 2021 的新功能进行介绍。

1.1.1 自动保存文档更新

在 Office 2021 中，增加了自动保存功能，单击界面左上角的"自动保存"按钮，使此功能保持在"开"状态。当用户将文件上传到 OneDrive、OneDrive for Business 或 SharePoint Online 后，系统可以自动保存所有更新。

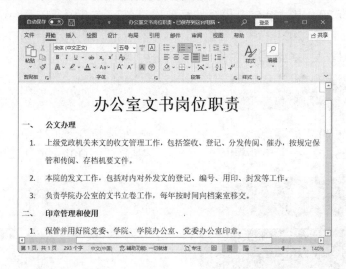

1.1.2 增加深色模式

在之前的版本中，如果将 Office 主题设置为深色，文档的颜色并不会发生改变，仍然显示为亮白色。而在 Office 2021 中，深色模式将全面覆盖文档，更有利于减轻眼睛的疲劳后。在使用深色模式时，如果想要让画布保持亮白色，也可以通过"视图"选项卡中的"切换模式"按钮来快速转换。

1.1.3　沉浸式阅读

Word 2021 新增了沉浸式阅读器功能，进入该视图后，可以设置列宽、页面颜色、行焦点等。使用行焦点功能，可以在视图中放入一行、三行或五行，使用户在阅读文档时不会受到其他行的干扰，提高了阅读效率。

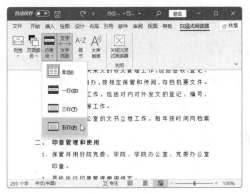 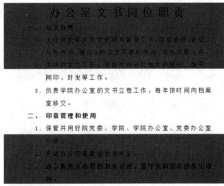

1.1.4　新的"绘图"选项卡

在 Office 2021 中，增加了绘图选项卡来简化使用"墨迹"的工作方式。在绘图选项卡中，可以选择套索、点状橡皮擦和各种操作笔来书写或绘制图形和文字。在绘制完成后，使用"墨迹重播"功能，可以查看绘制轨迹。

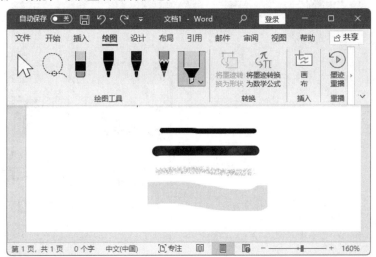

1.1.5　使用图标集

在 Office 2021 中，在"插入"选项卡的"插图"组中，增加了图标集的功能，可以在线搜索图标，应用于文档中。

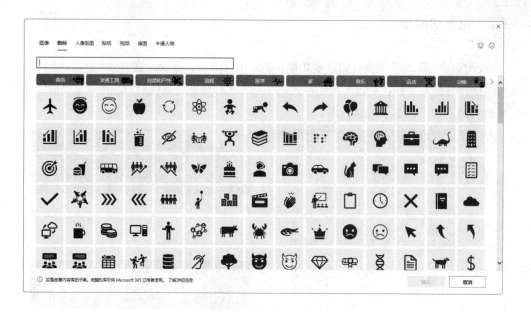

1.1.6　草绘样式轮廓

在 Office 2021 中，在绘制了形状之后，可以为其设置手绘外观。打开"设置形状格式"窗格后，在"线条"选项卡的"草绘样式"下拉列表中，可以选择"曲形""手绘""自由曲线"选项来设定形状的外观。

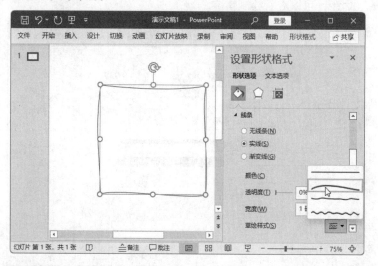

1.1.7　取消隐藏多个工作表

在之前的版本中，如果有多个隐藏的工作表，在取消隐藏时需要逐一选择"取消隐藏"。在 Office 2021 中，在取消隐藏对话框中，可以按住 Ctrl 键后选择多个工作表，一次性取消隐藏多个工作表。

1.1.8　获取工作簿统计信息

在 Excel 2021 中，增加了对工作簿信息的统计，通过单击"审阅"选项卡中的"工作簿统计信息"按钮，在打开的"工作簿统计信息"对话框中，可以查看当前工作表和整个工作簿的信息。

1.1.9　录制幻灯片功能增加

在 PowerPoint 2021 中使用录制功能，不仅可以录制旁白、墨迹、排练时间等，还可以在录制过程中添加音频、视频等素材，还能开启摄像头，录制视频等用于幻灯片的讲解，更有利于观看者对幻灯片的理解。

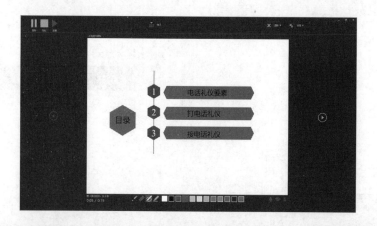

1.2 认识 Office 2021 主要组件界面

Word、Excel 和 PowerPoint 是 Office 2021 常用的三个办公组件，通过它们可以制作各种类型的办公文件。在使用 Office 各组件之前，首先需要熟悉各组件的界面，下面分别对 Word 2021、Excel 2021 和 PowerPoint 2021 的工作界面进行介绍。

1.2.1 Word 2021 办公文档制作界面

Word 2021 是目前使用最广泛的文字处理与编辑软件，使用它可以轻松编排各种办公文档，是日常办公中使用最频繁的办公软件。Word 2021 的工作界面主要由快速访问工具栏、标题栏、窗口控制按钮、"文件"按钮、选项卡、功能组、编辑区、导航窗格、标尺、滚动条、状态栏和视图栏等部分构成，如下图所示。下面分别对每个区域的名称、作用等进行说明，如下表所示。

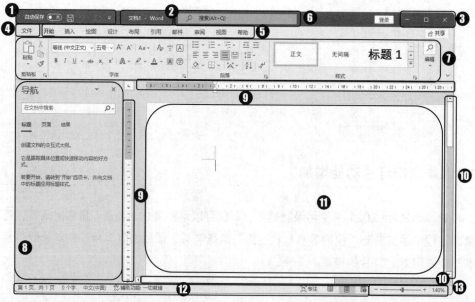

Word 2021 界面功能表

序　号	名　称	作　用
❶	快速访问工具栏	在默认情况下，快速访问工具栏位于 Word 窗口的左上侧，用于显示一些常用的工具按钮，默认包括"自动保存"开关按钮 、"保存"按钮 、"撤销"按钮 和"恢复"按钮 等，单击相应的按钮可执行相应的操作
❷	标题栏	用于显示当前文档名称和程序名称
❸	窗口控制按钮	包括"最小化"按钮 、"最大化"按钮 和"关闭"按钮 ，用于对文档窗口的内容、大小和关闭进行相应控制
❹	"文件"按钮	用于打开文件菜单，菜单中包括打开、新建、保存和关闭等命令
❺	选项卡	选项卡是 Word 各功能的集合，单击不同的选项卡将打开不同的功能区
❻	Microsoft 搜索	通过"搜索"功能快速检索 Word 功能按钮，用户不用再到选项卡中寻找某个命令的具体位置
❼	功能区	用于放置编辑文档时所需的功能，程序将各功能划分为一个一个的组，称为功能组
❽	导航窗格	Word 提供了可视化的导航窗格功能。使用导航窗格可以快速查看文档结构图和页面缩略图，从而帮助用户快速定位文档位置
❾	标尺	用于显示或定位文本的位置
❿	滚动条	可向上下或向左右拖动查看文档中未显示的内容
⓫	编辑区	是 Word 窗口中最大的区域，也是输入和编辑文件内容的区域，用户对文件进行的各种操作结果都显示在该区域中
⓬	状态栏	用于显示当前文档的页数、字数、使用语言、输入状态等信息
⓭	视图栏	用于切换文档的视图方式，以及对编辑区的显示比例和缩放尺寸进行调整

1.2.2　Excel 2021 电子表格处理界面

Excel 2021 是电子表格处理软件，用于表格的制作、数据的计算和数据的分析。与 Word 2021 的界面既有相似之处，也有不同之处。下面主要对 Excel 2021 界面的组成部分进行介绍，如下图所示，各部分的作用如下表所示。

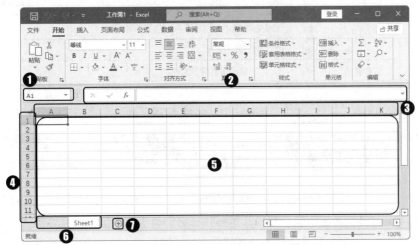

Excel 2021 界面功能表

序 号	名 称	作 用
❶	名称框	用于显示或定义所选择单元格或者单元格区域的名称
❷	编辑栏	用于显示或编辑所选择单元格中的内容
❸	列标	用于显示工作表中的列，以 A，B，C，D…的形式进行编号
❹	行号	用于显示工作表中的行，以 1，2，3，4…的形式进行编号
❺	工作区	用于对表格内容进行编辑，每个单元格都以虚拟的网格线进行界定
❻	工作表标签	用于显示当前工作簿中的工作表名称
❼	"插入工作表"按钮	用于插入新的工作表，单击该按钮即可完成插入工作表的操作

1.2.3　PowerPoint 2021 演示文稿制作界面

PowerPoint 2021 是演示文稿制作软件，可以用来快速制作出集文字、图形图像、声音以及视频等极具感染力的动态演示文稿,让信息以更轻松、高效的方式表达出来。PowerPoint 2021 工作界面包括编辑区、幻灯片窗格、备注栏等部分，如下图所示，窗口中各部分的作用如下表所示。

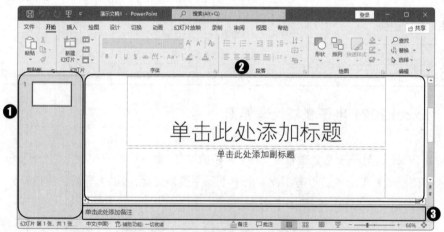

PowerPoint 2021 界面功能表

序 号	名 称	作 用
❶	幻灯片窗格	用于显示当前演示文稿的幻灯片
❷	编辑窗格	用于显示或编辑幻灯片中的文本、图片、图形等内容
❸	备注窗格	用于为幻灯片添加备注内容，添加时将光标定位在其中直接输入即可

1.3　掌握 Office 2021 各组件的共性操作

由于 Word、Excel 和 PowerPoint 都是 Office 办公软件系列的，所以很多操作都相同，如新建、保存、打开、关闭、保护和打印等操作，它们属于三个组件的共性操作。本节就以 Word 为例对 Office 2021 办公软件的共性操作进行介绍。

1.3.1　新建文件

要想使用 Word 2021 制作办公文档，首先需要新建文档。在 Word 2021 中既可新建空白文档，也可根据模板新建带内容的文档。下面分别进行介绍。

1．新建空白文档

启动 Word 2021 后，并不会直接新建一个空白文档，需要在打开的页面中选择"空白文档"选项后才能新建。具体操作如下：

1 在桌面双击 Word 2021 的快捷方式图标，启动 Word 2021，在打开的界面右侧选择"空白文档"选项，如下图所示。

2 新建一个名为"文档 1"的空白文档，如下图所示。

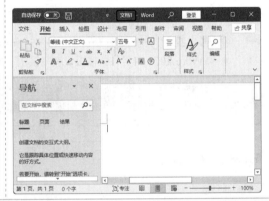

2．根据模板新建文档

安装 Word 2021 时，会自动安装一些现成的模板，通过 Word 提供的模板可快速创建带有固定格式的文档。具体操作如下：

1 启动 Word 2021，选择"新建"选项卡，在右侧界面显示了 Word 提供的模板选项，如下图所示，选择需要的模板选项。

2 在弹出的对话框中显示了模板的相关信息，单击"创建"按钮，如下图所示。

3 进入下载界面，开始下载选择的模板，如下图所示。

4 下载完成后，即可创建所选的模板文档，效果如下图所示。

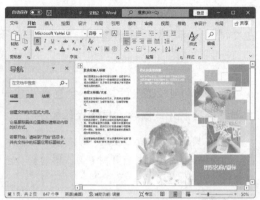

（💡温馨小提示）

　　如果 Word 2021 中提供的模板没有需要的，在计算机联网的情况下，可以在"新建"界面右侧的"搜索联机模板"搜索框中输入想要搜索的模板类型，单击 🔍 按钮，在界面下方将显示搜索的模板，选择需要的模板，单击"创建"按钮进行下载，下载完成后即可创建。

1.3.2　保存文件

　　对于创建和编辑的文档，用户应及时对其进行保存，以防止文件丢失。而且将其保存在计算机中，可随时进行查看和使用。保存文档的具体操作如下：

1 在新建的文档中单击快速访问工具栏中的"保存"按钮，如下图所示。

2 在打开的"另存为"界面中选择保存的位置，如选择"浏览"选项，如下图所示。

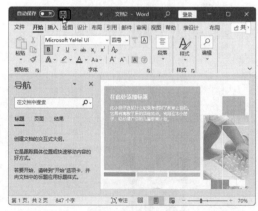

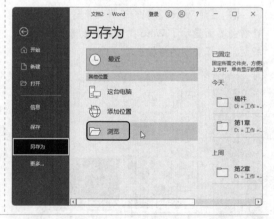

3 弹出"另存为"对话框，❶在左侧的导航窗格中选择文档的保存位置；❷在"文件名"文本框中输入保存的名称，如输入"宣传手册"选项；❸单击 保存(S) 按钮进行保存，如下图所示。

4 保存后，该文档标题栏中的名称将发生变化，如下图所示。

> **专家解疑难**
>
> 问：保存文档后，又对文档的内容进行了修改，再次保存时，可不可以重新设置文件名和保存路径？
>
> 答：再次对文档进行保存时，要想更改其保存名称和保存路径，不能直接单击"保存"按钮 进行保存，需要单击 文件 按钮，在打开的界面左侧选择"另存为"选项，在中间选择保存的位置，在打开的"另存为"对话框中重新选择文件的保存路径和重设保存名称即可。

1.3.3　打开文件

保存在计算机中的 Word 文档，如果需要对其进行再次编辑或查看，就需要先将其打开。打开文档的具体操作如下：

1 在 Word 2021 工作界面中单击 文件 按钮，❶在打开的界面左侧选择"打开"选项；❷在中间选择相应的选项，如下图所示。

2 弹出"打开"对话框，❶在左侧的导航窗格中选择文档的保存位置；❷在中间选择需要打开的文档；❸单击 打开(O) 按钮，如下图所示。

在 Word 2021 中打开选择的文档,如下图所示。

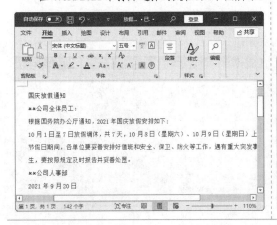

1.3.4 关闭文件

当编辑完文档并对其进行保存后,如果不需要再使用该文档,可将其关闭,以提高计算机的运行速度。关闭文档的具体操作如下:

1 在打开的 Word 文档中单击 文件 按钮,在打开的界面左侧选择"关闭"选项,如下图所示。

2 关闭当前打开的文档,但不会退出整个 Office 程序,也不会影响其他文档的打开状态,如下图所示。

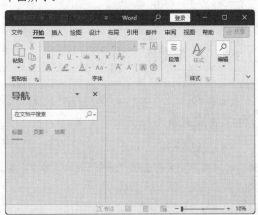

1.3.5　保护文件

对于比较重要的办公文档，用户可通过 Word 2021 提供的保护功能对文档进行保护。保护文档的方式有标记为最终状态、用密码进行加密和限制编辑等方式，用户可通过实际情况选择需要的保护方式对文档进行保护。

1．标记为最终

标记为最终是指让读者知晓此文档是最终版本，并将该文档设置为只读模式，这样读者看到后就不会对文档进行编辑。标记为最终的具体操作如下：

1 打开"素材文件\第 1 章\员工行为规范.docx"文档，单击 文件 按钮，❶在打开的界面左侧选择"信息"选项；❷在界面右侧单击"保护文档"按钮🔒；❸在弹出的下拉列表中选择"标记为最终"选项，如下图所示。

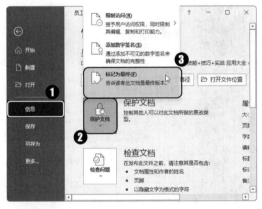

2 在打开的提示对话框中提示"此文档将标记为最终，然后保存"，单击 确定 按钮，如下图所示。

3 再次打开提示对话框，单击 确定 按钮，如下图所示。

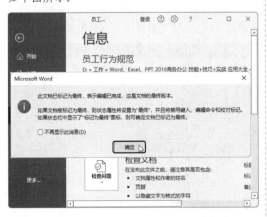

4 返回文档编辑区，即可查看到标记为最终后的效果，如下图所示。

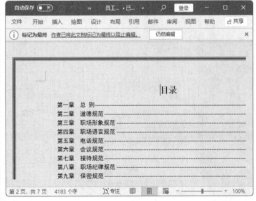

─（💡温馨小提示）─

　　将文档设置为标记为最终后，若再次打开文档，若还需对文档进行编辑，则可在显示的提示信息中单击 `仍然编辑` 按钮即可。

2. 用密码进行加密

　　标记为最终并不能保证所有读者对文档不进行标记，要想杜绝所有人对文档进行编辑，就应为文档加密。在再次打开文档时，就必须要有正确的密码才能打开。用密码进行保护的具体操作如下：

1 打开"素材文件\第1章\员工行为规范.docx"文档，单击 文件 按钮，❶在打开的界面左侧选择"信息"选项；❷在界面右侧单击"保护文档"按钮🔒；❸在弹出的下拉列表中选择"用密码进行加密"选项，如下图所示。

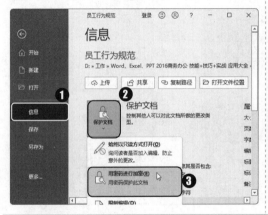

2 弹出"加密文档"对话框，❶在"密码"文本框中输入要设置的密码，如输入"123"；❷单击 `确定` 按钮，如下图所示。

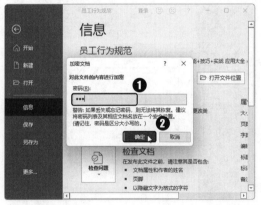

3 弹出"确认密码"对话框，❶在"重新输入密码"文本框中输入设置的密码"123"；❷单击 `确定` 按钮，如下图所示。

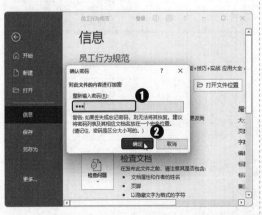

4 对文档进行保存并关闭，再次打开文档时，会弹出"密码"对话框，❶在"请键入打开文件所需的密码"文本框中输入设置的密码"123"；❷单击 `确定` 按钮才能打开，如下图所示。

3．限制编辑

文档编辑完成后，要发给其他用户查看，但为了防止别人对文档进行误操作，可使用"限制编辑"功能限制其他用户的编辑权限，如限制对限定的样式设置格式，仅允许在文档进行修订、批注，不允许进行任何修改等。如果用户自己需要再对文档进行编辑，可以取消文档保护，然后就可以对文档进行编辑了。限制编辑的具体操作如下：

1 打开"素材文件\第 1 章\员工行为规范.docx"文档，单击 文件 按钮，❶在打开的界面左侧选择"信息"选项；❷在界面右侧单击"保护文档"按钮；❸在弹出的下拉列表中选择"限制编辑"选项，如下图所示。

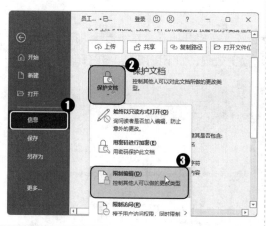

2 在 Word 窗口右侧打开"限制编辑"任务窗格，❶选中 ☑ 限制对选定的样式设置格式 复选框；❷选中 ☑ 仅允许在文档中进行此类型的编辑: 复选框；❸在下方的下拉列表框中选择"批注"选项，表示他人打开文档时只能进行批注，不能修改文档内容和样式，如下图所示。

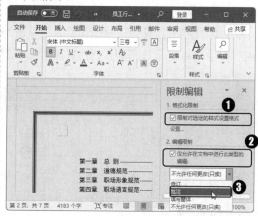

3 ❶单击 是, 启动强制保护 按钮，弹出"启动强制保护"对话框；❷在"新密码"和"确认新密码"文本框中均输入密码"123"，❸单击 确定 按钮，如下图所示。

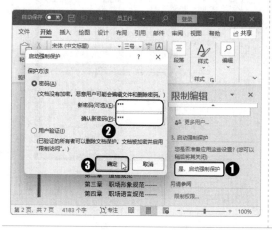

4 单击快速访问工具栏中的"保存"按钮 保存文档，此时，对文档进行的任何编辑都没有反应，而且在"限制编辑"任务窗格中会提示用户"文档受保护，以防止误编辑。只能在此区域中插入批注"，如下图所示。

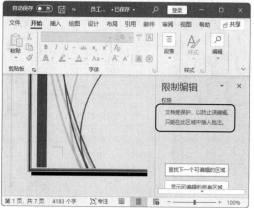

(💡 温馨小提示)

　　如果要取消文档的强制保护，在"限制编辑"任务窗格中单击 停止保护 按钮，弹出"取消保护文档"对话框，在"密码"文本框中输入之前设置的密码"**123**"，单击 确定 按钮即可取消文档的限制编辑保护。

1.3.6　打印文件

　　在日常办公过程中，经常需要将制作好的文档打印出来，以便于传阅和保存。Word 2021提供可打印文档的功能，通过它可快速将制作好的文档打印出来。但在打印文档前，一般需要先预览打印效果，若有不满意的地方还可再进行修改和调整。预览并确认无误后，就可对打印参数进行设置，设置后才能执行打印操作。

　　打印文档时，只需在 Word 窗口中单击 文件 按钮，在打开的界面左侧选择"打印"选项，在界面中间将显示打印参数；在界面右侧将显示预览效果，如下图所示。各打印参数的作用如下表所示。

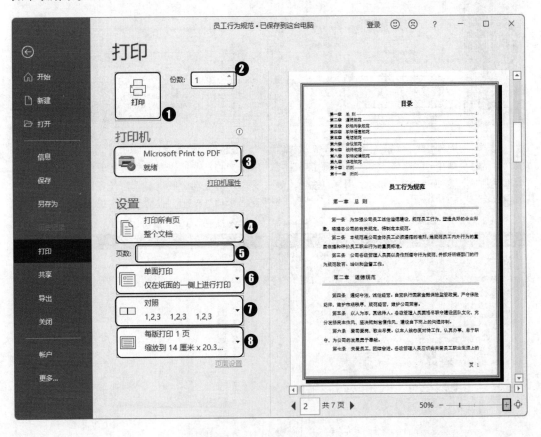

打印参数及其作用

序　号	名　称	作　用
❶	"打印"按钮	单击该按钮，可执行打印操作
❷	份数	用于设置要将文档打印的份数
❸	打印机	用于设置要使用的打印机
❹	打印所有页	用于设置文档中要打印的页面
❺	页数	用于设置文档要打印的页数
❻	单面打印	用于设置将文档打印到一张纸的一面，或手动打印到纸的两面
❼	对照	当需要将多页文档打印为多份时，用于设置打印文档的排序方式
❽	每版打印 1 页	用于设置在一张纸上打印计算机中一页或多页的效果

> **温馨小提示**
>
> 在打印界面中单击"页面设置"超级链接，在打开的"页面设置"对话框中可对页边距、纸张大小等进行设置。

1.4　自定义 Office 2021 工作环境

在使用 Word 2021 时，用户可以根据使用习惯和需求来自定义 Word 的工作界面，以更好地使用 Word 2021 制作办公文档。下面将介绍自定义 Word 工作界面的操作。

1.4.1　自定义工作界面外观

Word 2021 除了默认的采用彩色的配色方案来显示工作界面，还提供了白色和黑色两种配色方案，用户可以根据自己的喜好来设置工作界面的配色方案。具体设置操作如下：

1 启动 Word 2021，单击 文件 按钮，在打开的界面左侧选择"选项"选项，如下图所示。

2 弹出"Word 选项"对话框，默认选择"常规"选项。❶在对话框右侧的"Office 主题"下拉列表框中选择需要的配色方案，如选择"深灰色"选项；❷单击 确定 按钮，如下图所示。

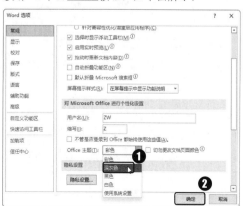

3 返回文档编辑区，即可查看到更改工作界面配色方案后的效果，如右图所示。

1.4.2　在快速访问工具栏中添加常用按钮

　　在默认情况下，快速访问工具栏中只包含了"保存""撤销"和"重复"3 个按钮，用户可以根据需要将经常使用的按钮添加到快速访问工具栏中，以提高操作速度。在快速访问工具栏中添加按钮的具体操作如下：

1 ❶在 Word 2021 快速访问工具栏中单击"自定义快速访问工具栏"按钮🔽；❷在弹出的下拉列表中选择需要添加到快速访问工具栏的按钮选项，如选择"打开"选项，如下图所示。

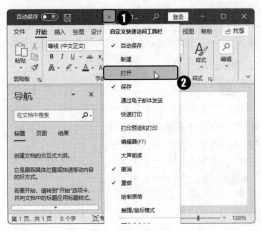

2 返回文档编辑区，即可在快速访问工具栏中查看到添加的"打开"按钮，然后使用相同的方法将"新建"按钮也添加到快速访问工具栏，如下图所示。

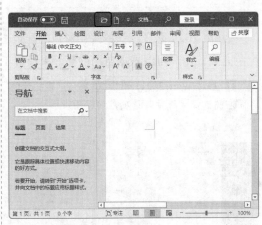

1.4.3 将功能区按钮添加到快速访问工具栏

当常用的按钮未在"自定义快速访问工具栏"下拉列表中显示时，可直接在功能区中找到常用的按钮，直接将其添加到快速访问工具栏即可。下面以将"布局"组中的"页边距"按钮添加到快速访问工具栏为例进行介绍，具体操作如下：

1 在 Word 工作界面中选择"布局"选项卡下的"页面设置"组，在"页边距"按钮上右击，在弹出的快捷菜单中选择"添加到快速访问工具栏"命令，如下图所示。

2 软件就将"页边距"按钮添加到了快速访问工具栏中，如下图所示。

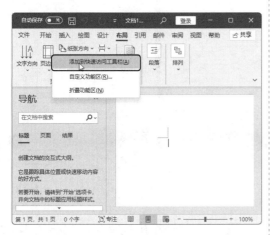

> **温馨小提示**
>
> 在快速访问工具栏空白区域右击，在弹出的快捷菜单中选择"自定义快速访问工具栏"命令，弹出"Word 选项"对话框，默认选择"快速访问工具栏"选项卡，在该选项卡中可选择常用的选项，将其按钮添加到快速访问工具栏。

1.4.4 在选项卡中创建自己常用的工具组

如果常用的按钮较多，若都将其添加到快速访问工具栏会显得很杂乱，这时用户可新建一个选项卡，将常用的按钮分组放置于选项卡中，这样不但工作界面整洁，操作也非常方便。下面将新建一个"常用"选项卡，并在该选项卡中添加两个组，然后将常用按钮分别添加到这两个组中。具体操作如下：

1 在 Word 2021 工作界面功能区的空白区域右击，在弹出的快捷菜单中选择"自定义功能区"命令，如下图所示。

2 弹出"Word 选项"对话框，默认选择"自定义功能区"选项卡，在右侧单击 新建选项卡(W) 按钮，如下图所示。

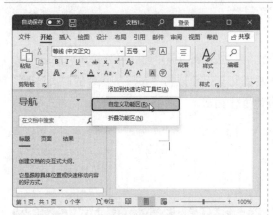

3 这样即可在"开始"选项卡下方新建选项卡，选择该选项卡，❶单击 重命名(M) 按钮，弹出"重命名"对话框；❷在"显示名称"文本框中输入选项卡的名称，如输入"常用功能"；❸单击 确定 按钮，如右图所示。

> **温馨小提示**
>
> 新建选项卡时，会自动在该选项卡下方新建一个组。

4 新建选项卡的名称将发生变化，❶选择选项卡下新建的组；❷单击 重命名(M) 按钮，弹出"重命名"对话框；❸在"显示名称"文本框中输入新建组的名称，如输入"基本操作"；❹单击 确定 按钮，如下图所示。

5 此时可查看到新建组的名称已发生变化。❶选择"基本操作"组选项；❷单击 新建组(N) 按钮，如下图所示。

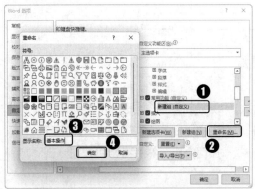

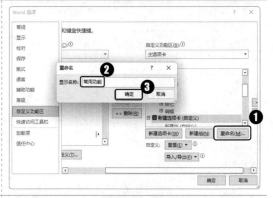

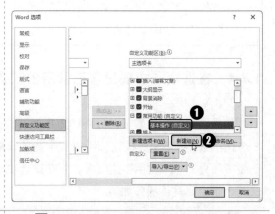

6 选择新建的组选项，❶单击 重命名(M) 按钮，弹出"重命名"对话框；❷在"显示名称"文本框中输入新建组的名称，如输入"插入对象"；❸单击 确定 按钮，如下图所示。

7 此时可查看到新建组的名称已发生变化，❶选择"基本操作"组选项；❷在"从下列位置选择命令"列表框中选择需要添加到该组的按钮或命令，如选择"保存"选项；❸单击 添加(A) >> 按钮，即可将"保存"选项添加到"基本操作"组中，如下图所示。

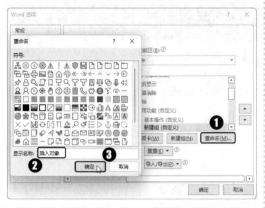
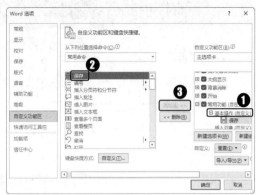

8 使用相同的方法将需要添加到该组的选项添加到该组中，❶然后在"自定义功能区"列表框中选择"插入对象"组选项；❷在"从下列位置选择命令"列表框中选择需要添加到该组的按钮或命令，如选择"插入图片"选项；❸单击 添加(A) >> 按钮，即可将"插入图片"选项添加到"插入对象"组中，如右图所示。

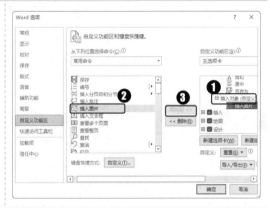

9 使用相同的方法将需要添加到该组的选项添加到该组中，然后单击 确定 按钮，如下图所示。

10 返回文档编辑区，即可查看到添加的选项卡和功能组，效果如下图所示。

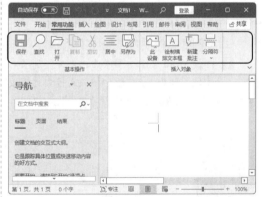

专家解疑难

　问：对于新建的选项卡和功能组，能否将其删除？

　答：在 Word 工作界面中添加了新的选项卡和功能组后，如果不再需要使用该选项卡或该组中的功能时，可以直接删除选项卡或组。其方法是：打开"Word 选项"对话框，选择"自定义功能区"选项卡，在"自定义功能区"列表框中选择需要删除的选项卡或功能组，单击对话框中的 << 删除(R) 按钮，再单击 确定 按钮即可删除。

1.5 案例制作——新建"员工状态报告"文档

案例介绍

员工状态报告是企业为了了解员工某一时间段工作的具体情况的文件。通过该报告，不仅可使领导及时了解员工的情况，还可使员工了解自己的工作状态，以便及时进行调整，是企业管理员工的一种手段。本实例将通过 Word 提供的模板新建"员工状态报告"文档，并对其进行保存。

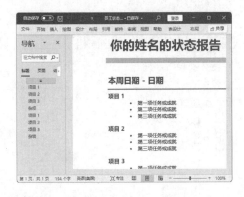

视频教学

教学文件：教学文件\第 1 章\新建"员工状态报告"文档.mp4

步骤详解

本实例的具体制作步骤如下：

1 打开 Word 2021，❶单击"新建"选项；❷在"搜索联机模板"文本框中输入要搜索的模板类型，如输入"报告"；❸单击"搜索"按钮 🔍，如下图所示。

2 开始搜索与"报告"相关的联机模板，搜索完成后，将在界面下方显示搜索结果，选择需要的模板选项，如下图所示。

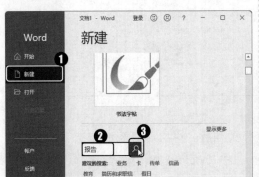

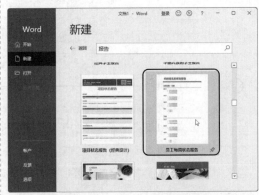

3 在弹出的对话框中将显示所选模板的相关信息，单击"创建"按钮，如下图所示。

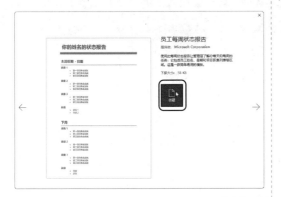

4 开始下载该模板，下载完成后即可创建模板文档，并显示模板中的内容。单击快速访问工具栏中的"保存"按钮，如下图所示。

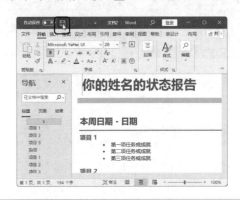

5 在打开的界面中选择保存的位置，如选择"浏览"选项，如右图所示。

> 🔆 **温馨小提示**
>
> 　　根据模板新建文档后，如果文档名中包含有"{ 兼容模式 }"字样，则表示新建的模板文档是低版本的。

6 弹出"另存为"对话框，❶在左侧导航窗格中选择保存位置，并显示在地址栏中；❷保持文件名和保存类型的默认设置，单击 保存(S) 按钮，如下图所示。

7 此时可对文档进行保存，保存后返回文档编辑区，即可查看到文档效果，如下图所示。

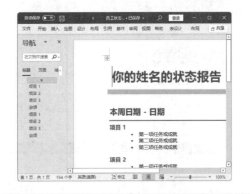

本章小结

　　本章主要介绍了 Office 2021 办公软件的一些基础知识，如 Office 2021 的新功能、Office 2021 组件界面、Office 2021 组件的共性操作和自定义 Office 2021 工作环境等知识点。通过本章的学习，希望大家能对 Office 2021 有一个基本的认识，为后面的操作奠定基础。

第2章

使用 Word 2021 制作与编辑办公文档

⤷ 本章导读

Word 文档的制作与编辑主要是对文档中文本的输入、文本的基本操作和文本的格式设置，而文本的格式设置又包括文本字符格式设置和段落格式设置，它们在制作 Word 办公文档时比较常用。下面将对制作与编辑办公文档的方法进行详细讲解。

⤷ 知识要点

- ❖ 输入 Word 文档内容
- ❖ 编辑 Word 文本
- ❖ 查找和替换文本
- ❖ 设置文本字符格式
- ❖ 设置项目符号和编号
- ❖ 为文档内容添加边框和底纹

⤷ 案例展示

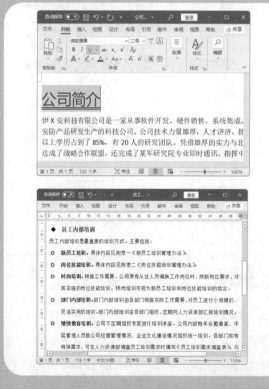

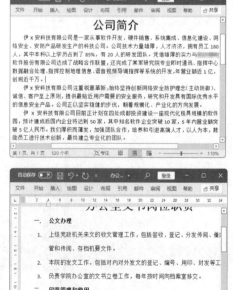

24

2.1　输入 Word 文档内容

输入文本是制作各类文档的前提，要想使用 Word 制作出结构清晰、版式精美的办公文档，首先需要掌握在 Word 中输入文本的方法，其次才能对文档内容进行各种编辑操作。

2.1.1　输入普通文本

新建并打开文档后，在文档编辑区域会出现不停闪烁的光标"｜"，即文本插入点，它表示文本输入的位置，在该位置输入内容后，文本插入点会自动后移，而输入的内容也将显示在文档编辑区域。具体操作如下：

1 新建一个空白文档，切换为合适的输入法，在光标处输入"公司"，如下图所示。	**2** 输入的内容将显示在光标处，然后继续输入相应的内容，如下图所示。

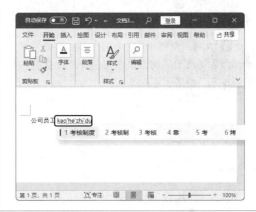

> **专家解疑难**
>
> 问：在 Word 文档中输入多行文本时，如何对其进行换行和换段呢？
>
> 答：在 Word 文档中输入文本内容时，当输入的文本内容达到每行的右边边界后，Word 将会自动换行；若未达到，但又需要换行，就需要按 Shift + Enter 快捷键进行强制换行。若是需要结束当前段落的文本输入，则可以按 Enter 键分段，此时文档中会自动产生一个段落标记符↵，再继续输入文本即可。

2.1.2　插入特殊符号

在制作办公文档的内容时，经常需要输入一些特殊符号，有些符号可以通过键盘输入，如@、$和&等，但有些符号不能通过键盘直接输入，需要通过 Word 的插入符号功能来插入，如☎、❶和☑等。具体操作如下：

> **温馨小提示**
>
> 通过键盘输入特殊符号时，需结合 Shift 快捷键来输入。

1 打开 "素材文件\第 2 章\放假通知.docx" 文档，❶将文本插入点定位在需要插入特殊字符的位置，单击 "插入" 选项卡 "符号" 组中的 "符号" 按钮Ω；❷在弹出的下拉列表中选择 "其他符号" 选项，如下图所示。

2 弹出 "符号" 对话框，❶在 "字体" 下拉列表框中选择需要应用字符所在的字体集，如选择 "Wingdings2" 选项；❷在下方的列表框中选择需要插入的符号；❸单击 插入(I) 按钮，如下图所示。

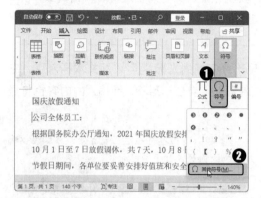

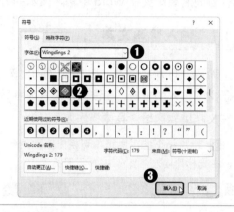

3 此时，即可将选择的符号插入到光标定位处，然后使用相同的方法在文档相应位置插入相同的符号，效果如右图所示。

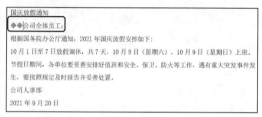

2.1.3 输入日期和时间

在制作办公文档时，经常需要输入日期或时间，如果要输入当前的日期或时间，可通过 Word 提供的插入日期和时间功能来实现。具体操作如下：

1 打开 "素材文件\第 2 章\面试通知.docx" 文档，❶将文本插入点定位到最后一行行末；❷单击 "插入" 选项卡 "文本" 组中的 "日期和时间" 按钮，如下图所示。

2 弹出 "日期和时间" 对话框，❶在 "可用格式" 列表框中选择一种日期格式，如选择 "2022 年 2 月 22 日星期二" 选项，❷单击 确定 按钮，如下图所示。

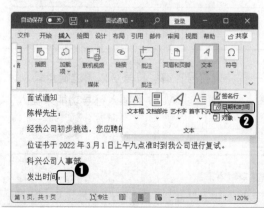

3 返回文档编辑区，即可查看到已插入当前系统显示的日期，如下图所示。

面试通知

陈桦先生：

经我公司初步挑选，您应聘的销售代表职位已通过初次面试，请携带本人身份证、学历学位证书于 2022 年 3 月 1 日上午九点准时到我公司进行复试。

科兴公司人事部

发出时间：| 2022 年 2 月 22 日星期二 |

温馨小提示

用户还可以使用快捷键输入当前系统的日期和时间：按 Alt+Shift+D 快捷键输入当前的系统日期；按 Alt+Shift+T 快捷键输入当前的系统时间。

2.1.4　插入公式

在编辑数学、物理和化学类办公文档时，就需要运用到公式。在 Word 2021 中既可直接插入内置的公式，也可根据需要自行定制公式。

1. 插入内置公式

Word 2021 系统中内置了一些常用的公式样式，用户可直接选择需要的公式样式进行应用，然后对其公式内容进行修改即可。具体操作如下：

1 新建一个名为"公式"的文档，❶将光标定位到需要输入公式的位置；❷然后单击"插入"选项卡"符号"组中的"公式"按钮下方的下拉按钮 ∨ ；❸在弹出的下拉菜单列表框中选择需要的公式样式，如选择"泰勒展开式"选项，如下图所示。

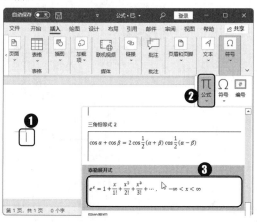

2 此时，在文档中即可按照默认的参数创建一个公式。选择公式中的内容，按 Delete 键将原来的内容删除，再输入新的内容，即可修改公式，完成后的效果如下图所示。

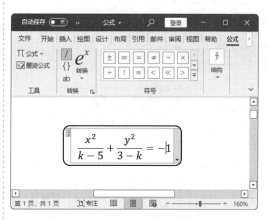

2. 自定义公式

如果 Word 内置的公式样式不能满足需要，可以使用 Word 提供的公式编辑器自行创建需要的公式。但使用公式编辑器创建公式，首先需要在"公式"选项卡中选择所需公式符号，再插入对应的公式符号模板后分别在相应的位置输入数字、文本即可。具体操作如下：

1 在"公式"文档中定位光标，单击"插入"选项卡"符号"组中的"公式"按钮 π，激活"公式"选项卡，同时会在文档中插入一个空白的公式编辑器，❶在公式编辑器中输入"y"；❷单击"公式"选项卡"符号"组中的 □ 按钮输入等号运算符，如下图所示。

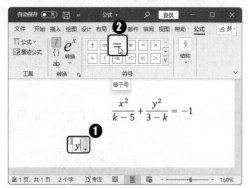

2 ❶单击"公式工具 设计"选项卡"结构"组中的"根式"按钮 $\sqrt[n]{x}$；❷在弹出的下拉列表中选择"常用根式"栏中的第一个选项，如下图所示。

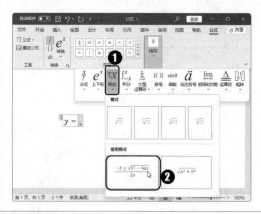

3 在文档中插入根式，选择根式的分子，❶单击"公式工具 设计"选项卡"结构"组中的"上下标"按钮 e^x；❷在弹出的下拉列表中选择所需的上下标选项，如下图所示。

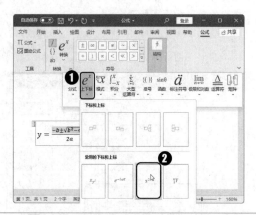

4 在分子中输入"x^2"，然后按"+"和"3"键，输入"+3"，❶选择分母；❷单击"公式工具 设计"选项卡"结构"组中的"根式"按钮 $\sqrt[n]{x}$；❸在弹出的下拉列表中选择"常用根式"栏中的第二个选项，如下图所示。

5 此时可将选择的根式插入分母中，选择根号中的文本，先插入上标"x^2"，然后按"+"和"2"键，输入"+2"，完成公式的插入，效果如下图所示。

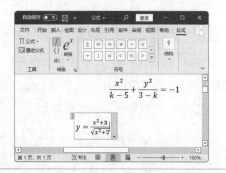

> **💡 温馨小提示**
>
> 在 Word 文档中单击"插入"选项卡"符号"组中的"公式"按钮下方的下拉按钮 ⌄，在弹出的下拉列表中选择"插入新公式"命令，也可激活"公式"选项卡。
>
> 如果需要编辑已创建好的公式，只需在文档中双击该公式，就可再次进入"公式编辑器"窗口中进行修改。

2.2　编辑 Word 文档内容

在 Word 文档中输入文本内容后，还需要对其进行编辑操作，这样制作的文档才能符合需要。下面将对 Word 文档内容的编辑操作进行讲解。

2.2.1　选择文本

选择文本是编辑文档内容的前提，在 Word 文档中选择文本的方式很多，用户可根据实际情况来决定选择的方式。

1. 选择连续的文本

要选择任意数量的文本，只需在文本的开始位置按住鼠标左键不放并拖动到文本结束位置再释放鼠标，即可选择文本开始位置与结束位置之间的文本，被选择的文本区域一般都呈蓝底显示，效果如下图所示。

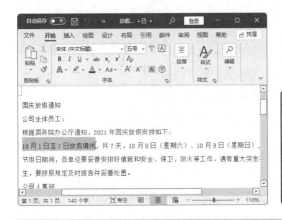

温馨小提示

将文本插入点定位到要选择文本的开始位置，在按住 Shift 键不放的同时，单击文本结束位置即可快速选择内容较多的任意数量文本。

2. 选择一行或多行文本

要选择一行或多行文本，可将光标移动到文档左侧的空白区域，即选定栏，当光标变为 ⇗ 形状时，单击即可选定该行文本，按住鼠标左键不放并向下拖动鼠标即可选择多行文本。选择一行和多行文本的效果分别如左下图和右下图所示。

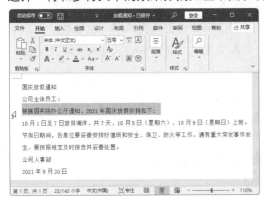 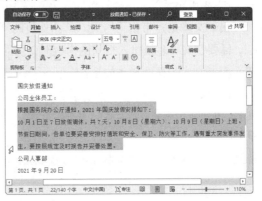

3．选择不连续的文本

选择不相邻的文本时，可以先选择一个文本区域后，再按住 Ctrl 键不放，拖动鼠标选择其他所需的文本即可，完成选择后的效果如左下图所示。如果需要选择矩形区域的文本，可以在按住 Alt 键不放的同时拖动鼠标，在文本区内选择从定位处到其他位置的任意大小的矩形选区，如右下图所示。

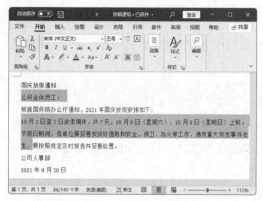 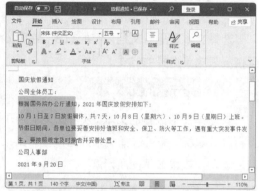

4．选择一段文本

如果要选择一段文本，可以通过拖动鼠标进行选择，也可以将光标移到选定栏，当其变为 ⚐ 形状时双击选择，还可以在段落中的任意位置连续单击 3 次进行选择。

5．选择整篇文档

按 Ctrl+A 快捷键可快速选择整篇文档，将光标移到选定栏，当其变为 ⚐ 形状时，连续单击 3 次也可以选择整篇文档。

2.2.2 复制和移动文本

在编辑文档的过程中，经常会通过复制和移动的方法对文本进行编辑，以加快文本的编辑速度，提高工作效率。

1．复制文本

复制文本是指将相同的文本从一处复制到另一处，而原位置的文本将不会发生变化，所以，需要在文档多处输入相同的内容时，可通过复制文本的方法进行输入，从而提高编辑速度。复制文本的具体操作如下：

1 打开"素材文件\第 2 章\表彰通报.docx"文档，❶选择需要复制的文本"先进项目部"；❷单击"开始"选项卡"剪贴板"组中的"复制"按钮 🗐，如下图所示。

2 ❶将文本插入点定位在需要粘贴文本的位置，单击"开始"选项卡"剪贴板"组中的"粘贴"按钮 🗐；❷复制的文本将粘贴到文本插入点处，如下图所示。

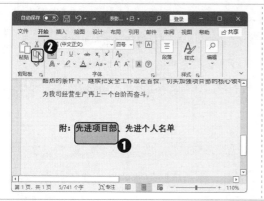

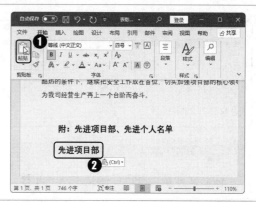

3 ❶在粘贴的文本后输入 "："，选择文档第一段中的 "项目一部" 文本；❷右击，在弹出的快捷菜单中选择 "复制" 命令复制文本，如下图所示。

4 ❶将文本插入点定位在需要粘贴文本的位置；❷右击，在弹出的快捷菜单中选择 "粘贴选项："中的 "保留源格式" 选项，如下图所示。

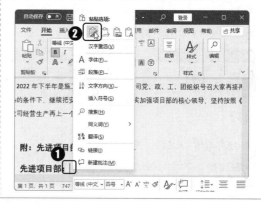

温馨小提示

在文档中选择复制的文本后，按 **Ctrl+C** 快捷键进行复制，将光标定位到需要粘贴文本的位置，按 **Ctrl+V** 快捷键即可粘贴复制的文本。

5 此时可将复制的文本粘贴到光标处，然后使用相同的方法复制需要的文本，并将其粘贴到需要的位置，效果如下图所示。

6 选择复制的第二个 "项目一部" 文本中的 "一"，将其修改为 "三"，使用相同的方法对复制的文本进行修改，效果如下图所示。

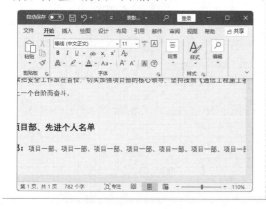

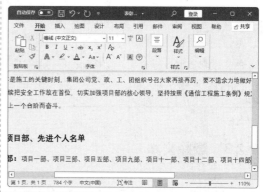

┌───┐

(🔆 温馨小提示)

　　右键快捷菜单中提供了"保留源格式""合并格式""图片"和"只保留文本"4 种粘贴选项，"保留源格式"表示粘贴后会按复制前的文本格式进行显示；"合并格式"表示粘贴后的文本格式将进行合并；"图片"表示粘贴后的文本将转换为图片；"只保留文本"表示粘贴后的文本将不保留原文本的格式。

└───┘

2.移动文本

　　移动文本是指将选择的文本从一处移动到另一处，移动后原位置的文本将不存在。在编辑文档的过程中，若发现文本的位置不正确，就可使用移动文本的功能进行操作。具体操作如下：

1 将光标定位到"先进项目部"段最后，按 Enter 键分段，在光标处复制文本"先进个人名单"，然后输入"："，如下图所示。

2 拖动选择需要移动的文本，单击"开始"选项卡"剪贴板"组中的"剪切"按钮，如下图所示。

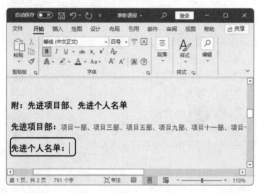

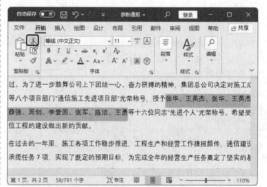

3 将文本插入点定位在需要粘贴文本的位置，单击"开始"选项卡"剪贴板"组中的"粘贴"按钮，复制的文本将粘贴到文本插入点处，如右图所示。

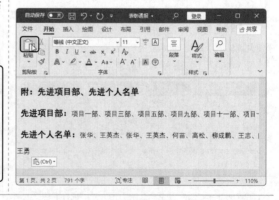

┌────────────────────────────────┐

(🔆 温馨小提示)

　　选择文本后，按住鼠标左键不放进行拖动，拖动至目标位置后释放鼠标，可将选择的文本移动到目标位置，在移动过程中按住 Ctrl 键可实现文本的复制操作。

└────────────────────────────────┘

2.2.3　删除文本

　　在编辑文档的过程中，对于输入的错误文本或多余的文本，可将其删除。删除的方法是：在文档中选择需要删除的文本，然后按 Backspace 键或 Delete 键即可完成。

💡温馨小提示

　　将光标定位在需要删除的文本中，按 Backspace 键可删除光标前的一个字；按 Delete 键可删除光标后的一个字。

2.2.4　查找和替换文本

　　Word 2021 中提供了查找和替换功能，通过该功能可以快速地在文档中查找和定位需要的文本，也可以快速将文档中的某些相同内容统一修改为其他的内容。使用查找和替换功能的具体操作如下：

1 打开"素材文件\第 2 章\公司简介.docx"文档，单击"开始"选项卡"编辑"组中的"查找"按钮🔍，如下图所示。

2 打开"导航"任务窗格，在搜索文本框中输入要查找的文本"本公司"，Word 会自动以黄色底纹显示查找到的文本内容，然后单击"开始"选项卡"编辑"组中的"替换"按钮，如下图所示。

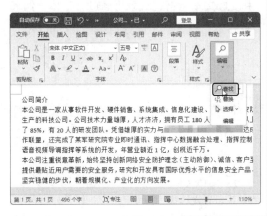

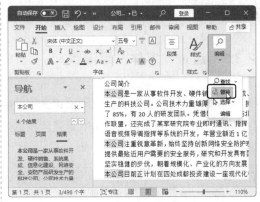

3 ❶弹出"查找和替换"对话框，默认选择"替换"选项卡，在"替换为"文本框中输入替换的内容；❷单击 替换(R) 按钮，如下图所示。

4 开始对文档中的第一个"本公司"文本进行替换，继续单击 替换(R) 按钮进行替换，替换完成后，在打开的提示对话框中单击 否(N) 按钮，如下图所示。

⑤ 返回文档编辑区，即可查看到替换后的效果，如右图所示。

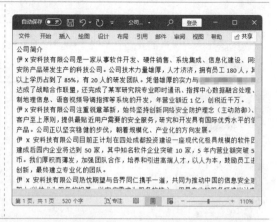

温馨小提示

如果不需要查找，直接进行替换，可单击"替换"按钮，弹出"查找和替换"对话框，在"替换"选项卡的"查找内容"文本框中输入要替换的内容；在"替换为"文本框中输入替换后的内容，单击 [全部替换(A)] 按钮，可一次性替换文档中要替换的内容。

2.3 设置文档字符格式

在 Word 中输入文本后，其字体、字号、颜色等都是默认的，为了使文档的内容便于查看，可对其字符格式进行设置。在 Word 2021 中设置文本字符格式既可通过"字体"组和"字体"对话框进行设置，也可通过"浮动"工具栏进行设置。下面分别对其进行讲解。

2.3.1 通过"字体"组设置

通过"字体"组能够方便地设置文字的字体、字号、颜色、加粗、斜体和下画线等常用的字体格式，设置文本字符格式是最常用的方法。通过"字体"组设置文本字符格式的具体操作如下：

① 打开"素材文件\第 2 章\公司简介 1.docx"文档，选择"公司简介"文本，❶单击"开始"选项卡"字体"组中的"字体"下拉列表框右侧的 ∨ 按钮；❷在弹出的下拉列表中选择需要的字体选项，如选择"微软雅黑"选项，如下图所示。

② 返回文档编辑区，即可查看到设置字体后的效果，再次选择"公司简介"文本，❶单击"开始"选项卡"字体"组中的"字号"下拉列表框右侧的 ∨ 按钮；❷在弹出的下拉列表中选择需要的字号大小，如选择"二号"选项，如下图所示。

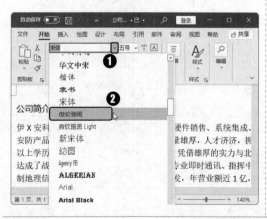

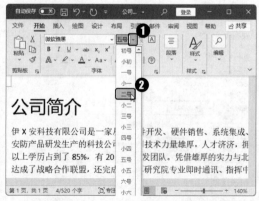

3 选择"公司简介"文本，❶单击"开始"选项卡"字体"组中的"字体颜色"按钮 A 右侧的 ˇ 按钮；❷在弹出的下拉列表中选择需要的颜色，如选择"深红色"选项，如下图所示。

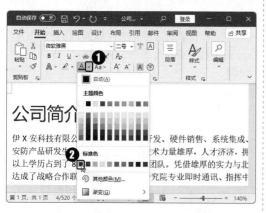

4 选择"公司简介"文本，❶单击"开始"选项卡"字体"组中的"下画线"按钮 U 右侧的 ˇ 按钮；❷在弹出的下拉列表中选择需要的下画线，如选择"双下画线"选项，如下图所示。

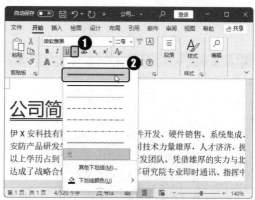

5 选择"公司简介"文本，❶单击"开始"选项卡"字体"组中的"以不同颜色突出显示文本"按钮 🖋 右侧的 ˇ 按钮；❷在弹出的下拉列表中选择需要的颜色选项，如选择"灰色-25%"选项，如下图所示。

6 返回文档编辑区，即可查看到通过"字体"组设置字符格式后的效果，如下图所示。

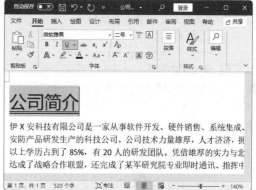

> **温馨小提示**
>
> 　　如果对设置的文本字符格式不满意，可以单击"开始"选项卡"字体"组中的"清除所有格式"按钮 A，清除设置的字符格式，使文本恢复到未设置字符格式前的状态，然后再重新对文本的字符格式进行设置。

2.3.2　通过"字体"对话框设置

　　通过"字体"对话框的"字体"选项卡可一次性对选择的文本设置多个字符格式，而且在"高级"选项卡中还可对文本的缩放大小和字符间距等进行设置。通过"字体"对话框设置字符格式的具体操作如下：

1 在打开的"公司简介 1"文档中选择所有的正文文本，单击"开始"选项卡"字体"组中右下角的 ᴦ 按钮，如下图所示。

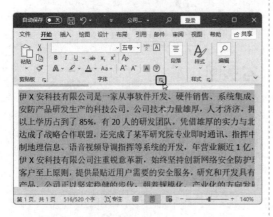

（💡温馨小提示）

选择文本后，右击，在弹出的快捷菜单中选择"字体"命令，也可打开"字体"对话框。

3 ❶选择"高级"选项卡；❷在"间距"下拉列表框中选择所需的字符间距选项，如选择"加宽"选项；❸保持字符间距"磅值"的默认设置，单击 确定 按钮，如下图所示。

2 打开"字体"对话框，默认选择"字体"选项卡，❶在"中文字体"和"西文字体"下拉列表框中分别选择需要的字体；❷在"字号"列表框中选择需要的字号大小；❸在"字体颜色"下拉列表框中选择所需的字体颜色；❹在"下画线线型"下拉列表框中选择所需的下画线样式；❺在"下画线颜色"下拉列表框中选择下画线的颜色，如下图所示。

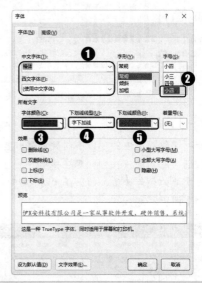

4 返回文档编辑区，即可查看到通过"字体"对话框设置字符格式后的效果，如下图所示。

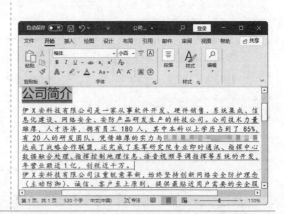

2.3.3　通过"浮动"工具栏设置

在 Word 文档中选择文本后，将在附近出现一个"浮动"工具栏，如左下图所示，该工具栏中提供了常用的字体格式按钮或下拉列表框，在其中单击相应的按钮或选择相应的选项，即可设置所选文本的字符格式，如右下图所示的单击"加粗"按钮 B 加粗所选文本后的效果。

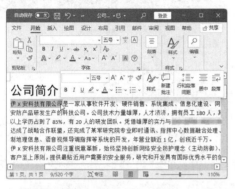
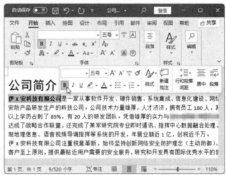

2.4　设置段落格式

要想使制作的 Word 文档结构清晰、层次分明，就需要对文档的段落格式进行设置。在 Word 2021 中，段落格式设置包括设置段落的对齐方式、段落缩进、段间距、段落项目符号、段落编号、段落边框和底纹等格式。下面将对段落格式的设置方法进行讲解。

2.4.1　设置对齐方式

为了使文档的排版更美观，往往需要对文档中段落的对齐方式进行设置。在 Word 2021 中提供了"左对齐"、"居中"、"右对齐"、"两端对齐"和"分散对齐"等 5 种对齐方式，用户可以根据需要进行选择。具体操作如下：

1 打开"素材文件\第 2 章\公司简介 2.docx"文档，❶选择"公司简介"文本；❷单击"开始"选项卡"段落"组中的"居中"按钮，如下图所示。

2 返回文档编辑区，即可查看到为标题设置居中对齐后的效果，如下图所示。

2.4.2 设置段落缩进

段落缩进是指段落相对左右页边距向页内缩进一段距离。设置段落缩进可以使文档内容的层次更清晰，以方便读者阅读。设置段落缩进的具体操作如下：

1 在打开的"公司简介 2"文档中选择除标题外的所有文本，单击"开始"选项卡"段落"组右下角的 按钮，如右图所示。

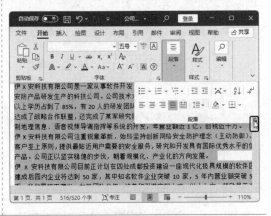

> **温馨小提示**
>
> Word 2021 中提供了左缩进、右缩进、首行缩进和悬挂缩进 4 种，用户可以根据需要选择不同的缩进方式。

2 弹出"段落"对话框，默认选择"缩进和间距"选项卡，❶在"缩进"栏中的"左侧"数值框中设置左缩进值，如输入"1 字符"；❷在"右侧"数值框中设置右缩进值，如输入"1 字符"；❸在"特殊"下拉列表框中选择需要的特殊格式，如选择"首行"选项，如下图所示。

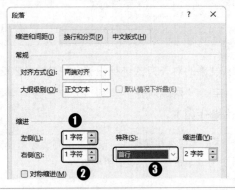

3 单击 确定 按钮，返回文档编辑区，即可查看到设置左缩进、右缩进和首行缩进后的效果，如下图所示。

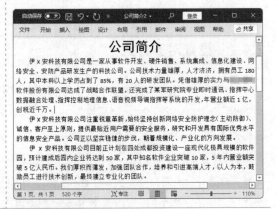

> **温馨小提示**
>
> 除了可通过"段落"对话框设置段落缩进外，还可通过标尺快速设置段落缩进。其方法是：将光标移动到标尺的 图标上，按住鼠标左键向右拖动可设置段落的首行缩进；将光标移动到标尺的 图标上，按住鼠标左键向右拖动可设置段落的左缩进；将光标移动到标尺的 图标上，按住鼠标左键向左拖动可设置段落的右缩进。

2.4.3　设置段落间距

段落间距是指相邻两段落之间的距离，包括段前距、段后距，及行间距（段落内每行文字间的距离）。在 Word 中为文档设置段落间距，可提高文档的阅读性和美观性。设置段落间距的具体操作如下：

1 在打开的"公司简介 2"文档中选择除标题外的所有文本，❶单击"开始"选项卡"段落"组中的"行与段落间距"按钮，❷在弹出的下拉列表中选择需要的行间距选项，如选择"1.5"选项，如右图所示。

> **温馨小提示**
>
> 在"行与段落间距"下拉列表中选择"行距选项"，也可弹出"段落"对话框，在"间距"栏中的"行距"下拉列表框中对行距进行设置。

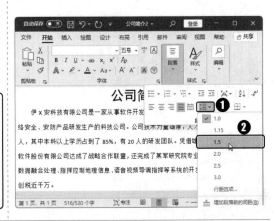

2 弹出"段落"对话框，默认选择"缩进和间距"选项卡，❶在"间距"栏中的"段前"数值框中设置段前间距，如输入"1 行"；❷在"段后"数值框中设置段后间距，如输入"1 行"，如下图所示。

3 单击 **确定** 按钮，返回文档编辑区，即可查看到设置段落间距后的效果，如下图所示。

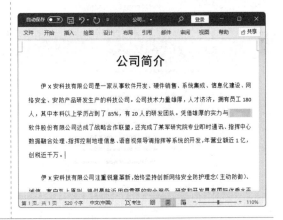

2.4.4　添加项目符号

若文档中有存在并列关系的段落，可以在各段落前添加项目符号，使文档中各段落之间的关系更明了，层次结构更清晰。为段落添加项目符号的具体操作如下：

1 打开"素材文件\第 2 章\员工培训形式.docx"文档，将光标定位到需要添加项目符号的段落前，❶单击"开始"选项卡"段落"组中的"项目符号"按钮 三 右侧的按钮 ⌄ ；❷在弹出的下拉列表中显示了最近使用的项目符号，选择需要的项目符号，如下图所示。

2 返回文档编辑区，即可在段落前添加项目符号，使用相同的方法为文档中相应的段落添加相同的项目符号，❶然后选择需要添加项目符号的连续的多个段落，单击"开始"选项卡"段落"组中的"项目符号"按钮 三 右侧的按钮 ⌄ ；❷在弹出的下拉列表中选择"定义新项目符号"选项，如下图所示。

3 弹出"定义新项目符号"对话框，单击 符号(S)... 按钮，如下图所示。

4 弹出"符号"对话框，❶在"字体"下拉列表框中选择需要应用字符所在的字体集，如"Wingdings"；❷在下方的列表框中选择需要插入的符号；❸单击 确定 按钮，如下图所示。

5 返回"定义新项目符号"对话框，在其中可查看到添加的项目符号，单击 确定 按钮，如下图所示。

6 返回文档编辑区，即可查看到为多段连续的段落添加项目符号的效果，如下图所示。

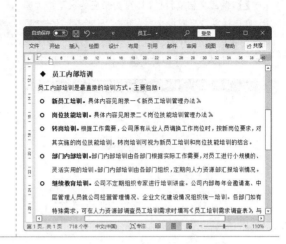

专家解疑难

问：能不能对添加的项目符号的效果进行设置呢？

答：为了使项目符号的整体效果与文档的整体效果相匹配，可对添加的项目符号的颜色、字体、下画线等进行设置。其方法是：将光标定位到添加的项目符号后面，打开"定义新项目符号"对话框，单击 字体(F)... 按钮，弹出"字体"对话框，在其中对项目符号的字体、字形、字号、颜色、下画线和下画线颜色等进行设置即可，其设置方法与文本的设置方法相同。

2.4.5 添加编号

Word 2021 提供了编号功能，使用编号可以增强段落之间的逻辑关系，提高文档的可阅读性。为段落添加编号的具体操作如下：

1 打开"素材文件\第 2 章\办公室文书岗位职责.docx"文档，选择需要添加相同编号的多个段落，❶单击"开始"选项卡"段落"组中的"编号"按钮 ≡ 右侧的 ∨ 按钮；❷在弹出的下拉列表中选择"定义新编号格式"选项，如下图所示。

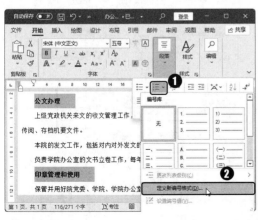

2 弹出"定义新编号格式"对话框，❶在"编号样式"下拉列表框中选择需要的编号样式；❷在"对齐方式"下拉列表框中设置编号的对齐方式，这里选择"居中"选项；❸单击 确定 按钮，如下图所示。

3 返回文档编辑区,即可为相应的段落添加编号,**❶**选择第二至四段文本,单击"开始"选项卡"段落"组中的"编号"按钮 三 右侧的 ∨ 按钮;**❷**在弹出的下拉列表中选择需要的编号样式,如下图所示。

4 返回文档编辑区,使用相同的方法为其他段落文本添加相同的编号,效果如下图所示。

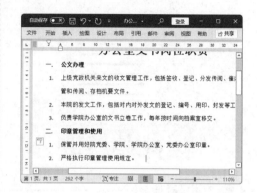

温馨小提示

在文档中输入文本的过程中,也可自动添加编号。其方法是:在段落开始处输入以"第一,""1.""A."等文本编号,然后在该段落末尾按 Enter 键,在下一段文本开始时将自动添加"第二,""2.""B."等连续的编号。

2.4.6 添加段落边框

在 Word 2021 中还可为段落添加相应的边框,使相关段落的内容更加醒目,而且还可起到美化文档的作用。为段落添加边框的具体操作如下:

1 打开"素材文件\第 2 章\邀请函.docx"文档,**❶**选择需要添加边框的段落;**❷**单击"开始"选项卡"段落"组中的"边框"按钮 田 右侧的 ∨ 按钮;**❸**在弹出的下拉列表中选择"边框和底纹"选项,如下图所示。

2 弹出"边框和底纹"对话框,默认选择"边框"选项卡,**❶**在"设置"栏中选择边框选项,如选择"阴影"选项;**❷**在"样式"列表框中选择相应的边框样式;**❸**在"颜色"下拉列表框中选择需要的颜色;**❹**在"宽度"下拉列表框中选择边框粗细选项;**❺**单击 确定 按钮,如下图所示。

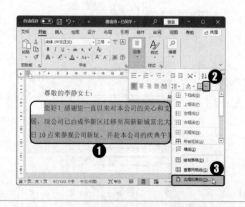

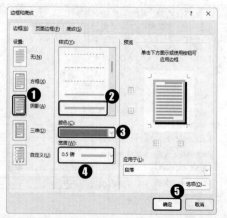

3 返回文档编辑区，即可查看到为段落添加边框后的效果，如右图所示。

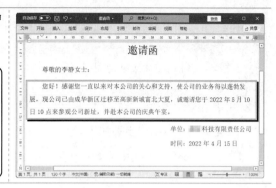

(💡 温馨小提示)

　　选择需要添加边框的段落，单击"开始"选项卡"段落"组中的"边框"按钮 ⊞ 右侧的 ﹀ 按钮，在弹出的下拉列表中选择相应的边框样式，也可为段落添加选择的边框。

2.4.7　添加段落底纹

除了可为段落添加边框外，还可为段落添加底纹，为段落添加底纹的具体操作如下：

　　在打开的"邀请函"文档中选择需要添加底纹的段落；❶ 单击"开始"选项卡"段落"组中的"底纹"按钮 🖉 右侧的 ﹀ 按钮；❷ 在弹出的下拉列表中提供了多种颜色选项，选择需要的颜色选项即可，如右图所示。

(💡 温馨小提示)

　　在"边框和底纹"对话框中选择"底纹"选项卡，在其中也可对段落底纹进行设置。

2.5　案例制作——制作"招聘启事"文档

案例介绍

　　招聘是用人单位面向社会公开招聘有关人员时使用的一种应用文书，是企业获得社会人才的一种方式。招聘文稿起草好之后，还要对其进行编排。本实例即是起草一份人员招聘文档并进行编辑。首先对文本格式进行设置，并突出显示部分重要内容，然后为相关文字设置文字效果，最后对段落格式进行设置。

视频教学

教学文件： 教学文件\第 2 章\制作"招聘启事"文档.mp4

步骤详解

本实例的具体制作步骤如下：

1 启动 Word 2021 程序，新建一个空白文档，将其保存为"招聘启事"，然后在文档中输入相应的文本，如下图所示。

2 将光标定位到"联系电话"文本后，❶单击"插入"选项卡"符号"组中的"符号"按钮Ω；❷在弹出的下拉列表中选择需要的符号，如下图所示。

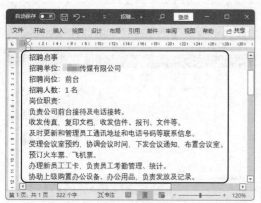

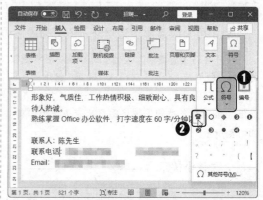

3 在光标处插入选择的符号，将光标定位到"Email"文本后，❶单击"插入"选项卡"符号"组中的"符号"按钮Ω；❷在弹出的下拉列表中选择"其他符号"选项，如下图所示。

4 弹出"符号"对话框，❶在"字体"下拉列表框中选择需要应用字符所在的字体集，如选择"Wingdings"选项；❷在下方的列表框中选择需要插入的符号；❸单击 插入(I) 按钮，如下图所示。

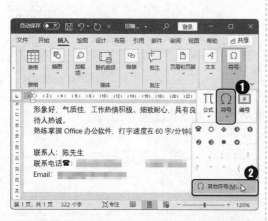

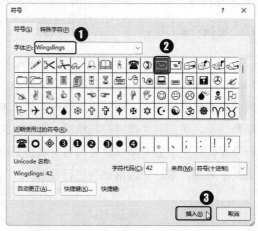

5 单击 关闭 按钮关闭对话框，❶将光标定位到文档最后；❷单击"插入"选项卡"文本"组中的"日期和时间"按钮，如下图所示。

6 弹出"日期和时间"对话框，❶在"可用格式"列表框中选择一种日期格式，如选择"2022年2月24日"选项，❷单击 确定 按钮，如下图所示。

7 返回文档编辑区，即可查看到插入的日期，效果如下图所示。

8 选择文档标题文本，❶在"开始"选项卡"字体"组中的"字体"下拉列表中选择"黑体"选项；❷在"字号"下拉列表框中选择"小二"选项；❸单击"开始"选项卡"段落"组中的"居中"按钮三，如下图所示。

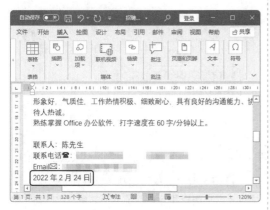

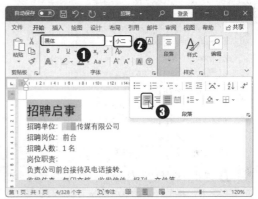

9 将标题文本居中显示，选择文档中除标题外的所有文本，❶单击"开始"选项卡"段落"组中的"行与段落间距"按钮三；❷在弹出的下拉列表中选择需要的行间距选项，如选择"1.5"选项，如下图所示。

10 选择"岗位职责："和"招聘条件："段落，❶单击"开始"选项卡"段落"组中的"编号"按钮三右侧的∨按钮；❷在弹出的下拉列表中选择需要的编号样式，如下图所示。

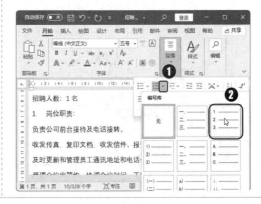

11 此时可为选择的段落添加编号，选择"岗位职责："下的段落，❶单击"开始"选项卡"段落"组中的"项目符号"按钮 :≡ 右侧的 ∨ 按钮；❷在弹出的下拉列表中显示了最近使用的项目符号，选择需要的项目符号，如右图所示。

12 返回文档编辑区，即可在段落前添加项目符号，使用相同的方法为"招聘条件："下的段落添加相同的项目符号，效果如下图所示。

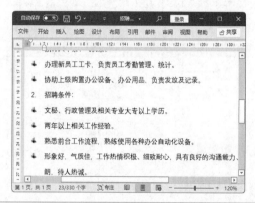

13 ❶选择需要添加边框的段落；❷单击"开始"选项卡"段落"组中的"边框"按钮 ⊞ 右侧的 ∨ 按钮；❸在弹出的下拉列表中选择"边框和底纹"选项，如下图所示。

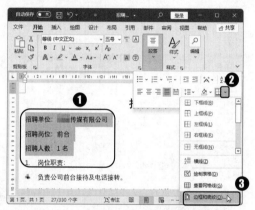

14 弹出"边框和底纹"对话框，默认选择"边框"选项卡，❶在"设置"栏中选择边框选项，如选择"自定义"选项；❷在"样式"列表框中选择相应的边框样式；❸在"颜色"下拉列表框中选择需要的颜色；❹在"宽度"下拉列表框中选择边框粗细选项；❺单击 ⊞ 和 ⊞ 按钮，如下图所示。

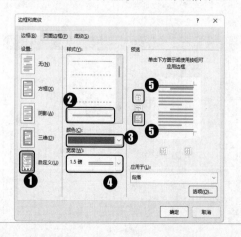

15 ❶选择"底纹"选项卡；❷在"填充"下拉列表框中选择相应的填充颜色；❸在"图案"栏"样式"下拉列表框中选择需要的填充图案；❹在"颜色"下拉列表框中选择图案填充色；❺单击 确定 按钮，如下图所示。

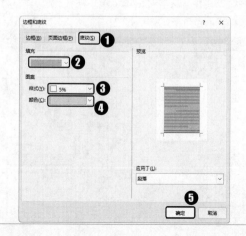

16 返回文档编辑区，即可查看到为选择的段落添加边框和底纹后的效果，如下图所示。

17 ❶选择需要添加边框的段落；❷单击"开始"选项卡"段落"组中的"边框"按钮▦右侧的▾按钮；❸在弹出的下拉列表中选择需要的边框，如选择"外侧框线"选项，如下图所示。

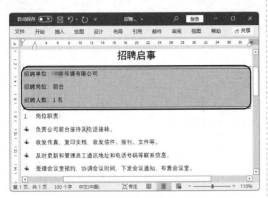

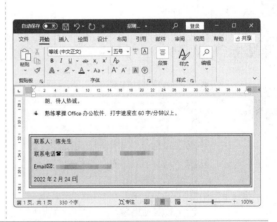

18 保持段落的选择状态，弹出"边框和底纹"对话框，❶选择"底纹"选项卡；❷在"填充"下拉列表框中选择相应的填充颜色，❸单击 确定 按钮，如下图所示。

19 返回文档编辑区，即可查看到为选择的段落添加底纹后的效果，如下图所示。

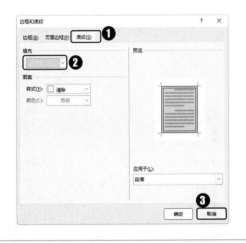

本章小结

　　本章的重点在于掌握 Word 2021 文档内容的录入、字符格式和段落格式的设置，主要包括文本的输入、查找和替换文本、字符格式设置、段落格式设置、项目符号和编号的添加等知识点。通过本章的学习，使大家能够熟练地使用 Word 2021 制作出结构清晰、美观的办公文档。

第 **3** 章

使用 Word 2021 制作
图文并茂的办公文档

➤ 本章导读

要想使制作的办公文档内容更加完善，文档整体效果更具吸引力，往往需要运用到图片、形状、文本框、艺术字和 SmartAat 等图形对象，通过这些图形对象，可以使制作的办公文档更加赏心悦目。本章将主要讲解在文档中使用图片、形状、SmartArt 图形、艺术字和文本框等图形对象的相关知识。

➤ 知识要点

❖ 插入与编辑图片
❖ 插入与编辑形状
❖ 艺术字的使用

❖ 文本框的使用
❖ 插入与编辑 SmartArt 图形
❖ 美化 SmartArt 图形

➤ 案例展示

3.1 插入与编辑图片

在制作产品宣传或说明类办公文档时，经常需要运用到图片，使文档内容更具说服力。在 Word 2021 中不仅可以在文档中插入图片，还可对图片的整体效果进行设置，使图片更符合需要。

3.1.1 插入图片

在 Word 2021 中插入图片分为三种情况，分别是插入计算机中保存的图片、插入图片集和插入联机图片。用户可根据实际情况来进行选择。

1. 插入计算机中保存的图片

Word 2021 支持的图片文件格式很多，如 JPG、PNG 和 BMP 等，用户可以根据需要选择计算机中保存图片的任一图片文件格式进行插入。具体操作如下：

1 打开"素材文件\第 3 章\公司简介.docx"文档，❶将文本插入点定位在需要插入图片的位置；❷单击"插入"选项卡"插图"组中的"图片"按钮 🖾；❸在弹出的下拉菜单中选择"此设备"选项，如下图所示。

2 弹出"插入图片"对话框，❶在地址栏中选择要插入图片所在的位置；❷选择图片；❸单击 插入(S) 按钮，如下图所示。

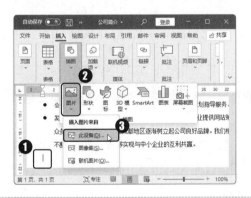

3 此时，即可将选择的图片插入到文档的指定位置处，如右图所示。

(💡温馨小提示)

在"插入图片"对话框中选择需要插入的图片后，双击，可直接将图片插入到文档中的相应位置。

2. 插入联机图片

联机图片是指网络中的图片或剪贴画，但要在 Word 中插入联机图片，就必须保证计算机连接网络。具体操作如下：

1 打开需要插入联机图片的文档，并将光标定位到相应位置，单击"插入"选项卡"插图"组中的"图片"按钮，在弹出的下拉菜单中选择"联机图片"选项，弹出"联机图片"对话框，❶在"搜索"文本框中输入搜索图片的关键字；❷按 Enter 键，在下方的列表框中将显示搜索的结果，选择需要插入的图片；❸单击 插入 按钮，如下图所示。

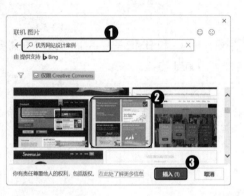

2 开始下载选择的图片，下载完成后即可插入到文档中的相应位置，如下图所示。

3.1.2 调整图片大小

新插入的图片大小往往不能满足文档排版的需要，这时就需要对图片的大小进行调整，使图片在文档中的排列更符合需要。

1 在文档中选择需要调整大小的图片，此时图片四周将显示○控制点，将光标移动到四角的任一控制点上，当光标变成双向箭头时，按住鼠标左键不放进行拖动，如下图所示。

2 拖动到合适的大小后，释放鼠标即可查看图片的大小，如下图所示。

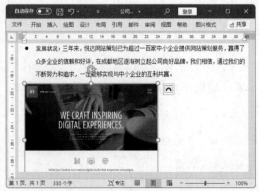

3.1.3　对图片进行裁剪

在 Word 2021 中提供了裁剪图片的功能，通过该功能可以将图片多余的部分裁剪掉，使图片更符合文档的需要。具体操作如下：

1 在文档中选择需要裁剪的图片，❶单击"图片格式"选项卡"大小"组中的"裁剪"按钮 ；❷此时图片四周将出现裁剪框，将光标移动到裁剪框上，然后拖动鼠标以调整裁剪图片的区域大小，如下图所示。

2 调整好后，单击文档编辑区的其他位置，即可完成图片的裁剪，效果如下图所示。

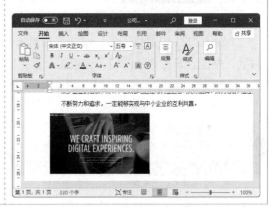

3.1.4　调整图片位置和环绕文字的方式

为了使 Word 中插入的图片与文档排版更加合理，可以通过调整图片的位置和环绕文字的方式使整篇文档的内容更加协调，版面更加美观。其方法分别介绍如下：

温馨小提示

如果在调整了图片位置和图片环绕文字的效果后，图片在文档中的排列效果还不理想，这时可选择该图片，将光标移动到图片上，然后按住鼠标左键不放进行拖动，将图片拖动到合适位置后释放鼠标即可。

（1）调整图片位置

在文档中选择需要调整位置的图片，单击"图片格式"选项卡"排列"组中的"位置"按钮，在弹出的下拉列表中选择需要的选项即可，如下图所示。

（2）调整图片环绕文字的效果

在文档中选择需要调整图片环绕文字效果的图片，单击"图片格式"选项卡"排列"组中的"环绕文字"按钮，在弹出的下拉列表中选择需要的选项即可，如下图所示。

3.1.5　设置图片样式

Word 2021 中提供了多种修饰图片对象的图片样式，用户可以根据需要选择合适的图片样式，使图片显得更加美观。设置图片样式的具体操作如下：

1 打开"素材文件\第 3 章\公司简介 1.docx"文档，选择图片，❶单击"图片格式"选项卡"图片样式"组中的"快速样式"按钮；❷在弹出的下拉列表中选择需要的图片样式，如下图所示。

2 保持图片的选择状态，❶单击"图片格式"选项卡"图片样式"组中的"图片边框"按钮；❷在弹出的下拉列表中选择需要的边框颜色，如下图所示。

3 保持图片的选择状态，❶单击"图片格式"选项卡"图片样式"组中的"图片效果"按钮；❷在弹出的下拉列表中选择"映像"→"紧密映像：接触"选项，如下图所示。

4 返回文档编辑区，即可查看到图片设置后的效果，如下图所示。

3.1.6　调整图片效果

为了使图片颜色与文档内容更加匹配，可以调整图片的色彩和艺术效果。调整的具体操作如下：

1 选择需要调整的图片，❶单击"图片格式"选项卡"调整"组中的"颜色"按钮█颜色；❷在弹出的下拉列表中选择"色调"栏中的"色温：11200k"选项，如下图所示。

2 保持图片的选择状态，❶单击"图片格式"选项卡"调整"组中的"艺术效果"按钮█；❷在弹出的下拉列表中选择"粉笔素描"选项，如下图所示。

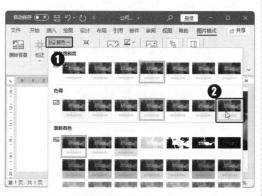

3 返回文档编辑区，即可查看到调整图片样式后的效果，如右图所示。

3.2 形状的使用

在制作流程类办公文档时，需要借助一些形状来表示，使得整篇文档的内容一目了然。此外，使用形状还可起到美化文档的作用。

3.2.1 插入形状并输入文字

在 Word 文档中插入形状非常简单，只需在"形状"下拉列表中选择相应的形状，然后拖动鼠标进行绘制，绘制完成后，还可在形状中输入相应的文字信息，对其进行说明。在 Word 中绘制形状并在形状中输入文本的方法的具体操作如下：

1 新建一个名为"顾客退货流程图"文档，❶然后单击"插入"选项卡"插图"组中的"形状"按钮；❷在弹出的下拉列表中选择"矩形"选项，如下图所示。

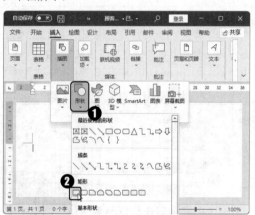

2 在文档中拖动鼠标绘制出"矩形"形状，在绘制的形状上右击，在弹出的快捷菜单中选择"添加文字"命令，如下图所示。

3 此时光标将定位到形状中，❶然后输入相应的文本内容"顾客"；❷使用绘制矩形的方法在形状下方绘制一个箭头，如下图所示。

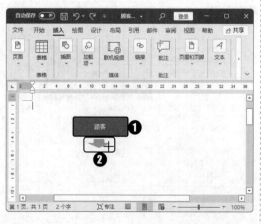

4 使用同样的方法完成其他形状的制作，效果如下图所示。

问： 在形状中输入较多的文本时，为什么部分文本不能正常显示？

答： 那是因为输入的文本较多，形状太小，部分文本就不能显示，这时可通过调整形状的大小或形状中文字的大小两种方法来实现。形状大小的调整方法与图片相似；而形状中文本的大小设置方法与普通文本的设置方法相同，这里就不再详细讲解。

3.2.2　更改形状

如果需要将文档中绘制好的形状更改为另一个形状，这时可通过"编辑形状"功能来实现。具体操作如下：

1 在文档中选择需要更改的形状，❶单击"形状格式"选项卡"插入形状"组中的"编辑形状"按钮 ；❷在弹出的下拉列表中选择"更改形状"选项；❸在弹出的子列表中选择"椭圆"形状选项，如下图所示。

2 返回文档编辑区中，即可查看到将"矩形"形状更改为"椭圆"形状后的效果，如下图所示。

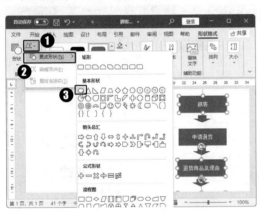

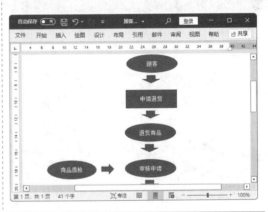

3.2.3　美化形状

对于绘制的形状，用户还可根据需要对其形状样式、形状填充效果和形状轮廓填充效果等进行设置，使形状更符合需要，文档整体效果更美观。下面将对形状的样式和填充效果进行设置，具体操作如下：

1 打开"素材文件\第3章\顾客退货流程图.docx"，选择文档中的矩形和椭圆形状，❶单击"形状格式"选项卡"形状样式"组中的"形状填充"按钮右侧的下拉按钮 ；❷在弹出的下拉列表中选择"纹理"选项；❸在弹出的子列表中选择"胡桃"选项，如下图所示。

2 保持椭圆和矩形形状的选择状态，❶单击"形状格式"选项卡"形状样式"组中的"形状轮廓"按钮 右侧的下拉按钮 ；❷在弹出的下拉列表中选择"无轮廓"选项，如下图所示。

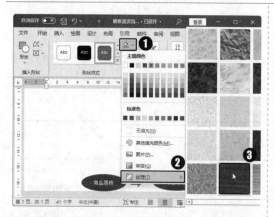
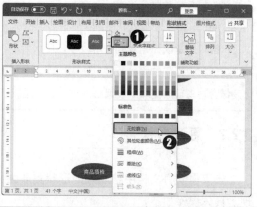

3 选择文档中的箭头形状，单击"形状格式"选项卡"形状样式"组中的 按钮，在弹出的列表框中选择"强烈效果—灰色，强调颜色 3"选项，如下图所示。

4 保持箭头形状的选择状态，❶单击"形状格式"选项卡"形状样式"组中的"形状效果"按钮；❷在弹出的下拉列表中选择"预设"选项，在其子列表中选择"预设 5"选项，如下图所示。

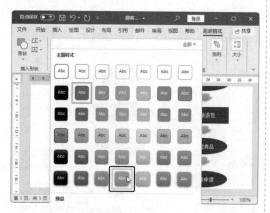
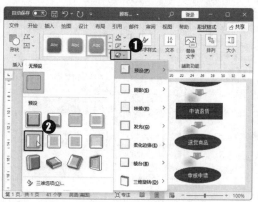

（💡温馨小提示）

　　在"形状样式"列表框中的"预设"栏中提供了透明的形状效果样式，用户可以根据文档实际情况进行选择应用。

3.3　文本框的使用

　　文本框是一种特殊的文本对象，既可以对图形对象进行处理，也可以作为文本对象进行处理。通过文本框，可以将文本内容放置于页面中任意位置，使文档排版更灵活、文档内容更丰富。

3.3.1 使用内置文本框

Word 2021 中提供了多种内置的文本框样式,使用这些内置的文本框样式不仅可提高文档制作速度,还可给文档带来不一样的效果。使用内置文本框的具体操作如下:

1 ❶打开"素材文件\第 3 章\员工手册.docx"文档,单击"插入"选项卡"文本"组中的"文本框"按钮 A ;❷在弹出的下拉列表中选择需要插入的文本框类型,如"基本型提要栏"选项,如下图所示。

2 在文档中插入选择的文本框,然后对文本框中的内容进行更改,效果如下图所示。

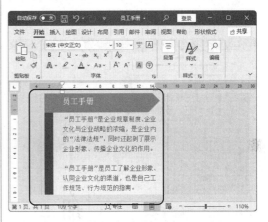

3.3.2 手动绘制文本框

在文档中可插入的文本框分为横排文本框和竖排文本框两种,用户可根据文字的显示方向来决定使用的文本框。手动绘制文本框的具体操作方法如下:

1 ❶在打开的"员工手册"文档中单击"插入"选项卡"文本"组中的"文本框"按钮 A ;❷在弹出的下拉列表中选择需要绘制的文本框类型,如选择"绘制竖排文本框"选项,如下图所示。

2 此时,鼠标指针呈黑色十字形状显示,在文档的目标位置处拖动鼠标绘制文本框,绘制完成后,光标将自动定位至文本框中,输入相应文字,如下图所示。

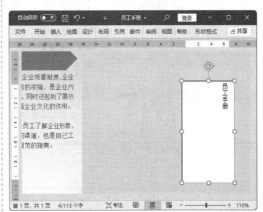

3.3.3 编辑文本框

在 Word 文档中，用户可以根据需要设置文本框中文字的字体格式，还可以设置文本框的外观样式、特殊效果以及形状大小等。如在"员工手册"文档中设置绘制文本框的效果，具体操作方法如下：

1 打开"素材文件\第 3 章\员工手册.docx"文档，选择文档右侧文本框中的"员工手册"文本，❶将其字体设置为"黑体"，字号设置为"初号"；❷选择文本框，拖动文本框右下角的控制点调整文本框的大小，如下图所示。

2 选择文档右侧的文本框，单击"形状格式"选项卡"形状样式"组中的 ⯆ 按钮，在弹出的列表框中选择"透明—蓝色，强调颜色1"选项，如下图所示。

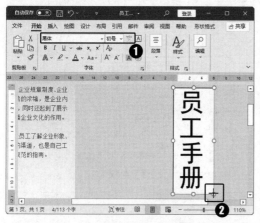

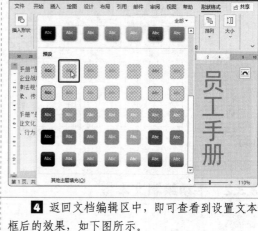

3 保持文本框的选择状态，❶单击"形状格式"选项卡"形状样式"组中的"形状效果"按钮 ◪；❷在弹出的下拉列表中选择"映像"选项，在其子列表中选择"半映像，接触"选项，如下图所示。

4 返回文档编辑区中，即可查看到设置文本框后的效果，如下图所示。

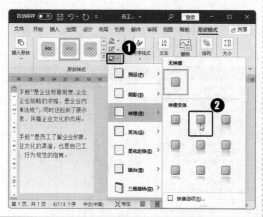

📷 **专家解疑难**

问：当文档版式布局发生变化后，有时需要对文本框中的文字方向进行更改，能不能更改呢？

答：可以进行更改，在文档中选择需要更改文字方向的文本框，单击"形状格式"选项卡"文本"组中的"文字方向"按钮，在弹出的下拉列表中提供了多种设置文字方向的选项，用户可根据需要选择相应的选项进行操作。

3.4　使用艺术字突显内容

制作办公文档时，为了使文档页面效果更加丰富，经常需要在文档的内容或图形上应用一些具有艺术效果的文字。Word 就提供了插入艺术字的功能，不仅如此，还预设了多种艺术字效果，以便根据不同的文档制作出不同的艺术字效果。

3.4.1　插入艺术字

艺术字不仅美观，还很醒目，通过在文档中使用艺术字，可以突出显示文档标题或文档中重要的内容。在 Word 中插入艺术字的方法很简单，具体操作如下：

1 打开"素材文件\第 3 章\公益广告.docx"文档，❶单击"插入"选项卡"文本"组中的"艺术字"按钮；❷在弹出的下拉列表中选择一种艺术字样式，如下图所示。

2 此时，在光标定位处生成一个艺术字文本框，在该文本框中输入需要的文本"水是生命之源　请节约用水"，如下图所示。

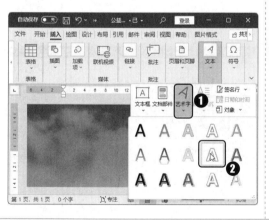

💡 **温馨小提示**

输入艺术字后，若发现输入的文本有误，此时可先选择艺术字文本内容，然后输入新的文本内容即可，这样修改后的文字还是会保持原有的艺术字样式。

3.4.2 编辑艺术字

如果插入的艺术字不能满足当前文档的需要，可以通过修改艺术字的内容、文字效果和文字方向等方式使文档内容更加完善。具体操作如下：

1 在打开的文档中选择艺术字文本框，❶单击"形状格式"选项卡"文本"组中的"文字方向"按钮；❷在弹出的下拉列表中选择"垂直"选项，如下图所示。

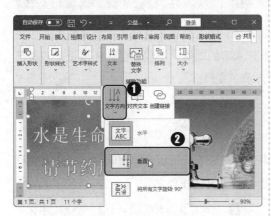

2 保持艺术字文本框的选择状态，❶单击"形状格式"选项卡"艺术字样式"组中的"文本填充"按钮右侧的下拉按钮；❷在弹出的下拉列表中选择需要的选项，如下图所示。

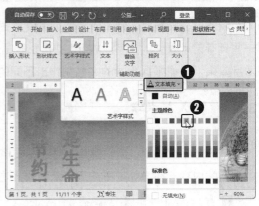

3 保持艺术字文本框的选择状态，❶单击"形状格式"选项卡"艺术字样式"组中的"文本效果"按钮；❷在弹出的下拉列表中选择"发光"选项；❸在弹出的子列表中选择所需的发光选项，如下图所示。

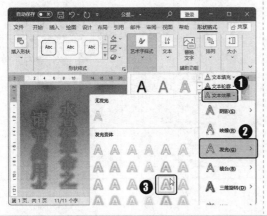

4 返回文档编辑区中，即可查看到艺术字设置后的效果，如下图所示。

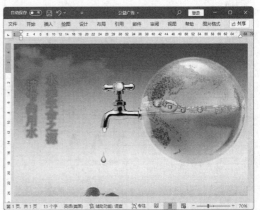

专家解疑难

问：在 Word 文档中编辑很多对象时，均会在对象右侧出现一个按钮，该按钮有什么作用呢？

答：按钮是"布局选项"按钮，其作用与"形状格式"选项卡"排列"组中的"环绕文字"按钮作用相同，单击该按钮，可快速对对象在文档中的布局进行设置。

3.5　SmartArt 图形的使用

在制作如流程类的办公文档时，除了可通过绘制形状来表达内容外，还可通过 SmartArt 图形使文字之间的关联表示得更加清晰。

3.5.1　插入 SmartArt 图形

Word 2021 中提供了列表、流程、循环、层次结构、关系和矩阵等多种类型的 SmartArt 图形，使用 SmartArt 图形功能可以快速创建出专业而美观的图示化效果。在 Word 中插入 SmartArt 图形的具体操作如下：

1 打开 "素材文件\第 3 章\公司组织结构图.docx"，单击 "插入" 选项卡 "插图" 组中的 "SmartArt" 按钮，❶弹出 "选择 SmartArt 图形" 对话框，在左侧选择 "层次结构" 选项；❷在对话框中间选择需要的 SmartArt 图形；❸单击 确定 按钮，如下图所示。

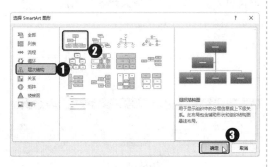

2 此时，即可在文档中插入一个组织结构图模板，将光标定位在 "文本窗格" 中，然后输入所需的文本内容即可，如下图所示。

〔💡温馨小提示〕

插入 SmartArt 图形后，默认都会打开 "文本窗格"，若未在文档中显示 "文本窗格"，可在 "SmartArt 设计" 选项卡 "创建图形" 组中单击 "文本窗格" 按钮，将文本窗格显示出来。

3.5.2　编辑 SmartArt 图形

默认插入的 SmartArt 图形的形状多少是固定的，大部分都不能满足文档的需要，所以，对于插入的 SmartArt 图形，用户还可根据需要对其进行编辑，如图形中形状的添加与删除、调整形状级别等。下面将介绍通过添加与删除形状、调整形状级别，来完善 SmartArt 图形的内容。具体操作如下：

1 打开插入 SmartArt 图形的文档，❶选择"总经理"形状；❷单击"SmartArt 设计"选项卡"创建图形"组中的"添加形状"按钮⬜，在弹出的下拉列表中选择"添加助理"选项，如下图所示。

2 此时将在"总经理"形状左下方添加一个形状，在形状中输入"总经理助理"文本，❶然后选择"行政部"形状；❷单击"SmartArt 设计"选项卡"创建图形"组中的"添加形状"按钮⬜，在弹出的下拉列表中选择"在后面添加形状"选项，如下图所示。

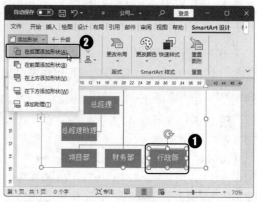

3 此时将在"行政部"形状右后方添加一个形状，在形状中输入"营销部"文本。❶然后选择"营销部"形状；❷单击"SmartArt 设计"选项卡"创建图形"组中的"添加形状"按钮⬜，在弹出的下拉列表中选择"在下方添加形状"选项，如下图所示。

4 使用相同的方法继续为 SmartArt 图形添加形状和文字，完成后的效果如下图所示。

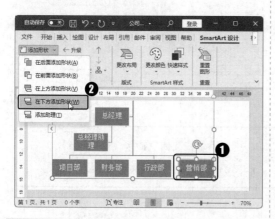

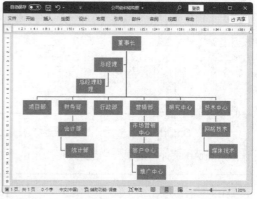

💡温馨小提示

在 SmartArt 图形的形状中添加文本，也可通过快捷菜单来实现。其方法是：在 SmartArt 图形中选择需要添加文本的形状，右击，在弹出的快捷菜单中选择"添加文本"命令，此时光标将定位到形状中，输入相应的文本即可。

3.5.3　美化 SmartArt 图形

对于制作好的 SmartArt 图形，用户还可对 SmartArt 图形的整体样式和颜色进行设置，使制作的 SmartArt 图形更加美观。具体操作如下：

1 在打开的文档中选择 SmartArt 图形，❶单击 "SmartArt 设计" 选项卡 "SmartArt 样式" 组中的 "更改颜色" 按钮🎨；❷在弹出的下拉列表中选择需要的选项，如下图所示。

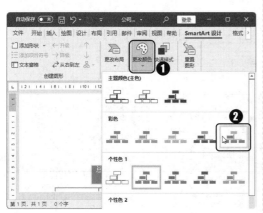

2 保持 SmartArt 图形的选择状态，❶单击 "SmartArt 设计" 选项卡 "SmartArt 样式" 组中的 "快速样式" 按钮；❷在弹出的下拉列表中选择需要的 SmartArt 样式选项，如下图所示。

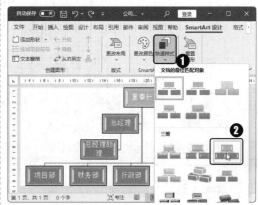

> 📖 **专家解疑难**
>
> 问：制作好 SmartArt 图形后，才发现 SmartArt 图形的布局并不理想，是不是只能重新制作？
> 答：不用重新制作，只需要更改 SmartArt 图形的布局即可。更改布局的方法是：选择 SmartArt 图形，单击 "SmartArt 设计" 选项卡 "版式" 组中的 "更改布局" 按钮，在弹出的下拉列表中选择提供的布局方式即可；如果该下拉列表中的布局还是不满意，可选择 "其他布局" 选项，在打开的 "选择 SmartArt 图形" 对话框重新选择需要的 SmartArt 图形，单击 确定 按钮即可。

3.6　案例制作——制作"宣传单"文档

案例介绍

宣传单是企业宣传形象的方式之一，它能有效提升企业形象，更好地把企业的产品和服务展示给大众，诠释企业的文化理念，所以，宣传单已成为很多企业宣传企业形象的重要工具。本实例即制作一份公司宣传单。首先插入并编辑图片效果，然后使用文本框、艺术字和形状等对象来丰富文档内容，并对这些对象进行编辑和美化操作。本例制作的"宣传单"如下图所示。

视频教学

教学文件：教学文件\第3章\制作"宣传单"文档.mp4

步骤详解

本实例的具体制作步骤如下：

❶ 打开"素材文件\第3章\宣传单\宣传单.docx"文档，单击"插入"选项卡"插图"组中的"图片"按钮，在弹出的下拉菜单中选择"此设备"选项，❶弹出"插入图片"对话框，在地址栏中选择图片保存的位置；❷在下方列表框中选择需插入的图片"背景"；❸单击 插入(S) 按钮，如下图所示。

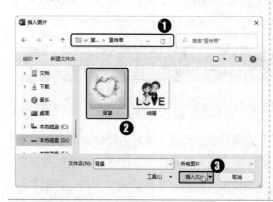

❷ 在文档中选择插入的图片，❶单击"图片格式"选项卡"排列"组中的"环绕文字"按钮；❷弹出的下拉列表中选择"浮于文字上方"选项，如下图所示。

❸ 选择图片，将光标移动到图片上，然后拖动鼠标，将图片右上角与文档右上角重合，然后调整图片的大小，使其与文档页面大小一样，效果如下图所示。

❹ 选择图片，❶单击"图片格式"选项卡"调整"组中的"颜色"按钮；❷在弹出的下拉列表中选择"橙色，个性2 浅色"选项，如下图所示。

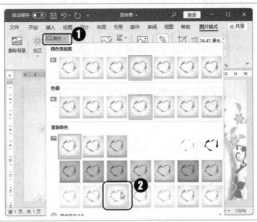

5 选择图片，❶单击"图片格式"选项卡"调整"组中的"校正"按钮 ；❷在弹出的下拉列表中选择"亮度：0%（正常）对比度：-40%"选项，如下图所示。

6 使用插入背景图片的方法插入"结婚"图片，并将其环绕文字的方式设置为"浮于文字上方"，然后对其大小和位置进行调整，效果如下图所示。

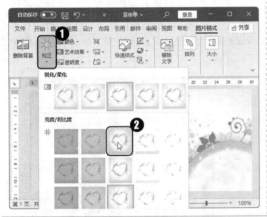

7 选择"插入"选项卡，❶在"文本"组中单击"艺术字"按钮 ；❷在弹出的下拉列表中选择所需艺术字样式，如下图所示。

8 在艺术字文本框中输入公司名称，将字体设置为"华文隶书"，字号设置为"48"，❶单击"形状格式"选项卡"艺术字样式"组中的"文本填充"按钮右侧的下拉按钮 ；❷在弹出的下拉列表中选择"橙色"选项，如下图所示。

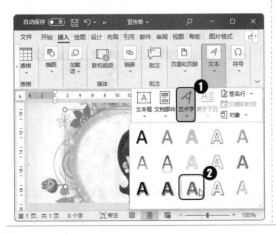

9 选择艺术字，❶单击"形状格式"选项卡"艺术字样式"组中的"文本效果"按钮 A；❷在弹出的下拉列表中选择"转换"选项，在其子列表中选择"正方形"选项，如下图所示。

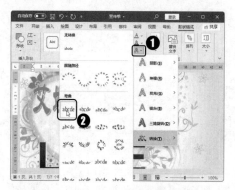

10 使用前面插入和编辑艺术字的方法，在文档中其他需要插入艺术字的位置插入所需的艺术字，并对其进行相应的编辑和调整，效果如下图所示。

11 选择"插入"选项卡，❶单击"文本"组中的"文本框"按钮 A；❷在弹出的下拉列表中选择"绘制横排文本框"选项，如下图所示。

12 在文档底部拖动鼠标绘制一个横排文本框，在该文本框中输入相应的文本，然后选择文本框中的文本，将其字体设置为"14"，再选择文本框，在"形状格式"选项卡"形状样式"组中的列表框中选择文本框样式，如下图所示。

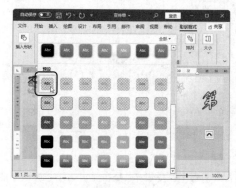

13 选择"插入"选项卡，❶单击"插图"组中的"形状"按钮；❷在弹出的下拉列表中选择"思想气泡：云"选项，如下图所示。

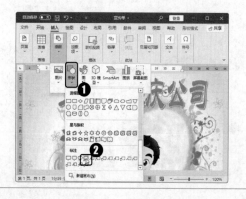

14 拖动鼠标在小图片的左侧绘制一个形状，并在形状中输入相应的文本，然后在"形状格式"选项卡"形状样式"组中的列表框中选择形状样式，如下图所示。

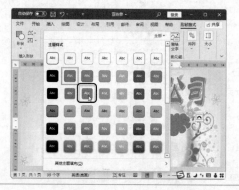

15 选择形状，将光标移动到形状的 🔄 控制点上，拖动鼠标进行旋转调整形状的旋转角度，调整到合适位置后释放鼠标，然后将光标移动到黄色的控制点上，拖动鼠标调整形状局部位置，效果如下图所示。

16 使用前面插入和编辑形状的方法，在文档其他需要插入形状的位置插入形状，并对其进行相应的编辑，完成本例的制作，效果如下图所示。

本章小结

　　本章的重点在于掌握图形对象的插入、编辑和美化的基本操作，主要包括图片的插入、图片样式和效果的设置、形状的编辑和美化、艺术字的插入与美化、文本框的绘制和 SmartArt 图形的使用等知识点。通过本章的学习，希望大家能够熟练掌握各图形对象在文档中的使用方法，快速制作出美观、层次结构分明的办公文档。

第4章

使用 Word 2021 制作办公表格

↘本章导读

表格可以将文档中的内容按类别进行划分，相对于文本来说，可以更直观地表现文档中的内容，所以，在制作办公文档时经常使用到。Word 2021 提供了强大的制作表格的功能，使用它可以制作出需要的办公表格。本章将讲解在文档中创建表格、编辑表格和美化表格的方法。

↘知识要点

❖ 拖动鼠标创建表格　　　　　　　❖ 选择表格对象

❖ 手动绘制表格　　　　　　　　　❖ 套用表格样式

❖ 输入并编辑表格内容　　　　　　❖ 为表格添加底纹和边框

↘案例展示

4.1　创建表格

在 Word 中通过提供的表格功能，可以快速地在文档中创建表格。在 Word 中创建表格的方法有很多种，用户可以根据实际情况选择表格的创建方法。

4.1.1　拖动行列数创建表格

如果要创建的表格行数和列数很规则，而且在 10 列 8 行以内，就可以通过在虚拟表格中拖动行列数的方法来选择创建。具体操作方法如下：

将文本插入点定位到文档中要插入表格的位置，❶单击"插入"选项卡"表格"工具组中的"表格"按钮▦；❷在弹出的下拉列表的虚拟表格内拖动光标到所需的行数和列数，即可在文档中插入行列数对应的表格，如右图所示。

> 💡 温馨小提示
>
> 在虚拟表格中拖动鼠标选择时，会及时显示在文档中，以方便查看。

4.1.2　指定行列数创建表格

当需要在文档中插入更多行数或列数的表格时，就不能通过拖动行列数的方法来创建，此时就需要通过"插入表格"对话框来实现。具体操作如下：

1 将文本插入点定位到文档中要插入表格的位置，❶单击"插入"选项卡"表格"工具组中的"表格"按钮▦；❷在弹出的下拉列表中选择"插入表格"选项，如下图所示。

2 弹出"插入表格"对话框，❶在"列数"数值框中输入表格列数"8"；❷在"行数"数值框中输入表格行数"12"；❸单击 确定 按钮，如下图所示。

3 此时，Word 文档中会自动插入对应行列数的表格，如右图所示。

> **温馨小提示**
>
> 在"插入表格"对话框中选中 ⊙ 固定列宽(W): 单选按钮，可让每个单元格保持当前尺寸；选中 ⊙ 根据内容调整表格(F) 单选按钮，表格中的每个单元格将根据内容多少自动调整高度和宽度；选中 ⊙ 根据窗口调整表格(D) 单选按钮，表格尺寸将根据页面的大小而自动改变其大小。

4.1.3 手动绘制表格

手动绘制表格是指用画笔工具绘制表格的边线，可以很方便地绘制出同行不同列的不规则表格。其具体操作如下：

1 将文本插入点定位到文档中要插入表格的位置，❶单击"插入"选项卡"表格"工具组中的"表格"按钮⊞；❷在弹出的下拉列表中选择"绘制表格"选项，此时，光标会变成 ⏦ 形状，按住鼠标左键不放并拖动，如下图所示。

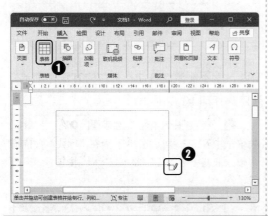

2 拖动到合适位置，释放鼠标绘制出表格的外框，然后在绘制好的表格外边框内横向拖动鼠标，以绘制出表格的行线，如下图所示。

3 绘制完表格的行线后，在表格外边框内竖向拖动鼠标，以绘制出表格的列线，如下图所示。

4 继续绘制表格的列线，完成后将光标移动到第一个单元格的左上角，单击并按住鼠标左键不放向右下侧拖动绘制出该单元格内的斜线，如下图所示。

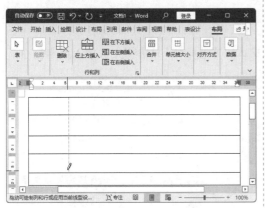

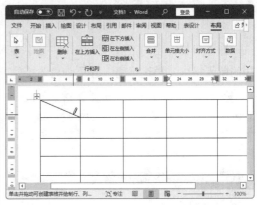

┌───┐
│ 温馨小提示
│
│ 　将表格中的所有线条绘制完成后，在文档空白区域单击或按 Esc 键，即可退出表格的绘制状态。
└───┘

4.1.4　插入 Excel 电子表格

　　如果需要在 Word 中制作大型的表格，那么可以利用 Word 提供的插入 Excel 电子表格功能，将 Excel 电子表格插入到 Word 文档中，以提高制作表格的速度。在 Word 中插入 Excel 电子表格的具体操作如下：

1 将文本插入点定位到文档中要插入表格的位置，❶单击"插入"选项卡"表格"工具组中的"表格"按钮；❷在弹出的下拉列表中选择"Excel 电子表格"选项，如下图所示。

2 此时，即可在文档中的插入点处插入一张空白的 Excel 工作表，并进入编辑状态，如下图所示。用户可以像在 Excel 中一样编辑、管理和处理数据，编辑完后，将光标移至 Word 任一处单击即可。

4.2　编辑表格

　　在创建表格框架后，就需要对表格进行编辑，包括表格内容的输入、添加表格行列数、拆分/合并单元格、调整行高与列宽、设置表格内容对齐方式等操作。

4.2.1　输入表格内容

输入表格内容的方法与直接在文档中输入文本的方法相似，只需将文本插入点定位在不同的单元格内，再进行输入即可。具体操作方法如下：

1 打开"素材文件\第4章\员工通讯录.docx"文档，在表格中的第一个单元格内单击鼠标，将文本插入点定位在该单元格中，然后输入文本"部门"，如下图所示。

2 将文本插入点定位在第1行的第2个单元格内，输入文本"姓名"，然后使用相同的方法在表格其他相应的单元格中输入对应的内容，完成后的效果如下图所示。

 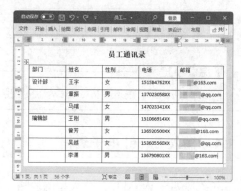

4.2.2　选择表格单元格

在输入表格内容后，往往还需要对表格进行编辑，而编辑表格时常需要先选择表格的单元格。选择单元格分为选择单个单元格、选择连续的单元格、选择不连续的单元格、选择行、选择列和选择整个表格等多种情况。不同的情况，其选择的方法也不同，分别介绍如下。

- 选择单个单元格：将光标移动到表格中单元格的左端线上，待光标变为指向右方的黑色箭头▇时，单击可选择该单元格，效果如下图所示。
- 选择连续的单元格：将文本插入点定位到要选择的连续单元格区域的第一个单元格中，按住鼠标左键不放并拖动至要选择连续单元格的最后一个单元格，或将文本插入点定位到要选择的连续单元格区域的第一个单元格中，按住 Shift 键的同时单击连续单元格的最后一个单元格，可选择多个连续的单元格，效果如右下图所示。

部门	姓名	性别	电话	邮箱
设计部	王宇	女	151584762XX	▇▇@163.com
	章振	男	137023058XX	▇▇@qq.com
	马瑞	女	147023341XX	▇▇@qq.com
编辑部	王刚	男	151066914XX	▇▇@qq.com
	曾芳	女	136920500XX	▇▇@163.com
	吴越	女	153605560XX	▇▇@qq.com

部门	姓名	性别	电话	邮箱
设计部	王宇	女	151584762XX	▇▇@163.com
	章振	男	137023058XX	▇▇@qq.com
	马瑞	女	147023341XX	▇▇@qq.com
编辑部	王刚	男	151066914XX	▇▇@qq.com
	曾芳	女	136920500XX	▇▇@163.com
	吴越	女	153605560XX	▇▇@qq.com

- 选择不连续的单元格：按住 Ctrl 键的同时，依次选择需要的单元格即可选择这些不连续的单元格，效果如左下图所示。
- 选择行：将光标移到表格边框左端线的附近，待光标变为▇形状时，单击即可选中该行，效果如右下图所示。

部门	姓名	性别	电话	邮箱
设计部	王宇	女	151584762XX	@163.com
	章振	男	137023058XX	@qq.com
	马瑞	女	147023341XX	@qq.com
编辑部	王刚	男	151066914XX	@qq.com
	曾芳	女	136920500XX	@163.com
	吴越	女	153605560XX	@qq.com

部门	姓名	性别	电话	邮箱
设计部	王宇	女	151584762XX	@163.com
	章振	男	137023058XX	@qq.com
	马瑞	女	147023341XX	@qq.com
编辑部	王刚	男	151066914XX	@qq.com
	曾芳	女	136920500XX	@163.com
	吴越	女	153605560XX	@qq.com

- 选择列：将光标移到表格边框的上端线上，待光标变成↓形状时，单击即可选中该列，效果如左下图所示。
- 选择整个表格：将光标移动到表格内，表格的左上角会出现⊞图标，右下角将出现□图标，单击这两个图标中的任意一个即可快速选择整个表格，效果如右下图所示。

部门	姓名	性别	电话	邮箱
设计部	王宇	女	151584762XX	@163.com
	章振	男	137023058XX	@qq.com
	马瑞	女	147023341XX	@qq.com
编辑部	王刚	男	151066914XX	@qq.com
	曾芳	女	136920500XX	@163.com
	吴越	女	153605560XX	@qq.com
	李渊	男	136790801XX	@163.com

部门	姓名	性别	电话	邮箱
设计部	王宇	女	151584762XX	@163.com
	章振	男	137023058XX	@qq.com
	马瑞	女	147023341XX	@qq.com
编辑部	王刚	男	151066914XX	@qq.com
	曾芳	女	136920500XX	@163.com
	吴越	女	153605560XX	@qq.com
	李渊	男	136790801XX	@163.com

温馨小提示

按方向键可以快速选择当前单元格上、下、左、右方向的一个单元格，而单击"布局"选项卡"表"组中的"选择"按钮，在弹出的下拉列表中选择相应的选项可完成对行、列、单元格以及表格的选择。

4.2.3 插入行或列

在制作表格的过程中，如果文档中插入表格的行或列不能满足需要时，用户可通过 Word 表格的插入功能在表格相应位置插入相应的行或列。插入行或列的具体操作如下：

1 在打开的"员工通讯录"文档中移动光标到要添加行上方的行边框线的左侧，❶单击显示出的"+"按钮；❷即可在其下方插入一行空白行，如下图所示。

2 在插入的行中输入相应的文本，然后将光标移动到要添加列上方的列边框线上，单击显示出的"+"按钮，即可在其右方插入一列空白列，在其中输入相应的文本即可，效果如下图所示。

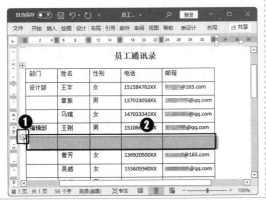

将鼠标光标定位到文档表格中，单击"布局"选项卡"行和列"组中的"在上方插入"按钮，将在选择行的上方插入新行；单击"在下方插入"按钮，将在选择行的下面插入新行；单击"在左侧插入"按钮，将在选择列的左侧插入新列；单击"在右侧插入"按钮，将在选择列的右侧插入新列。在表格中选择多行或多列后，再执行插入表格对象命令，可以快速插入与选择数目相等的行或列。

4.2.4　删除行或列

在编辑表格的过程中，对于表格中多余的行或列，用户也可以将其删除。删除行或列的方法有多种，分别介绍如下：

- 通过单击"删除"按钮删除：在表格中选择需要删除的行或列，单击"布局"选项卡"行和列"组中的"删除"按钮，在弹出的下拉列表中选择"删除行"或"删除列"选项即可，如左下图所示。

- 通过快捷菜单删除：在表格中选择需要删除的行或列，右击，在弹出的快捷菜单中选择"删除行"命令或"删除列"命令即可。若选择列，则快捷菜单中显示"删除列"命令；若选择行，则快捷菜单中显示"删除行"命令，如右下图所示。

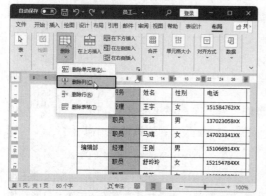 

问：能不能只删除表格中的某一个单元格?

答：在 Word 表格中删除单元格的操作与删除行或列不一样，选择需要删除的单元格后，右击，在弹出的快捷菜单中选择"删除单元格"命令，弹出"删除单元格"对话框，其中提供了两个删除单元格的单选按钮，若选中 右侧单元格左移(L) 单选按钮，则在删除所选单元格后，其右侧的单元格将左移；若选中 下方单元格上移(U) 单选按钮，则在删除所选单元格后，其下方的单元格将上移。

4.2.5　调整行高和列宽

在默认情况下，创建的表格拥有相同的行高和列宽，在表格中输入内容后，单元格的宽度不会改变，若输入的内容超过了单元格的宽度，则系统会自动调整单元格的高度，将内容显示在该单元格的下一行中。所以，当表格的行高或列宽不能满足需要时，用户可自行进行调整。

1．手动调整单元格大小

若需要单独对表格中某行的高度或某列的宽度进行调整，可通过拖动鼠标快速进行调整。具体操作如下：

1 将光标指向需要调整的行边框线上，当光标变为⬍形状时，按住鼠标左键不放并拖动，即可调整表格行高，如下图所示。

2 将光标指向需要调整的列边框线上，当光标变为⬌形状时，按住鼠标左键不放并拖动，即可调整表格列宽，如下图所示。

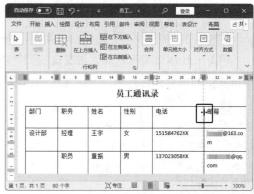

（💡温馨小提示）

若要微调表格行高与列宽，可在按住 Alt 键的同时拖动鼠标进行调整。如果要单独调整某一个单元格的大小，可以先选择该单元格，再拖动鼠标进行调整，这样操作就不会影响其他单元格的大小。

2．指定单元格大小

通过拖动鼠标调整的单元格大小并不精确，如果需要精确设置单元格的大小，可以通过指定具体值的方式进行调整。具体操作如下：

1 在表格中选择需要调整行高和列宽的单元格，❶在"布局"选项卡"单元格大小"组中的"高度"数值框中设置值为"1 厘米"；❷将光标定位到"宽度"数字框中，所选单元格的行高将发生变化，如下图所示。

2 在"宽度"数字框中输入"4 厘米"，按Enter 键确认，即可将设置的列宽值应用到所选择的单元格中，如下图所示。

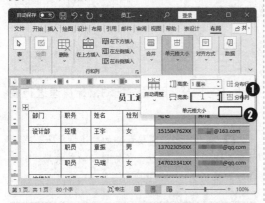
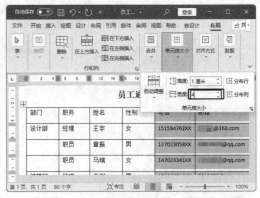

3. 自动调整单元格大小

在 Word 中也可根据具体情况自动调整表格中单元格的大小，主要表现为可以根据表格中单元格的内容或表格窗口大小来自动调整。具体操作如下：

1 在打开的文档中选择整个表格，❶单击"布局"选项卡"单元格大小"组中的"自动调整"按钮；❷在弹出的下拉列表中选择相应的选项，如选择"根据内容自动调整表格"选项，如下图所示。

2 返回文档编辑区，即可查看到根据单元格中内容的多少调整单元格大小后的效果，如下图所示。

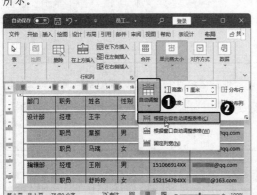
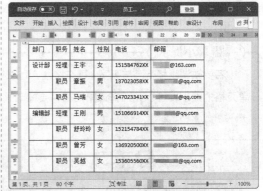

4. 平均分布各行各列

在编辑表格时，使用平均分布各行各列的方法，可以快速平均分配多行的高度或多列的宽度。具体操作方法如下：

1 在打开的文档中选择需要平均分布的多行或多列，单击"布局"选项卡"单元格大小"组中的"分布行"按钮⊞或"分布列"按钮⊞；这里单击"分布列"按钮⊞，如下图所示。

2 返回文档编辑区，即可查看到平均分布列后的效果，如下图所示。

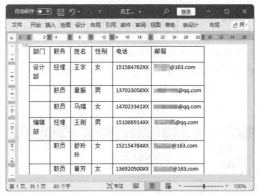

4.2.6　拆分与合并单元格

在编辑表格的过程中，为了更合理地表现表格中的数据，经常需要对表格中的单元格进行合并和拆分操作。下面将分别介绍其操作方法。

1. 合并单元格

合并单元格是指将两个或两个以上连续的单元格合并成一个单元格。合并单元格的方法很简单，具体操作如下：

1 打开"素材文件\第 4 章\员工通讯录 1.docx"文档，❶选择表格第 1 列的第 2、第 3 和第 4 个单元格；❷单击"布局"选项卡"合并"组中的"合并单元格"按钮⊞，如下图所示。

2 即可将选择的 3 个单元格合并为一个单元格。使用相同的方法将第 1 列的第 5 ~ 第 9 个单元格合并为一个单元格，完成后的效果如下图所示。

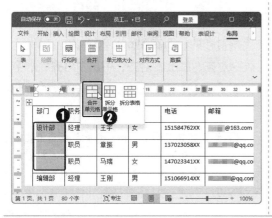

部门	职务	姓名	性别	电话	邮箱
设计部	经理	王宇	女	151584762XX	████@163.com
	职员	章振	男	137023058XX	████@qq.com
	职员	马瑞	女	147023341XX	████@qq.com
编辑部	经理	王刚	男	151066914XX	████@qq.com
	职员	舒玲玲	女	152008475XX	████@163.com
	职员	曾芳	女	136920500XX	████@163.com
	职员	吴越	女	153605560XX	████@qq.com

2．拆分单元格

拆分单元格是指将一个单元格分解成多个单元格。Word 表格中的任意一个单元格都可以拆分为多个单元格。具体操作方法如下：

1 打开"素材文件\第4章\转账凭证表.docx"文档，❶选择需要拆分的多个列单元格；❷单击"布局"选项卡"合并"组中的"拆分单元格"按钮⊞；❸弹出"拆分单元格"对话框，取消选中☐拆分前合并单元格(M)复选框；❹在"列数"数值框中设置要拆分的列数"9"；❺单击 确定 按钮，如下图所示。

2 返回文档编辑区，即可查看到已经将每一个所选单元格拆分为 9 个单元格了，在相应的单元格中输入相应的内容，效果如下图所示。

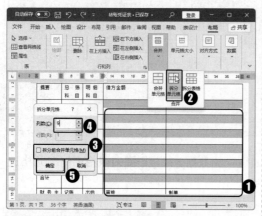

> **温馨小提示**
>
> 若在"拆分单元格"对话框中选中 ☑ 拆分前合并单元格(M) 复选框，则会先将选择的多个单元格合并为一个单元格，然后再进行拆分操作。

4.2.7 设置表格内容的对齐方式

在默认情况下，表格中的文字是靠单元格左上角对齐的，而在 Word 2021 中，提供了多种表格文本的对齐方式，如靠上左对齐、靠上居中对齐、靠上右对齐、中部左对齐、水平居中、中部右对齐、靠下左对齐、靠下居中对齐、靠下右对齐等，用户可以根据自己的需要进行设置。具体操作方法如下：

1 ❶在表格中选择需要设置对齐方式的文本；❷单击"布局"选项卡"对齐方式"组中的"水平居中对齐"按钮⊟，如下图所示。

2 返回文档编辑区，即可查看到所选单元格内的文本都以水平居中的方式显示，使用相同的方法设置表格其他单元格中文本的对齐方式，效果如下图所示。

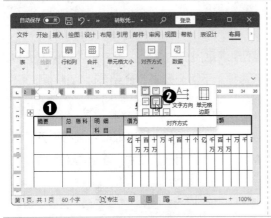

4.3　美化表格

为了提高文档的整体美观度，有时也需要对文档中的表格进行美化。在 Word 2021 中美化表格的操作主要表现在表格样式的设置以及边框和底纹的设置。下面将对其设置方法分别进行介绍。

4.3.1　套用表格样式

Word 2021 提供了很多表格样式，用户可以直接应用这些表格样式，以快速完成表格的美化操作。套用表格的具体操作如下：

1 打开"素材文件\第 4 章\出差申请单.docx"文档，单击⊞按钮选择文档中的表格，单击"表设计"选项卡"表格样式"组中的▾按钮，在弹出的列表框中选择所需的表格样式，如选择"网格表 4-着色 1"选项，如下图所示。

2 返回文档编辑区，即可查看到应用表格样式后的效果，如下图所示。

4.3.2 为表格添加边框

Word 中默认的表格边框为黑色实线，如果不能满足用户的需要，用户可以根据需要自定义边框的样式。自定义边框样式的方法有以下两种。下面分别进行介绍。

1. 通过"边框"组自定义边框

通过"边框"组自定义边框时，需要先对边框样式、边框粗细和边框颜色进行设置，然后再通过边框刷或"边框"下拉列表将自定义的边框样式应用于表格中。具体操作如下：

1 打开"素材文件\第 4 章\出差申请单.docx"文档，❶单击⊞按钮选择文档中的表格；❷单击"表设计"选项卡"边框"组中的"笔样式"按钮右侧的下拉按钮∨；❸在弹出的下拉列表中选择所需边框样式，如下图所示。

2 保持表格的选择状态，❶单击"表设计"选项卡"边框"组中的"笔画粗细"按钮右侧的下拉按钮∨；❷在弹出的下拉列表中选择所需边框粗细，如下图所示。

3 保持表格的选择状态，❶单击"表设计"选项卡"边框"组中的"笔颜色"按钮右侧的下拉按钮∨；❷在弹出的下拉列表中选择所需边框颜色，如下图所示。

4 保持表格的选择状态，❶单击"表设计"选项卡"边框"组中的"边框"按钮下方的∨按钮；❷在弹出的下拉列表中选择将所自定义的边框应用于表格的位置，如选择"内部框线"选项，自定义的边框样式将只应用于表格的内部边线，如下图所示。

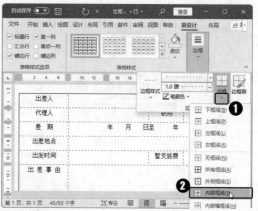

2．通过对话框自定义边框

单击"表设计"选项卡"边框"组中右下角的⊿按钮，弹出"边框和底纹"对话框，在"边框"选项卡中可快速对边框样式、边框粗细和边框颜色进行设置。具体操作如下：

1 打开"素材文件\第 4 章\出差申请单.docx"文档，将鼠标定位到表格中，单击 "表设计"选项卡"边框"组中右下角的⊿按钮，弹出"边框和底纹"对话框，❶默认选择"边框"选项卡；❷在"设置"栏中选择"自定义"选项；❸在"样式"列表框中选择所需的边框样式；❹单击"颜色"按钮右侧的▼按钮，在弹出的下拉列表中选择所需的边框颜色，如下图所示。

2 ❶单击"宽度"按钮右侧的▼按钮，在弹出的下拉列表中选择所需的边框磅值选项；❷在"预览"栏中先依次单击左侧和下方紧挨着的 3 个按钮，取消原先的边框，再依次单击这 6 个按钮，为表格应用自定义的边框；❸单击 确定 按钮，如下图所示。

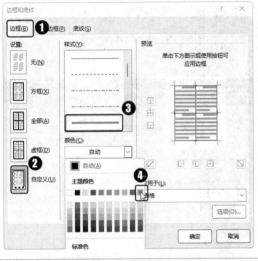

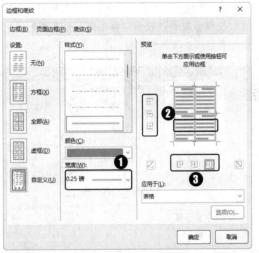

3 返回文档编辑区，即可查看到应用自定义边框样式后的表格效果，如右图所示。

> **温馨小提示**
>
> 单击"边框"对话框选项卡"预览"栏中的田按钮，为表格添加上框线；单击田按钮，为表格添加内部横框线；单击田按钮，为表格添加下框线；单击⊿按钮，为表格添加斜上框线；单击田按钮，为表格添加左框线；单击田按钮，为表格添加内部竖线；单击田按钮，为表格添加右框线；单击◹按钮，为表格添加斜下框线。

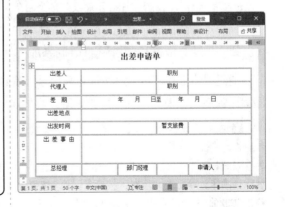

4.3.3 为表格添加底纹

除了可以为表格添加边框外，还可为表格添加底纹。在 Word 2021 中为表格添加底纹的方法有两种，一种是通过"表格样式"组添加；另一种是通过"边框和底纹"对话框添加。下面对其方法分别进行介绍。

1. 通过"表格样式"组添加

在 Word 中通过"表格样式"组为表格添加底纹是最常用的方法，通过它可快速对选择的表格单元格添加相应的底纹。具体操作如下：

1 打开"素材文件\第4章\培训课程表.docx"文档，拖动鼠标选择表格第一列和第二列单元格，❶单击"表设计"选项卡"表格样式"组中的"底纹"按钮下方的 · 按钮；❷在弹出的下拉列表中选择表格底纹的颜色，如下图所示。

2 返回文档编辑区，即可查看添加底纹后的效果。然后选择表格第一行单元格，使用相同的方法为其添加相同的底纹，效果如下图所示。

> **温馨小提示**
>
> 如果直接单击"底纹"按钮，那么将直接添加按钮当前的颜色。不同的颜色，其按钮的颜色也会有所不同，如 按钮表示底纹颜色为白色； 按钮表示底纹颜色为蓝色。

2. 通过"边框和底纹"对话框添加

通过"边框和底纹"对话框为表格添加底纹时，不仅可设置颜色来填充底纹，还可通过图案添加底纹，使其具有不同的效果。具体操作如下：

1 在打开文档的表格中选择需要添加底纹的单元格，单击"表设计"选项卡"边框"组右下角的 按钮，❶弹出"边框和底纹"对话框，选择"底纹"选项卡；❷单击"填充"按钮右侧的 按钮；❸在弹出的下拉列表中选择填充颜色，如下图所示。

2 ❶单击"样式"按钮右侧的 按钮，在弹出的下拉列表中选择图案填充的样式；❷单击"颜色"按钮右侧的 按钮，在弹出的下拉列表中选择图案填充的颜色；❸单击 确定 按钮，效果如下图所示。

专家解疑难

问：填充表格底纹时，能不能只用图案进行填充？

答：可以只用图案填充表格的底纹，在"边框和底纹"对话框的"底纹"选项卡中只设置图案的样式和颜色，不对其填充颜色进行设置，设置完成后，在对话框"预览"栏中可查看到设置后的效果。

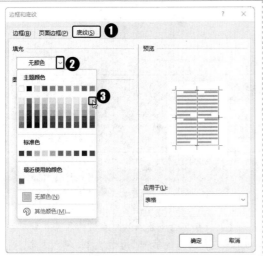 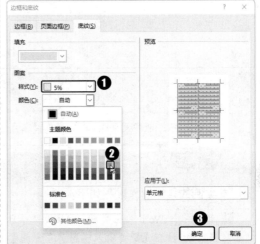

3 返回文档编辑区，即可查看到为表格添加图案底纹的效果，如右图所示。

温馨小提示

在对话框"预览"栏下方的"应用于"下拉列表框中还可设置底纹应用的对象，如"表格""单元格""段落"和"文本"等；用户可根据需要进行设置。

4.4　案例制作——制作"客户档案表"文档

案例介绍

客户是企业的重要资源，与企业的发展紧密联系在一起。客户不仅包括与企业合作的中间商，还包括企业的众多消费者，所以，很多企业在经营管理中，都会对客户的相关资料进行管理，以充分利用资源，使企业快速发展。本实例主要是通过创建表格，将相关信息录入表格中，为使表格更加规范、美观，还需要对表格的行高、列宽、文本对齐方式、边框和底纹等进行设置。

客户档案表

姓名		性别		出生年月	
身份证号码				文化程度	
婚姻状况			子女状况		
地址	住家				
	单位				
	户籍				
联系方式	手机				
	家庭				
	Email				
工作单位				职位	
经济状况				爱好	
家属亲友	姓名	关系	出生日期	联系方式	备注

视频教学

教学文件： 教学文件\第 4 章\制作 "客户档案表" 文档.mp4

步骤详解

本实例的具体制作过程如下：

1 新建一个 Word 空白文档，❶将其保存为 "客户档案表"，在光标处输入标题 "客户档案表"，并对其字体样式进行相应设置；❷然后单击 "插入" 选项卡 "表格" 组中的 "表格" 按钮⊞；❸在弹出的下拉列表中拖动鼠标，选择 "6×8 表格" 插入到文档中，如下图所示。

2 将在文档中插入 8 行 6 列的表格，❶将光标定位在第一行的第一个单元格中，输入文本 "姓名"，然后使用相同的方法在表格其他单元格中输入相应的文本；❷选择需要合并的单元格；❸单击 "布局" 选项卡 "合并" 组中的 "合并单元格" 按钮⊞合并单元格，如下图所示。

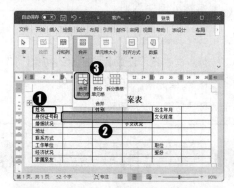

3 使用相同的方法对表格中其他需要合并的单元格进行合并操作，❶然后将光标定位在 "地址" 文本后的单元格中；❷单击 "布局" 选项卡 "合并" 组中的 "拆分单元格" 按钮⊞，弹出 "拆分单元格" 对话框，在 "列数" 数值框中输入拆分的列数，如输入 "2"；❸在 "行数" 数值框中输入要拆分的行数，如输入 "3"；❹单击 确定 按钮，如下图所示。

4 使用相同的方法对表格中其他需要拆分的单元格进行拆分操作，❶在拆分的单元格中输入相应的文本，然后选择表格中的所有单元格；❷单击 "布局" 选项卡 "对齐方式" 组中的 "水平居中" 按钮⊟，使文本水平居中对齐于单元格中，如下图所示。

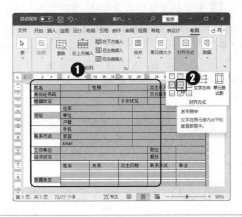

5 将光标移动到需要调整列宽的边框线上，当其变成为 ╫ 形状时，按住鼠标左键不放，向左拖动鼠标以调整单元格列宽，调整到合适位置后释放鼠标即可，如下图所示。

6 拖动鼠标选择表格中所有的单元格，在"布局"选项卡"单元格大小"组中的"高度"数值框中输入行高值，如输入"0.8"，如下图所示。

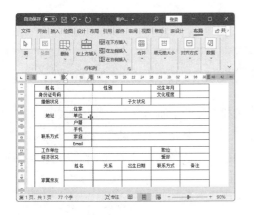

7 返回文档编辑区，即可查看到设置行高后的效果。保持表格的选中状态，❶单击"表设计"选项卡"边框"组中的"笔样式"按钮右侧的下拉按钮 ✓ ；❷在弹出的下拉列表中选择所需边框样式，如下图所示。

8 ❶单击"表设计"选项卡"边框"组中的"笔颜色"按钮右侧的下拉按钮 ✓ ；❷在弹出的下拉列表中选择所需边框的颜色，如下图所示。

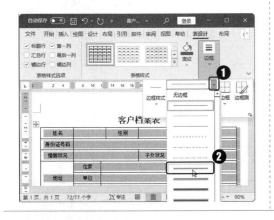

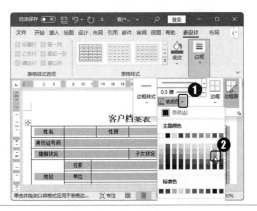

⑨ 拖动鼠标选择整个表格。❶单击"表设计"选项卡"边框"组中的"边框"按钮下方的 ⌄ 按钮；❷在弹出的下拉列表中选择将所自定义的边框应用于表格的位置，如选择"所有框线"选项，自定义的边框样式将只应用于整个表格的边线，如下图所示。

⑩ 按住 Ctrl 键不放，拖动鼠标间断选择行。❶单击"表设计"选项卡"表格样式"组中的"底纹"按钮下方的 ⌄ 按钮；❷在弹出的下拉列表中选择表格底纹的颜色，如下图所示。

本章小结

　　本章的重点在于掌握 Word 表格的创建、编辑和美化的基本操作，主要包括通过不同的方式创建表格、输入表格内容、插入与删除行或列、调整单元格的行高和列宽、拆分与合并单元格、套用表格样式、添加表格边框和底纹等知识点。通过本章的学习，希望大家能够熟练地掌握在 Word 中制作表格的方法。

第5章

使用 Word 2021 制作与编辑长文档

本章导读

在日常办公过程中，经常需要制作页数较多的长篇文档，如员工手册、公司管理制度等。在制作这类文档时，如果不找到一些简便的操作方法，将会花费大量的时间和精力。本章将讲解制作与编辑长文档的知识，如封面与页面的设计、样式的使用、页眉和页脚的设置等。通过本章的学习，使读者能快速制作出符合需要的长文档。

知识要点

- ❖ 插入封面
- ❖ 页面效果设计
- ❖ 使用样式快速编辑文档
- ❖ 插入页眉和页脚
- ❖ 目录的使用

案例展示

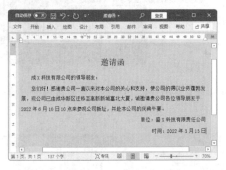

5.1 封面与页面效果设计

制作多页文档时，要想使制作的文档更加规范和正式，不仅要求制作的文档具有封面，很多时候还会涉及页面的设置。下面将对封面和页面设置的相关知识进行介绍。

5.1.1 插入封面

为长文档制作封面，不仅可使制作的文档更规范，还可起到引导阅读的作用。Word 2021 提供了一个预先设计的封面样式库，可以帮助用户快速在文档中插入精美的封面。插入封面的具体操作如下：

1 打开"素材文件\第 5 章\员工手册.docx"文档，❶单击"插入"选项卡"页面"组中的"封面"按钮；❷在弹出的下拉列表中选择需要的封面样式，如选择"运动型"选项，如下图所示。

2 即可，在文档首页前面增加一页封面，❶对封面中的文本进行修改；❷选择封面中的图片；❸单击"图片格式"选项卡"调整"组中的"更改图片"按钮；❹在弹出的下拉菜单中选择"来自文件"选项，如下图所示。

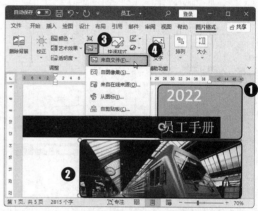

3 在打开的对话框中单击"浏览"超级链接，弹出"插入图片"对话框，❶在地址栏中选择图片保存的位置；❷在下方选择需要插入的图片；❸单击 插入(S) 按钮，如下图所示。

4 即可将封面中的图片更改为插入的图片，其大小和位置都不发生变化，效果如下图所示。

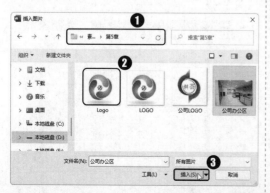

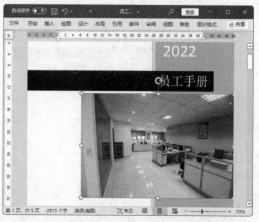

专家解疑难

问：如果封面库中没有满意的封面样式时，能不能自己设计封面呢？

答：可以根据自己的需要设计封面。将光标定位到文档最前面，单击"插入"选项卡"页面"组中的"空白页"按钮 ，在文档最前面插入一页空白页，然后在该页中添加相应的对象即为封面。制作好封面后，如果想将其保存以便下次使用，可选择封面中的对象，单击"插入"选项卡"页面"组中的"封面"按钮 ，在弹出的下拉列表中选择"将所选内容保存到封面库"选项，即可将制作的封面保存到封面库中，下次可直接使用。

5.1.2　设置页面大小和方向

不同的办公文档，对页面大小和方向要求也不一样。在 Word 2021 中，用户可根据需要对页面的大小和方向进行设置。其设置方法具体操作如下：

1 打开"素材文件\第 5 章\邀请函.docx"文档，❶单击"布局"选项卡"页面设置"组中的"纸张方向"右侧的 ⌄ 按钮；❷在弹出的下拉列表中选择文档页面的方向，如选择"横向"选项，如下图所示。

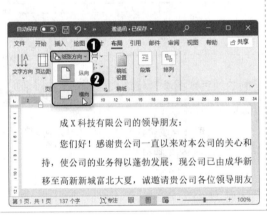

2 即可将文档页面变为横向，❶单击"布局"选项卡"页面设置"组中的"纸张大小"右侧的 ⌄ 按钮；❷在弹出的下拉列表中提供了一些页面大小选项，可根据需要进行选择，这里选择"其他纸张大小"选项，如下图所示。

温馨小提示

因为提供的"纸张大小"选项不能满足邀请函的页面大小，所以本操作选择"其他纸张大小"选项，进行自定义设置页面的大小。

3 弹出"页面设置"对话框，默认选择"纸张"选项卡，**❶**在"宽度"数值框中输入纸张的宽度，如输入"26 厘米"；**❷**在"高度"数值框中输入纸张的高度，如输入"18 厘米"；**❸**单击 确定 按钮，如下图所示。

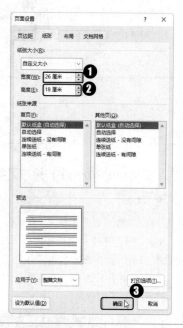

4 返回文档编辑区，即可查看到调整纸张大小后的效果，然后对署名和时间位置进行调整，使其右对齐，如下图所示。

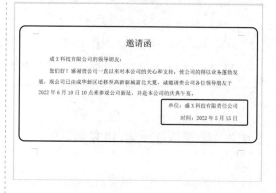

> **温馨小提示**
>
> 在"页面设置"对话框中选择"页边距"选项卡，在"页边距"栏中可对版心到纸张边缘的距离进行设置；在"纸张方向"栏中可对纸张方向进行设置。

5.1.3 设置页面颜色

为了快速提升文档的整体效果，可以使用不同的颜色或图案来修饰文档的背景，以增加文档的美观度。在 Word 2021 中设置页面颜色的具体操作如下：

1 将光标定位在打开的"邀请函"文档中，**❶**单击"设计"选项卡"页面背景"组中的"页面颜色"按钮；**❷**在弹出的下拉列表中选择需要的填充颜色，如选择"绿色，个性色 6，淡色 60%"选项，如下图所示。

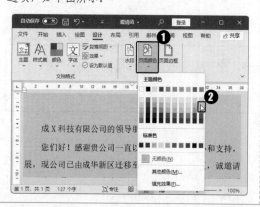

2 返回文档编辑区，即可查看到设置页面背景后的效果，如下图所示。

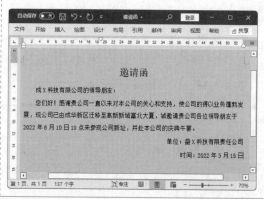

（💡温馨小提示）

　　如果设置页面颜色后会影响文档的内容，那么可将设置的页面颜色删除。其方法是：单击"设计"选项卡"页面背景"组中的"页面颜色"按钮，在弹出的下拉列表中选择"无颜色"选项即可删除页面颜色。

5.1.4　添加页面边框

　　在 Word 2021 中还可为页面添加边框，不仅可以使正式文档看起来更加规范，还可使非正式的文档显得更加活泼生动。为页面添加边框的具体操作如下：

1 在打开的"邀请函"文档中单击"设计"选项卡"页面背景"组中的"页面边框"按钮，弹出"边框和底纹"对话框，选择"页面边框"选项卡，❶在"设置"栏中选择边框的类别，如选择"方框"选项；❷单击"艺术型"按钮右侧的按钮；❸在弹出的下拉列表中选择需要的艺术型边框，如下图所示。

2 ❶单击"颜色"下拉列表框右侧的按钮，在弹出的下拉列表中选择需要的页面边框颜色，如选择"绿色"；❷在"预览"栏中预览设置的效果，确认后单击 确定 按钮，如下图所示。

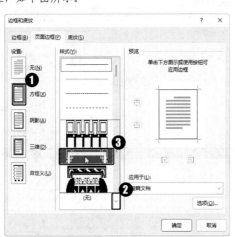

3 返回文档编辑区，即可查看到添加页面边框后的效果，如右图所示。

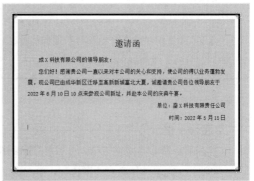

（💡温馨小提示）

　　在"页面边框"选项卡的"设置"栏中选择"自定义"选项，可对页面边框的样式、颜色和边框粗细等进行自定义设置，其设置方法与添加表格边框的方法类似。

5.1.5 添加水印

为一些重要的办公文档加上水印，可以快速让阅读者知道该文件的重要性，而且也不会影响文档内容的显示效果。在 Word 2021 中内置了一些水印样式，如"机密""草稿"等，若有需要，用户可以单击"设计"选项卡"页面背景"组中的"水印"按钮，在弹出的下拉列表中选择需要的水印样式即可。

但是，内置的水印样式有限，如果不能满足办公需要，用户可根据实际情况自定义水印的样式。自定义水印的具体操作如下：

1 打开"素材文件\第 5 章\员工手册.docx"文档，❶单击"设计"选项卡"页面背景"组中的"水印"按钮；❷在弹出的下拉列表中选择"自定义水印"选项，如下图所示。

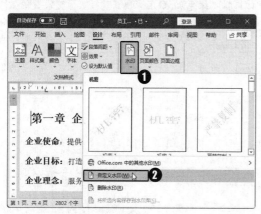

2 弹出"水印"对话框，❶选中文字水印(X)单选按钮；❷在其下方对水印文字、字体和颜色等进行设置；❸单击"确定"按钮，如下图所示。

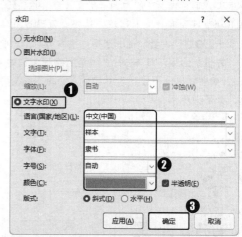

3 返回文档编辑区，即可查看到添加水印后的效果，如右图所示。

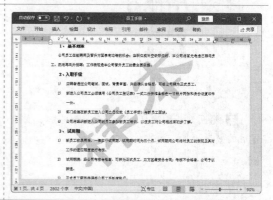

> **温馨小提示**
>
> 在"水印"对话框中选中图片水印(I)复选框，在其下方单击选择图片(P)按钮，打开"插入图片"对话框，在其中选择水印图片将其插入，返回"水印"对话框中可查看到图片的保存位置，单击确定按钮，可在文档中插入水印图片。

> **温馨小提示**
>
> 如果对设置的水印不满意，可将其删除。其方法是：单击"设计"选项卡"页面背景"组中的"水印"按钮，在弹出的下拉列表中选择"删除水印"选项即可。

5.2　使用样式快速编辑长文档

样式是经过特殊打包的格式的集合，包括字体类型、字体大小、字体颜色、对齐方式、制表位和边距等，使用样式可以快速对长文档的格式进行设置，减少重复操作，提高制作效率。

5.2.1　套用系统内置样式

在 Word 2021 中预设了一些样式，如正文、标题、标题 1、操作步骤等，使用这些样式可以快速格式化文档的格式。应用系统内置样式的具体操作如下：

1 打开"素材文件\第 5 章\企业审计计划书.docx"文档，将光标定位在第二行文本中，在"开始"选项卡"样式"组中的列表框中提供了多种样式，选择需要的样式，如选择"标题"选项，如下图所示。

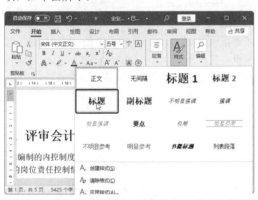

2 返回文档编辑区，即可查看到应用"标题"样式后的效果。使用相同的方法为文档中相同级别的段落应用相同的样式，效果如下图所示。

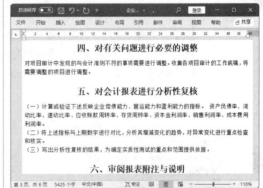

（💡温馨小提示）

对多段文档内容应用相同的样式时，既可同时选择文档中的内容后再应用样式，也可使用格式刷进行复制。

5.2.2　新建样式

Word 2021 中预设的样式数量有限，用户也可根据需要自己动手创建新的样式，创建后的样式将会保存在"样式"任务窗格中，然后为文档应用新建的样式即可。新建样式的具体操作如下：

1 单击"开始"选项卡"样式"组中的 ﹀ 按钮，在弹出的下拉列表框中选择"创建样式"选项，❶弹出"根据格式化创建新样式"对话框，在"名称"文本框中创建样式的名称；❷单击 修改(M)... 按钮，如下图所示。

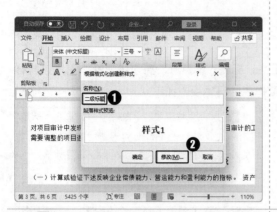

2 展开"根据格式化创建新样式"对话框，❶在"格式"栏中设置新建样式的格式；❷单击 格式(O)﹀ 按钮；❸在弹出的下拉列表中选择"段落"选项，如下图所示。

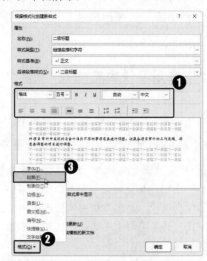

3 弹出"段落"对话框，❶在"缩进"栏的"特殊"下拉列表中选择"首行"选项；❷在"间距"栏的"行距"下拉列表中选择"多倍行距"选项，在其后的数值框中输入"1.2"；❸单击 确定 按钮，如下图所示。

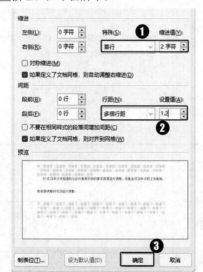

4 返回"根据格式化创建新样式"对话框，单击 确定 按钮，返回文档编辑区，在"样式"列表框中显示新建的样式"二级标题"，然后为文档中相应的文本应用该样式即可，如下图所示。

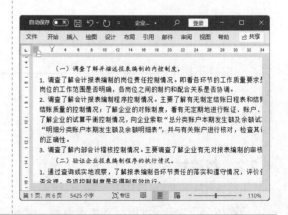

(❀温馨小提示)

如果在"根据格式化创建新样式"对话框的"格式"栏中不能对所需样式的格式进行设置，可单击 格式(O)﹀ 按钮，在弹出的下拉列表中选择相应的选项，如选择"编号"选项，在弹出的"编号"对话框中可对新建样式的编号进行相应设置。

5.2.3　修改样式

如果创建的样式有误，或不满意时，可对样式进行修改，修改的样式既可以是创建的样式，也可以是 Word 内置的样式，其修改方法都一样。具体操作如下：

1 在"企业审计计划书"文档中选择标题"企业审计计划书"，为其应用"标题 1"样式。❶在"开始"选项卡"样式"组的"样式"列表框中的"标题 1"样式选项上右击，❷在弹出的快捷菜单中选择"修改"命令，如下图所示。

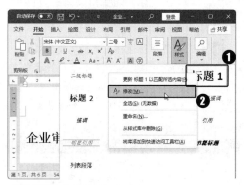

---

2 弹出"修改样式"对话框，❶在"名称"文本框中输入样式标题，如输入"文档标题"；❷在"格式"栏中对样式的格式进行修改；❸单击 确定 按钮，如下图所示。

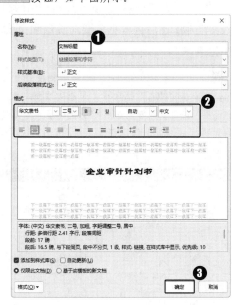

（温馨小提示）

在快捷菜单中选择"重命名"命令，打开"重命名样式"对话框，在其中可重新设置样式的名称。

---

3 返回文档编辑区，即可查看到修改样式后的效果，如下图所示。

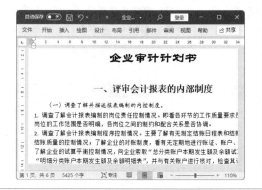

4 使用相同的方法，对"正文"样式的缩进修改为"首行缩进"，并将修改的样式应用于文档，效果如下图所示。

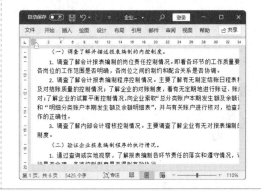

（温馨小提示）

对于不用的样式可以将其删除，这样方便使用和管理。删除样式的方法是：在"样式"列表框中需要删除的样式上右击，在弹出的快捷菜单中选择"从样式库中删除"命令，即可删除样式。

5.3 页眉和页脚

页眉和页脚主要用于显示文档的附属信息，如书名、企业 LOGO、企业名称、日期和页码等。在文档中插入页眉和页脚，可以使文档更加规范。

5.3.1 插入页眉和页脚

Word 2021 中内置了多种页眉和页脚样式，用户可根据需要选择合适的页眉和页脚样式插入文档中，然后再根据需要对页眉和页脚内容进行编辑即可。插入页眉和页脚的具体操作方法如下：

1 打开"素材文件\第 5 章\绩效制度.docx"文档，❶单击"插入"选项卡"页眉和页脚"组中的"页眉"按钮；❷在弹出的下拉列表中选择需要的页眉样式，如选择"平面（偶数页）"选项，如下图所示。

2 即可在页眉区域插入选择的页眉样式，选择左上角的页码文本框，将其删除，然后在光标处输入公司名称，并在"开始"选项卡的"字体"组中对其字体、字号和字体颜色进行设置，效果如下图所示。

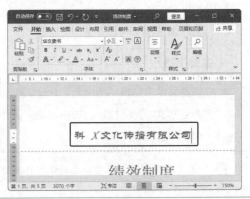

3 单击"页眉页脚"选项卡"导航"组中的"转至页脚"按钮，光标将定位到页脚处，❶单击"页眉和页脚"组中的"页脚"按钮；❷在弹出的下拉列表中选择需要的页脚样式，如选择"怀旧"选项，如下图所示。

4 即可在页脚处插入选择的页脚样式，❶对页脚内容进行编辑；❷完成后单击"关闭"组中的"关闭页眉和页脚"按钮，退出页眉页脚编辑状态，如下图所示。

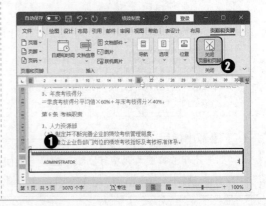

⸨🌡温馨小提示⸩

　　当文档中插入的页眉和页脚有误，或不需要插入的页眉和页脚时，可以将页眉和页脚删除。其方法是：单击"插入"选项卡"页眉和页脚"组中的"页眉"按钮🗋，在弹出的下拉列表中选择"删除页眉"选项即可删除页眉；单击"页脚"按钮🗋，在弹出的下拉列表中选择"删除页脚"选项即可删除页脚。

5.3.2　自定义页眉和页脚

　　如果用户对 Word 内置的页眉和页脚样式不满意，也可根据需要自定义页眉和页脚的样式。在 Word 2021 中自定义页眉和页脚的具体操作如下：

　　1 打开"素材文件\第 5 章\绩效制度.docx"文档，在文档页眉或页脚处双击，进入页眉和页脚的编辑状态，❶将光标定位到页眉处；❷单击"页眉和页脚"选项卡"插入"组中的"图片"按钮🖼，如下图所示。

　　2 弹出"插入图片"对话框，❶在地址栏中选择图片保存的位置；❷在下方选择需要插入的图片，如选择"公司 LOGO"选项；❸单击 [插入(S) ▾] 按钮，如下图所示。

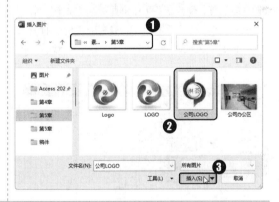

　　3 在页眉处插入图片后，选择图片，❶单击"图片格式"选项卡"排列"组中的"环绕文字"按钮🔄；❷在弹出的下拉列表中选择图片环绕文字的方式，如选择"浮于文字上方"选项，如下图所示。

　　4 ❶调整图片的大小和位置，使其处于页眉左侧；❷单击"插入"选项卡"文本"组中的"艺术字"按钮🖋；❸在弹出的下拉列表中选择需要的艺术字样式，如下图所示。

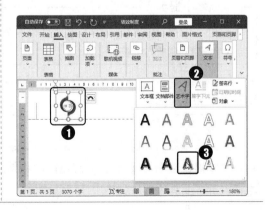

5 在插入的艺术字文本框中输入公司名称，❶然后将艺术字调整到合适的大小和位置；❷单击"页眉和页脚"选项卡"导航"组中的"转至页脚"按钮 ，如下图所示。

6 光标将定位到页脚处，❶单击"页眉和页脚"选项卡"插入"组中的"日期和时间"按钮 ；❷弹出"日期和时间"对话框，在"可用格式"列表框中选择需要插入的日期格式，如选择"2021/3/4日"；❸单击 按钮，如下图所示。

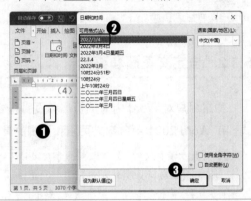

7 在页眉处插入日期和时间，❶然后对日期的字体格式进行设置；❷按空格键将光标移动到页脚中间位置；❸单击"页眉和页脚"选项卡"插入"组中的"文档信息"按钮 ；❹在弹出的下拉列表中选择要设置的选项，如选择"作者"选项，如下图所示。

8 在页脚处插入作者文本框，将作者名更改为"李 X 杰"，然后在文档其他位置双击，退出页眉页脚的编辑状态，即可查看到设置的页眉和页脚的效果，如下图所示。

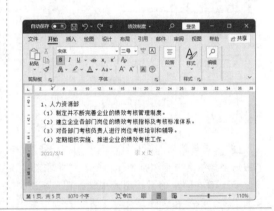

> **温馨小提示**
>
> 页眉和页脚中的文本、图片、艺术字、文本框、形状等对象的插入及编辑方法与在文档中的插入及编辑对象的方法基本相同。

5.3.3 插入页码

页码可添加到文档的顶部、底部或页边距处。Word 2021 中提供了多种页码编号的样式，用户可以根据情况选择需要的页码样式，将其添加到文档的顶部或底部或页边距处。在 Word 中插入页码的具体操作如下：

1 打开 "素材文件\第 5 章\绩效制度.docx" 文档，**❶**单击 "插入" 选项卡 "页眉和页脚" 组中的 "页码" 按钮📄；**❷**在弹出的下拉列表中选择页码位置，如选择 "页面底端" 选项；**❸**在弹出的子列表中选择页码样式，如选择 "堆叠纸张 2" 选项，如下图所示。

2 即可在页脚处插入页码样式，然后对页码中的文本进行编辑，完成后在文档其他位置双击，退出页眉和页脚的编辑状态，效果如下图所示。

5.4　目录的使用

在制作长文档时，一般需要为文档插入目录，这样可以快速找到要查看的文档内容。不仅如此，通过目录还可快速定位到文档中相应的位置，方便阅读和查看。

5.4.1　插入目录

为文档插入目录，可以使文档的结构更加清晰。Word 2021 中内置了一些目录样式，选择需要的样式后会自动生成目录。在 Word 中插入目录的具体操作如下：

1 打开 "素材文件\第 5 章\绩效制度.docx" 文档，将光标定位在文档开始处，**❶**单击 "引用" 选项卡 "目录" 组中的 "目录" 按钮📄；**❷**在弹出的下拉列表中选择需要的目录样式，如选择 "自动目录 1" 选项，如下图所示。

2 返回文档编辑区，即可查看到文档最前面生成的目录，如下图所示。

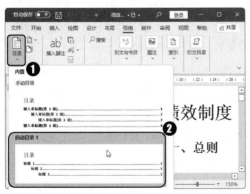

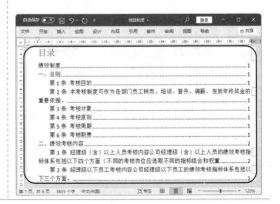

📖 **专家解疑难**

问：选择内置的目录样式后，为什么不能自动生成目录？

答：那是因为文档中的内容没有应用样式，而且也没有设置段落级别，所以不能自动生成，这时要么为文档中的文本应用样式（样式的应用方法在本章前面已讲），要么设置文档段落的级别。设置文档段落级别的方法是：将文档视图切换到大纲视图中，在"大纲"选项卡"大纲工具"组中单击← 按钮，可将当前段落提升为一个级别；单击« 按钮，直接将当前段落提升至标题 1 级别；单击→ 按钮将段落降低一个级别；单击» 按钮直接降为正文。设置段落级别时，只需设置需要提取的段落文本即可。

5.4.2 更改目录

如果用户对插入的目录不满意，还可通过"自定义目录"的方式进行修改。修改目录的具体操作如下：

1 ❶在打开的"绩效制度"文档中单击"引用"选项卡"目录"组中的"目录"按钮📄；❷在弹出的下拉列表中选择"自定义目录"选项，如下图所示。

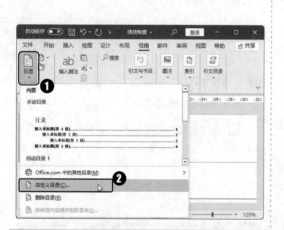

2 弹出"目录"对话框，❶单击 选项(O)... 按钮；❷弹出"目录选项"对话框，删除"标题 1"文本框中的文本；❸单击 确定 按钮，如下图所示。

3 返回"目录"对话框，单击 确定 按钮，自动选择文档中的目录，并弹出提示"要替换此目录吗？"对话框，单击 是(Y) 按钮，如下图所示。

4 返回文档编辑区，即可查看到更改目录后的效果，如下图所示。

💡 **温馨小提示**

在"目录"对话框的"制表符"下拉列表框中可设置目录中文本与页码之间的连接符的样式；若单击 修改(M)... 按钮，弹出"样式"对话框，在其中可对要提取文本的样式进行修改，其修改方法与修改样式的方法相同。

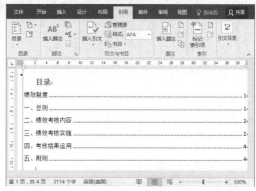

5.4.3　更新目录

如果对文档内容或格式进行了修改，那么就需要对目录进行更新，这样才能保证目录的正确性。更新目录的具体操作如下：

1 将"绩效制度"文档中的"一、""二、""三、""四、"和"五、"更改为"第一节""第二节""第三节""第四节"和"第五节"，如下图所示。

2 ❶单击"引用"选项卡"目录"组中的"更新目录"按钮；❷弹出"更新目录"对话框，选中 更新整个目录(E) 单选按钮；❸单击 确定 按钮，如下图所示。

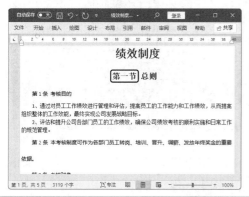
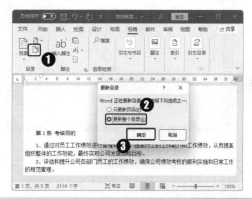

3 返回文档编辑区，即可查看到更新目录后的效果，如右图所示。

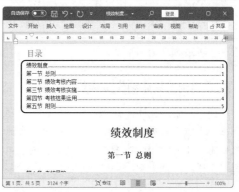

（💡温馨小提示）

在文档中插入目录后，将光标定位到目录的某个标题中，此时整个目录呈选择状态，按住 **Ctrl** 键再单击，可快速定位到当前目录标题在文档中的位置。

5.5　案例制作——制作"员工行为规范"文档

案例介绍

员工行为规范是指企业员工应该共同遵守的工作准则，它可以规范员工的言行举止和工作习惯，提高员工的整体素养，维护企业的形象，推进企业的发展。本实例通过对文档创建封面、添加页面边框、创建样式、应用样式、插入页眉和页脚、创建目录等编辑操作，使文档更加完整、规范。

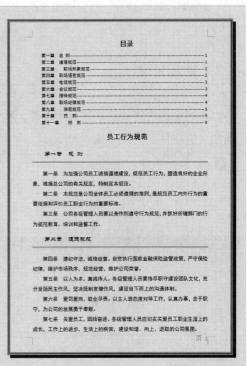

视频教学

教学文件： 教学文件\第 5 章\制作"员工行为规范"文档.mp4

步骤详解

本实例的具体制作步骤如下：

1 打开"素材文件\第 5 章\员工行为规范.docx"文档，❶单击"插入"选项卡"页面"组中的"封面"按钮，❷在弹出的下拉列表中选择封面样式，如选择"丝状"选项，如下图所示。

2 返回文档编辑区，即可查看到插入的封面，然后对封面中的文本内容进行修改，修改后的效果如下图所示。

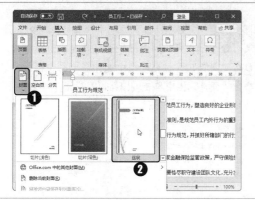

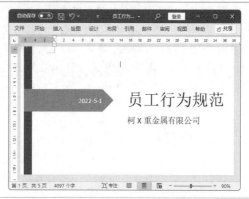

3 将光标定位在文档标题"员工行为规范"文本中，单击"开始"选项卡"样式"组中的按钮，在弹出的列表框中选择"标题"样式，如下图所示。

4 将光标定位在文档的正文文本中，在"样式"列表框中的"正文"样式选项上右击，在弹出的快捷菜单中选择"修改"命令，如下图所示。

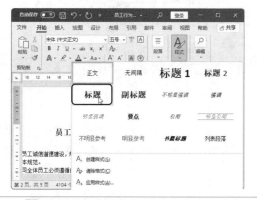

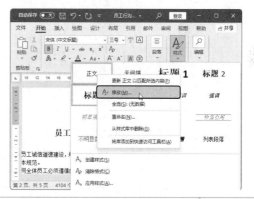

5 弹出"修改样式"对话框，❶在"格式"栏中将字体修改为"黑体"；❷单击 格式(O)▼ 按钮；❸在弹出的下拉列表中选择"段落"选项，弹出"段落"对话框，在"特殊"下拉列表中选择"首行"选项，"缩进值"设置为"2字符"；❹其他保持默认设置，单击 确定 按钮，如下图所示。

6 返回"修改样式"对话框，单击 确定 按钮，返回文档编辑区，即可查看到文档效果，❶将光标定位到"第一章　总则"文本中；❷单击"开始"选项卡"样式"组中的按钮，在弹出的列表框中选择"创建样式"选项，如下图所示。

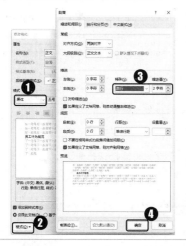

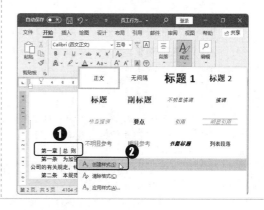

7 弹出"根据格式化创建新样式"对话框，单击 修改(M)... 按钮，展开该对话框，❶在"名称"文本框中输入"章节"；❷在"格式"栏中设置样式字体和段落格式；❸单击 格式(O)▼ 按钮；❹在弹出的下拉列表中选择"边框"选项，如下图所示。

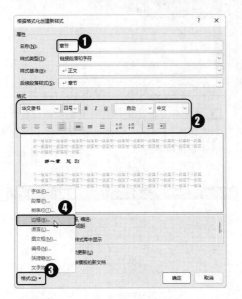

9 返回"根据格式化创建新样式"对话框，单击 格式(O)▼ 按钮，在弹出的下拉列表中选择"段落"选项，弹出"段落"对话框，❶在"间距"档的"段前"数值框中输入"0.5 行"；❷在"段后"数值框中输入"1 行"，如下图所示。

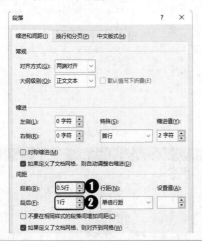

11 新建一个名为"二级文本"样式，将其"字号"设置为"小四"，"段落行距"设置为"1.5 倍行距"，如下图所示。

8 弹出"边框和底纹"对话框，默认选择"边框"选项卡，❶在"设置"栏中选择"自定义"选项；❷在"样式"列表框中选择需要的边框样式；❸在"颜色"下拉列表框中选择需要的边框颜色；❹在"预览"栏中单击 按钮，为段落文本添加下边框；❺单击 确定 按钮，如下图所示。

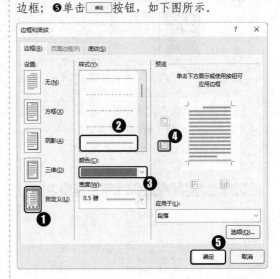

10 依次单击 确定 按钮，返回文档编辑区，即可查看到应用新建样式后的效果，然后为同级别的段落应用新建的"章节"样式，效果如下图所示。

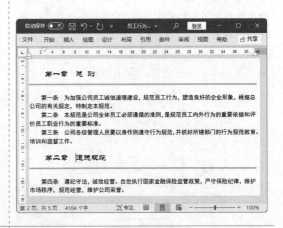

12 返回文档编辑区，即为文档中相应的文本应用新建的"二级文本"样式，效果如下图所示。

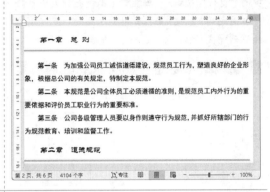

13 ❶单击"引用"选项卡"目录"组中的"目录"按钮📄；❷在弹出的下拉列表中选择"自定义目录"选项，如下图所示。

14 弹出"目录"对话框，❶单击 选项(O)... 按钮；❷弹出"目录选项"对话框，删除"目录级别"下所有文本框中的数字，在"章节"样式对应的文本框中输入"1"；❸单击 确定 按钮，如下图所示。

15 返回"目录"对话框，❶在"制表符前导符"下拉列表中选择需要的制表符样式；❷单击 确定 按钮，如下图所示。

16 返回文档编辑区，即可查看到插入的目录效果，在目录最前方按 Enter 键换行，在空行中输入"目录"文本，并为其应用"标题"样式，效果如下图所示。

17 ❶单击"插入"选项卡"页眉和页脚"组中的"页码"按钮，；❷在弹出的下拉列表中选择"页面底端"选项；❸在弹出的子列表中选择需要的页码样式，如选择"页码 2"选项，如下图所示。

18 即可将选择的页码样式插入到文档页面底端，效果如下图所示。

19 在文档页面其他位置双击即可退出页眉和页脚的编辑状态，❶单击"设计"选项卡"页面背景"组中的"页面颜色"按钮；❷在弹出的下拉列表中选择需要的背景颜色选项，如下图所示。

20 单击"设计"选项卡"页面背景"组中的"页面边框"按钮，弹出"边框和底纹"对话框，选择"页面边框"选项卡，❶在"设置"栏中选择"阴影"选项；❷在"样式"列表框中选择需要的页面边框样式；❸在"颜色"下拉列表中选择需要的边框颜色样式；❹单击 确定 按钮，如下图所示。

21 返回文档编辑区，即可查看到应用页面边框后的效果，如下图所示。

22 由于添加的边框将文档封面中的部分内容遮挡了，所以选择封面左侧的文本框，拖动鼠标将其调整到合适的位置，然后对文本框的位置进行调整，效果如下图所示。

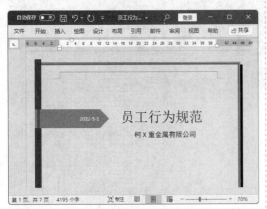 

本章小结

　　本章的主要内容包括封面的设计、页面的设置、样式的使用、页眉和页脚的插入、目录的使用等知识。通过本章的学习，希望大家能够熟练地掌握长文档的编辑方法，快速制作出结构完整、条理清晰的办公文档。

第 6 章

使用 Word 2021 对文档进行审阅及邮件合并

➷本章导读

完成文档的编辑后，不仅可以通过校对功能对文档进行校对，还可通过审阅功能对文档进行修订，让文档内容更加完善。本章将主要讲解对文档内容进行校对、审阅以及邮件合并的相关知识。

➷知识要点

- ❖ 校对文档内容
- ❖ 添加和删除批注
- ❖ 修订文档内容
- ❖ 接受和拒绝修订
- ❖ 创建信封

➷案例展示

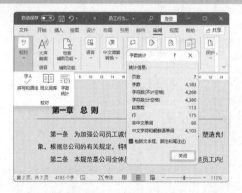

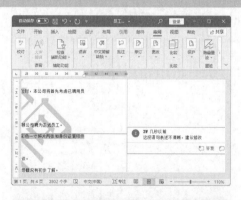

6.1　校对文档内容

在 Word 中制作好文档后，为避免出错，用户可以使用 Word 提供的校对功能对内容的拼写和语法进行检查以及文档字数统计等，从而提高编辑效率。

6.1.1　检查拼写和语法

使用 Word 提供的拼写和语法检查功能可以对文档进行全面的检查，并会在出现拼写和语法错误的文本下方添加红色、蓝色或绿色波浪丝，以便于区分。在 Word 中检查拼写和语法错误的具体操作如下：

1 打开"素材文件\第 6 章\员工行为规范.docx"文档，单击"审阅"选项卡"校对"组中的"拼写和语法"按钮，如下图所示。

2 弹出"语法"任务窗格，同时，Word 会自动从文本插入点处开始检查，识别到错误后将在"语法"任务窗格中显示出错误的所在，此时用户可自行判断后决定是否更改，这里单击忽略(I)按钮忽略当前项检查，如下图所示。

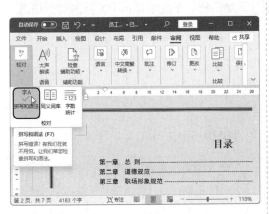

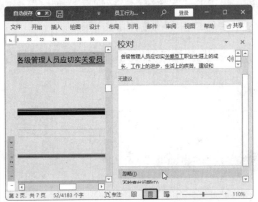

3 经过上步操作后，Word 会继续检查下一处错误，识别到错误后将在"语法"任务窗格中显示出错误的所在，如下图所示。

4 将文档中的"蓄"更改为"留"，此时任务窗格将出现 继续(S) 按钮，单击 继续(S) 按钮，如下图所示。

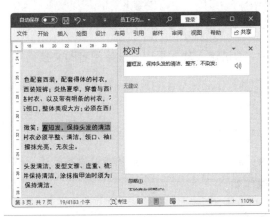

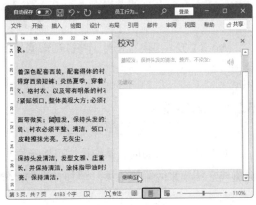

5 按照前面介绍的方法继续检查文档中的其他错误，文档检查完毕后，将会自动关闭"语法"任务窗格，同时会弹出系统提示对话框，提示拼写和语法检查已完成，单击 确定 按钮关闭对话框，如右图所示。

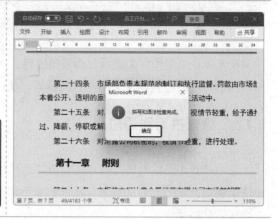

> （ 温馨小提示 ）
>
> Word 只能识别常规的拼写和语法错误，对于一些特殊用法则只会识别为错误，此时需要用户自行决定是否修改。

6.1.2 统计字数

在制作限制字数的办公文档时，可以使用 Word 提供的"字数统计"功能随时查看文档的字数，及时控制文档的数量。其方法是：在打开的 Word 文档中单击"审阅"选项卡"校对"组中的"字数统计"按钮 ，弹出"字数统计"对话框，在其中显示了文档的统计信息，查看完后单击 关闭 按钮，如下图所示。

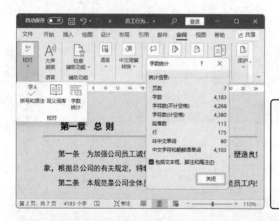

> （ 温馨小提示 ）
>
> 在 Word 文档窗口的状态栏中虽然显示了文档的字数，但只显示了总字数，而"字数统计"对话框中则显示了字符数、段落数、行数等多个统计信息。

6.2 文档审阅与修订

Word 2021 提供了批注、修订和审阅的功能，通过这些功能可以实现审阅者和文档创作者的交流，提高文档内容的正确性。

6.2.1 添加批注

对文档进行审阅时，添加批注可以在文档的页面内容外对某些观点和建议进行阐述，不会影响文档本来的排版效果。添加批注的具体操作如下：

1 打开"素材文件\第 6 章\员工手册.docx"文档，❶选择需要添加批注的文本；❷单击"审阅"选项卡"批注"组中的"新建批注"按钮，如下图所示。

2 在窗口右侧显示批注框，且自动将插入点定位到其中，输入批注的相关信息，如下图所示。

3 使用相同的方法对文档中的其他需要添加批注的文本添加批注信息，完成后单击文档即可退出批注的添加，如右图所示。

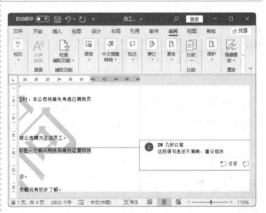

温馨小提示

在文档中添加批注后，批注文本框中会出现一个按钮，单击该按钮，可在批注文本框中新建一个批注框，在其中可继续输入需要的批注信息。

6.2.2　查看批注

当用户需要对文档中的批注进行查看时，可通过在"批注"组中单击相应的按钮，快速切换到文档中的批注处进行查看。其具体操作如下：

1 打开添加批注的文档，将文本插入点定位在文档内容的起始处，单击"审阅"选项卡"批注"组中的"下一条"按钮，如下图所示。

2 ❶Word 会选择文档中的第一个批注，继续单击"下一条"按钮，可依次查看文档中的其他批注；若要查看文档中当前位置前面的一个批注时，❷可单击"上一条"按钮，如下图所示。

温馨小提示

在添加批注的文档被打开时，若未显示批注，则可单击"批注"组中的"显示批注"按钮，将文档中的批注显示出来。

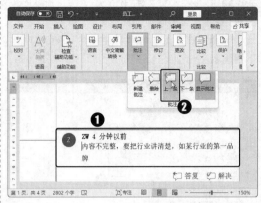

┌───┐
(💡温馨小提示)

　　在文档中选择需要删除的批注后，右击，在弹出的快捷菜单中选择"删除批注"命令或单击
"批注"组中的"删除"按钮▣，可删除选择的批注框。
└───┘

6.2.3 修订文档内容

　　Word 2021 中提供了文档修订功能，通过该功能可以对文档中的内容进行修订，但使用
该功能时首先要启动该功能，启动后将会自动跟踪对文档的所有更改，并对更改内容做出标
记。使用修订功能修改文档的具体操作如下：

1 在打开的"员工手册"文档中选择需要修订的内容，单击"审阅"选项卡"修订"组中的"修订"按钮，如下图所示。

2 将"打造国内第一品牌"修改为"打造国内电子行业第一品牌"，修改后修订的内容将标记为红色，如下图所示。

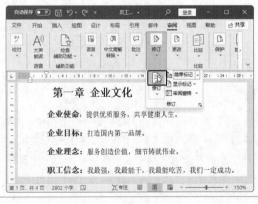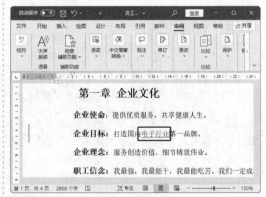

3 使用相同的方法继续对文档中需要修订的内容进行修改，修改完成后，要想恢复到文档的普通编辑状态，需再次单击"审阅"选项卡"修订"组中的"修订"按钮，如右图所示。

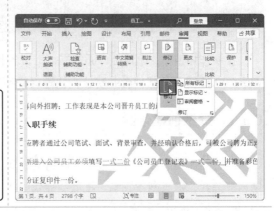

> 🔅**温馨小提示**
>
> 　　单击"审阅"选项卡"修订"组中的"修订"按钮，在弹出的下拉列表中选择"锁定修订"选项，在打开的对话框中设置密码后，可防止他人关闭修订。

6.2.4　接受或拒绝修订

　　当作者在对审阅者的修订进行查看时，如果接受审阅者的修订意见，就可把文稿保存为审阅者修改后的状态；如果拒绝审阅者的修订，就会把文稿保存为未经修订的状态。其具体操作如下：

1 选择文档中的第一条修订，❶单击"审阅"选项卡"更改"组中的"接受"按钮；❷在弹出的下拉列表中选择需要的选项，如选择"接受并移到下一处"选项，如下图所示。

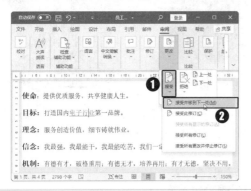

2 修订文本将变为普通文本，并切换到下一条修订，❶单击"审阅"选项卡"更改"组中的"接受"按钮；❷在弹出的下拉列表中选择"接受所有修订"选项，如下图所示。

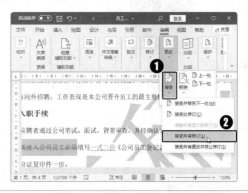

　　此时，即可接受文档中的所有修订内容，效果如右图所示。

> 🔅**温馨小提示**
>
> 　　单击"更改"组中的"拒绝"按钮，在弹出的下拉列表中提供了多种拒绝选项，选择需要的选项，可拒绝修订。若选择"拒绝并移到下一条"选项，可拒绝当前选择的修订，并切换到下一条修订；若选择"拒绝对文档的所有修订"选项，可以一次性拒绝文档中的所有修订。

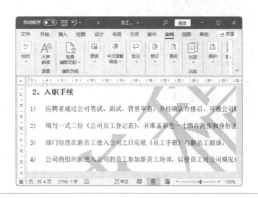

6.3 邮件合并

在制作如请帖、邀请函、通知书、工资条和信封等内容基本相同的办公文档时，可使用 Word 2021 提供的邮件合并功能，快速轻松地完成对文档的制作。

6.3.1 批量创建信封

当公司需要为多个客户或员工邮寄时，可通过 Word 2021 提供的创建信封的功能，批量创建信封，提高制作效率。批量创建信封的具体操作如下：

1 ❶在打开的空白文档中单击"邮件"选项卡"创建"组中的"中文信封"按钮 ▣；❷弹出"信封制作向导"对话框，单击 下一步(N) 按钮，如下图所示。

2 弹出"信封制作向导之选择信封样式"对话框，设置信封的样式，这里保持默认设置，单击 下一步(N) 按钮，如下图所示。

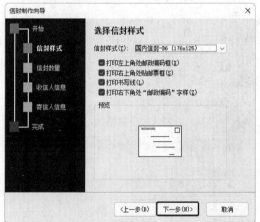

3 弹出"信封制作向导之选择生成信封的方式和数量"对话框，❶选中 ◉基于地址簿文件，生成批量信封(M) 单选按钮；❷再单击 下一步(N) 按钮，如下图所示。

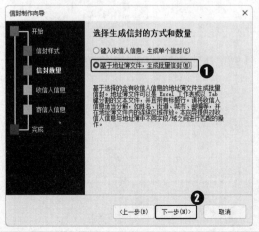

4 弹出"信封制作向导之从文件中获取并匹配收信人信息"对话框，单击 选择地址簿(E) 按钮，如下图所示。

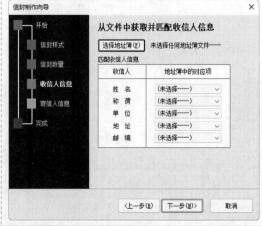

5 弹出"打开"对话框，❶在地址栏中选择文件的保存位置；❷在下方的列表框中选择需要插入的文件，如选择"客户资料"；❸再单击 打开(O) 按钮，如下图所示。

6 返回"信封制作向导之从文件中获取并匹配收信人信息"对话框，❶在"地址簿中的对应项"的下拉列表中设置相应的选项，使其与"收件人"栏中的选项对应；❷单击 下一步(N) 按钮，如下图所示。

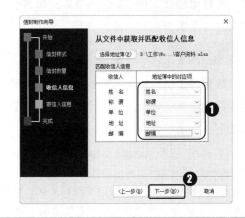

7 弹出"信封制作向导之输入寄信人信息"对话框，❶在"姓名""单位""地址"和"邮编"文本框中分别输入寄信人相应的信息；❷输入完成后单击 下一步(N) 按钮，如下图所示。

8 弹出"信封制作向导之信封制作向导"对话框，单击 完成(F) 按钮，如下图所示。

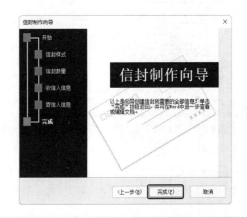

9 将自动新建一个文档，并在其中显示了批量创建的信封，对其进行保存，效果如右图所示。

（💡温馨小提示）

　　如果要创建具有公司标识的个性化邮件信封，可单击"邮件"选项卡"创建"组中的"信封"按钮 ✉，弹出"信封和标签"对话框，在"信封"选项卡中可对寄信人和收信人地址进行设置，对信封的尺寸进行设置。

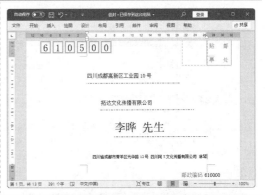

6.3.2　邮件合并文档

如果要批量制作通知、邀请函等文档，就需要通过邮件合并的形式来快速制作。通过邮件合并批量创建文档，首先需要创建邮件合并数据源，也就是新建联系人，然后才能执行邮件合并。下面分别对其进行介绍。

1．创建邮件合并数据源

数据源是执行邮件合并的关键，如果没有数据源，就不能制作出多个内容相似但又不完全相同的邮件，所以，用户可根据实际需要来创建邮件合并的数据源。创建数据源的具体操作如下：

1 打开"素材文件\第6章\邀请函.docx"文档，❶单击"邮件"选项卡"开始邮件合并"组中的"选择收件人"按钮；❷在弹出的下拉列表中选择需要的选项，这里选择"键入新列表"选项，如下图所示。

2 弹出"新建地址列表"对话框，❶单击 自定义列(Z)... 按钮；❷弹出"自定义地址列表"对话框，在"字段名"列表框中选择"称呼"选项；❸单击 删除(D) 按钮，如下图所示。

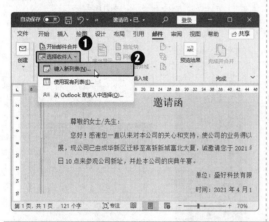

3 弹出提示"删除字段'称呼'时，此字段中的任何信息也将被删除"信息，单击 是(Y) 按钮，如下图所示。

4 ❶在"字段名"列表框中选择"名字"选项；❷单击 重命名(R)... 按钮，如下图所示。

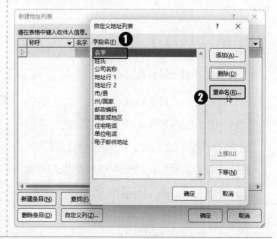

5 ❶弹出"重命名域"对话框，在"目标名称"文本框中输入字段的名称，如输入"姓名"；❷单击 确定 按钮，如下图所示。

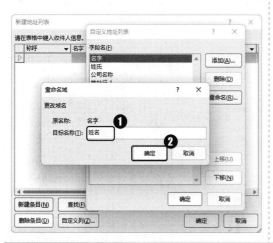

6 返回"自定义地址列表"对话框，在"字段名"列表框中显示了更改的字段名，使用前面的方法对"字段名"列表框中多余的字段进行删除，并对其名称进行修改。❶选择"邮政编码"字段选项；❷多次单击 下移(N) 按钮，如下图所示。

7 ❶使"邮政编码"字段移动到"字段名"列表框的最后；❷单击 确定 按钮，如下图所示。

8 返回"新建地址列表"对话框，❶在对应的字段名下输入相应的内容；❷单击 新建条目(N) 按钮，如下图所示。

9 即可新建一个条目，再多次单击 新建条目(N) 按钮新建多个条目，❶并在其中输入相应的信息；❷信息输入完成后单击 确定 按钮，如下图所示。

10 弹出"保存通讯录"对话框，❶在地址栏中设置保存的位置；❷在"文件名"文本框中输入保存的名称，如输入"客户资料"；❸单击 保存(S) 按钮，如下图所示。

💡温馨小提示

　　如果计算机中保存有联系人列表数据的文件，可直接使用，就不用创建邮件合并数据源，这样可以提高工作效率。

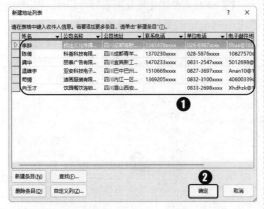
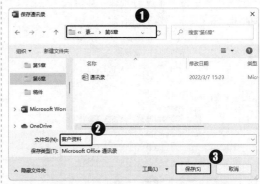

2. 执行邮件合并

创建好 Word 文档和数据源后，就可通过插入域将特定的类别信息在特定的位置显示，然后执行邮件合并将文档和数据源关联起来。其具体操作如下：

1 ❶在打开的"邀请函"文档中单击"邮件"选项卡"开始邮件合并"组中的"选择收件人"按钮⬛；❷在弹出的下拉列表中选择"使用现有列表"选项，如下图所示。

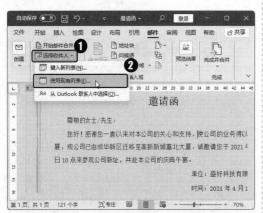

2 弹出"选取数据源"对话框，❶在地址栏中选择数据源文件保存的位置；❷在下方的列表框中选择需要插入的文件，这里选择"客户资料"选项；❸单击 打开(O) 按钮，如下图所示。

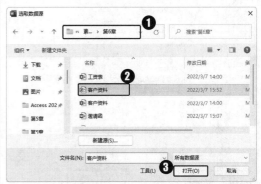

3 返回 Word 文档编辑区，❶将光标定位在"尊敬的"文本后面；❷单击"邮件"选项卡"编写和插入域"组中的"插入合并域"按钮⬛；❸在弹出的下拉列表中选择插入域的类型，这里选择"姓名"选项，如下图所示。

4 将"姓名"域插入到光标处，❶单击"邮件"选项卡"完成"组中的"完成并合并"按钮⬛；❷在弹出的下拉列表中选择"编辑单个文档"选项，如下图所示。

> 💡**温馨小提示**
>
> 在"邮件"选项卡"开始邮件合并"组中单击"开始邮件合并"按钮⬛，在弹出的下拉列表中提供了"信函""电子邮件""信封""标签""目录"和"普通 Word"文档等多个类型，用户可根据选择合并后邮件的类型。

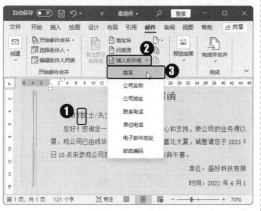

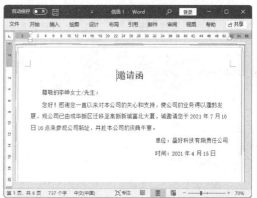

5 弹出"合并到新文档"对话框，❶选中 ◉全部(A) 单选按钮；❷单击 确定 按钮，如下图所示。

6 新建一个"信函 1"文档，在其中可以查看到邮件合并后的效果，如下图所示。

（📖 **专家解疑难**）

问：在 Word 文档中插入合并域后，能不能对其效果进行查看？

答：在 Word 文档中插入合并域后，可以先单击"预览结果"组中的"预览结果"按钮，可查看邮件合并后的效果；单击 ▷ 按钮，可跳转到列表上的下一个收件人；单击 ◁ 按钮，可跳转到列表上的上一个收件人。

6.4　案例制作——制作"工资条"文档

案例介绍

为了让员工了解自己的收入情况，在每月发工资前，企业一般都会让相关人员制作员工的工资条，并发放给员工，这样员工就能快速知道自己该月的工资总额，以及工资的组成等情况。本实例将通过"邮件合并"功能制作工资条文档。

工资条
2022 年 5 月

编号	姓名	基本工资	全勤奖	餐补	工龄工资	请假扣款	实发工资
1201	王 强	2800	0	200	50	120	2930

工资条
2022 年 5 月

编号	姓名	基本工资	全勤奖	餐补	工龄工资	请假扣款	实发工资
1202	陈婷婷	2800	0	200	100	100	3000

工资条
2022 年 5 月

编号	姓名	基本工资	全勤奖	餐补	工龄工资	请假扣款	实发工资
1203	张雯雯	2800	100	200	50	0	3150

工资条
2022 年 5 月

编号	姓名	基本工资	全勤奖	餐补	工龄工资	请假扣款	实发工资
1204	王 宁	2800	100	200	50	0	3150

工资条
2022 年 5 月

编号	姓名	基本工资	全勤奖	餐补	工龄工资	请假扣款	实发工资
1205	李 华	2800	100	200	150	0	3250

工资条
2022 年 5 月

编号	姓名	基本工资	全勤奖	餐补	工龄工资	请假扣款	实发工资
1206	李伟伟	2800	100	200	50	0	3150

工资条
2022 年 5 月

编号	姓名	基本工资	全勤奖	餐补	工龄工资	请假扣款	实发工资
1207	赵文佳	2800	0	200	100	60	3040

工资条
2022 年 5 月

编号	姓名	基本工资	全勤奖	餐补	工龄工资	请假扣款	实发工资
1208	赵子艳	2800	100	200	100	0	3200

工资条
2022 年 5 月

编号	姓名	基本工资	全勤奖	餐补	工龄工资	请假扣款	实发工资
1209	朱 宇	2800	100	200	100	0	3200

工资条
2022 年 5 月

编号	姓名	基本工资	全勤奖	餐补	工龄工资	请假扣款	实发工资
1210	齐明慧	2800	100	200	150	0	3250

工资条
2022 年 5 月

编号	姓名	基本工资	全勤奖	餐补	工龄工资	请假扣款	实发工资
1211	刘佳文	2800	0	200	50	0	3000

工资条
2022 年 5 月

编号	姓名	基本工资	全勤奖	餐补	工龄工资	请假扣款	实发工资
1212	曹文轩	2800	100	200	50	0	3150

视频教学

> **教学文件**：教学文件\第 6 章\制作"工资条"文档.mp4

步骤详解

本实例的具体制作步骤如下：

1 ❶在 Word 空白文档中单击"邮件"选项卡"开始邮件合并"组中的"开始邮件合并"按钮；❷在弹出的下拉列表中选择"目录"选项，如下图所示。

2 ❶在文档中输入添加相应内容，并对其格式进行设置；❷在"开始邮件合并"组中单击"选择收件人"按钮；❸在弹出的下拉列表中选择"使用现有列表"选项，如下图所示。

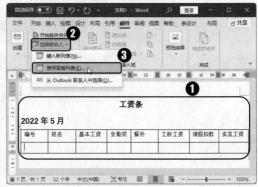

3 弹出"选取数据源"对话框，❶在地址栏中选择数据源文件保存的位置；❷在下方的列表框中选择需要插入的文件，这里选择"工资表.xlsx"选项；❸单击 [打开(O)] 按钮，如下图所示。

4 弹出"选择表格"对话框，选择数据源所在的工作表，这里保持默认设置，单击 [确定] 按钮，如下图所示。

5 ❶将光标定位到第二行的第 1 个单元格中；❷在"编写和插入域"组中单击"插入合并域"按钮右侧的 ▾ 按钮；❸在弹出的下拉列表中选择"编号"选项，如下图所示。

6 使用相同的方法在第二行的其他单元格中插入合并域，使其与第一行单元格中的内容相对应，❶然后在"完成"组中单击"完成并合并"按钮 ；❷在弹出的下拉列表中选择"编辑单个文档"选项，如下图所示。

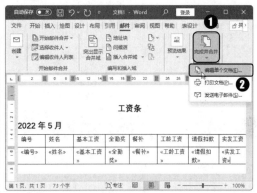

7 弹出"合并到新文档"对话框，❶选中 ⦿ 全部(A) 单选按钮；❷单击 [确定] 按钮，如下图所示。

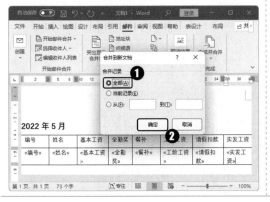

8 即可新建一个名为"目录 1"的文档，并显示工资条，效果如下图所示。

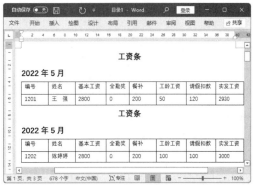

本章小结

　　本章的重点在于文档的校对、审阅和邮件合并的相关操作，主要包括拼写和语法检查、批注的添加与删除、文档的修订、信封的创建、合并邮件等知识点。通过本章的学习，希望大家能够提高文档的正确率和掌握批量制作信封、邀请函和工资条等文档的制作方法。

第7章

使用 Excel 2021 制作电子表格

↳本章导读

Excel 2021 是专门制作电子表格的软件，通过它可以快速地制作出专业、实用的办公表格。本章主要介绍管理工作表、单元格，输入数据与编辑数据的方法。本章将主要对工作表和单元格的基本操作、数据的录入与编辑、单元格格式的设置以及表格的美化等知识进行讲解。

↳知识要点

- ❖ 工作表的基本操作
- ❖ 数据的录入与编辑
- ❖ 单元格的基本操作
- ❖ 单元格格式的设置
- ❖ 表格的美化操作

↳案例展示

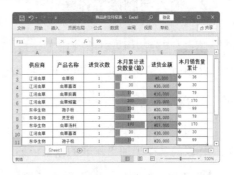

7.1 工作表的基本操作

一个 Excel 工作簿中可包含多个工作表，所以，在制作表格的过程中，有时也需要对工作表进行操作，如选择工作表、插入工作表、重命名工作表、复制或移动工作表以及隐藏工作表等。本节主要对工作表的基本操作知识进行讲解。

7.1.1 选择工作表

为方便用户在多个工作表中进行切换，工作簿中的每张工作表以工作表标签的形式显示在工作簿编辑区底部，要想对工作表进行操作，首先需要选择工作表。选择工作表的方法很简单，只需要将光标移动到需要选择的工作表标签上，如左下图所示，然后单击即可选择该工作表，并切换到该工作表的工作表界面，如右下图所示。

7.1.2 插入与删除工作表

Excel 工作簿中默认有 3 张工作表，如果不能满足用户的需要，可以插入新工作表；当工作簿中有太多无用的工作表时，可以将其删除，以方便管理。

1. 插入工作表

在制作大型的办公表格时，3 张工作表根本不能满足需要，这时可通过 Excel 提供的插入工作表的功能增加工作表的数量。插入工作表的具体操作如下：

1 打开"素材文件\第 7 章\销售业绩奖金表.xlsx"，❶选择"奖金标准"工作表；❷右击，在弹出的快捷菜单中选择"插入"命令，如右图所示。

> **（💡温馨小提示）**
>
> 单击"开始"选项卡"单元格"组中"插入"按钮，在弹出的下拉列表中选择"插入工作表"选项，或直接在工作表标签后单击⊕按钮，插入一张新工作表。

2 弹出"插入"对话框,默认选择"工作表"选项,这里保持默认设置,单击 确定 按钮,如下图所示。

3 返回表格编辑区,即可查看到在"奖金标准"工作表前插入了一张新工作表,如下图所示。

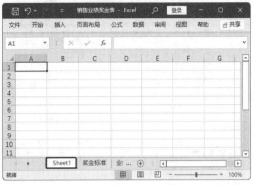

2. 删除工作表

对于工作簿中没有使用的工作表,也可通过 Excel 提供的删除工作表的功能将其删除。其具体操作如下:

1 选择需要删除的工作表,在其工作表标签上右击,在弹出的快捷菜单中选择"删除"命令,如下图所示。

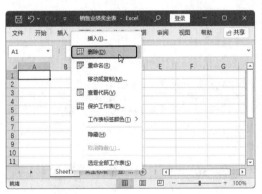

2 即可将选择的工作表删除,并切换到下一张工作表的工作界面,如下图所示。

> **温馨小提示**
>
> 如果删除的工作表中包含有数据,在执行删除工作表命令后就会打开提示对话框,用户可以根据提示选择是否删除工作表。

7.1.3 重命名工作表

在默认情况下,插入的新工作表将以 Sheet1、Sheet2、Sheet3、…的顺序依次进行命名。为了方便对工作表中的数据进行有效管理,最好将工作表命名为与工作表内容相符,且容易区别和理解的名称。重命名工作表的具体操作如下:

1 在需要重命名的 Sheet1 工作表标签上双击，这里在 Sheet1 工作表标签上双击，让其名称变成可编辑状态，如下图所示。

2 直接输入工作表的新名称"工资表"，按 Enter 键或单击其他位置完成重命名操作，效果如下图所示。

> 💡 **温馨小提示**
>
> 在工作表标签上右击，在弹出的快捷菜单中选择"重命名"命令，也可重命名工作表名称。

7.1.4 移动或复制工作表

在管理表格数据的过程中，用户可以根据需要对工作表的位置进行调整。对于制作相同工作表结构的表格，可以使用复制工作表功能来提高工作效率。

1. 移动工作表

在同一工作簿中，为方便数据的查看，可根据需要对工作表位置进行调整。在 Excel 中，移动工作表主要是通过拖动鼠标来调整工作表的位置。具体操作如下：

1 ❶在工作簿中选择"业绩奖金"工作表；❷按住鼠标左键不放并拖动到"业绩查询"工作表标签的右侧，如下图所示。

2 释放鼠标后，即可将"业绩奖金"工作表移动至"业绩查询"工作表的后面，效果如下图所示。

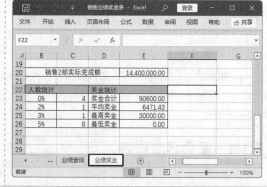

2. 复制工作表

在拖动鼠标移动工作表的同时按住 Ctrl 键不放，就可实现在同一工作簿中工作表的复制操作。如果需要在不同的工作簿中移动或复制工作表，这时就需要通过菜单命令来实现，其具体操作如下：

1 新建一个空白工作簿，将其保存为"销售业绩表"，然后切换到"销售业绩奖金表"工作簿中，❶选择"业绩奖金"工作表；❷右击，在弹出的快捷菜单中选择"移动或复制"命令，如下图所示。

2 弹出"移动或复制工作表"对话框，❶在"将选定工作表移至"栏下的"工作簿"下拉列表框中选择要移动到的工作簿选项；❷在"下列选定工作表之前"列表框中选择需要移动到该工作簿中的具体位置；❸选中 建立副本 复选框；❹单击 确定 按钮，如下图所示。

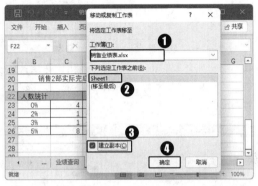

这样，即可将"销售业绩奖金表"工作簿中的"业绩奖金"工作表复制到"销售业绩表"工作簿中的开始处，效果如右图所示。

> **温馨小提示**
>
> 在"移动或复制工作表"对话框中取消选中 建立副本 复选框，则会将选择的工作表移动到目标工作簿中。

7.1.5　隐藏或显示工作表

如果不希望他人看到工作表中的数据，可将其隐藏，待对其进行查看或操作时再将其显示出来。隐藏或显示工作表的具体操作如下：

1 在打开的工作簿中选择需要隐藏的工作表，❶单击"开始"选项卡"单元格"组中的"格式"按钮；❷在弹出的下拉列表中选择"隐藏和取消隐藏"选项，在其子列表中选择"隐藏工作表"选项，如下图所示。

2 隐藏选择的工作表，如果要将隐藏的工作表显示出来，❶单击"开始"选项卡"单元格"组中的"格式"按钮；❷在弹出的下拉列表中选择"隐藏和取消隐藏"选项，在其子列表中选择"取消隐藏工作表"选项，如下图所示。

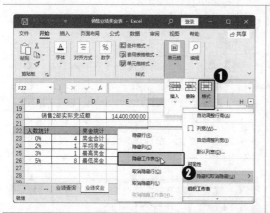

3 弹出"取消隐藏"对话框，❶在"取消隐藏一个或多个工作表"列表框中显示了隐藏的工作表，选择需要显示的工作表；❷单击 确定 按钮，如下图所示。

4 返回表格编辑区，即可查看到显示的工作表，如下图所示。

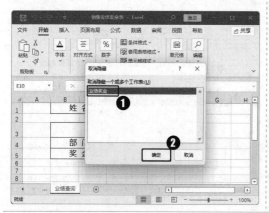

7.1.6 保护工作表

在制作好工作表后，为防止他人在查看时对制作的工作表进行修改，可通过保护工作表的功能对工作表进行保护。具体操作如下：

1 在打开的工作簿中选择需要保护的工作表，如选择"业绩奖金"工作表；❶单击"审阅"选项卡"更改"组中的"保护工作表"按钮；❷弹出"保护工作表"对话框，选中 ☑ 保护工作表及锁定的单元格内容(C) 复选框；❸在"取消工作表保护时使用的密码"文本框中输入保护密码，如输入"123"；❹在"允许此工作表的所有用户进行"列表框中设置被保护的区域；❺单击 确定 按钮，如右图所示。

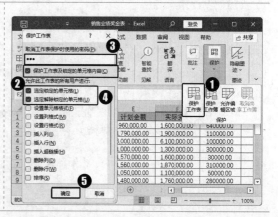

2 弹出"确认密码"对话框，❶在"重新输入密码"文本框中再次输入设置的密码"123"；❷单击 确定 按钮，如下图所示。

3 返回表格编辑区，此时，如果要修改某个单元格中的内容，就会打开提示信息，如下图所示。

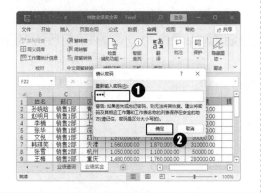

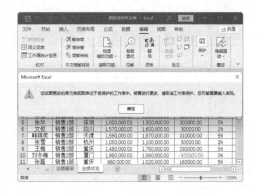

专家解疑难

问：当需要对保护的工作表进行编辑时，怎么才能对其进行操作呢？

答：对于设置保护的工作表，要想对其中的内容进行编辑，首先需要取消工作表的保护。其方法是：选择被保护的工作表，单击"审阅"选项卡"更改"组中的"撤销保护工作表"按钮，弹出"撤销工作表保护"对话框，在"密码"文本框中输入设置的保护密码，单击 确定 按钮，即可撤销对工作表的保护。

7.2 输入与编辑表格数据

在 Excel 工作簿中插入工作表后，就可向工作表中输入各种数据，输入完成后，还可根据需要对工作表中的数据进行编辑，使工作表中的数据更正确、更合理。

7.2.1 输入表格数据

Excel 中的数据都是保存在各单元格中的，所以，要想在工作表中输入数据，首先选择需要输入数据的单元格，然后输入相应的数据即可。具体操作如下：

1 新建一个空白工作簿，将光标移动到工作表中需要输入数据的单元格上并单击，即可选择该单元格，如右图所示。

温馨小提示

在工作表中选择单元格的方法与在 Word 表格中选择单元格的方法相同，所以不再单独讲解在工作表中选择单元格的方法。

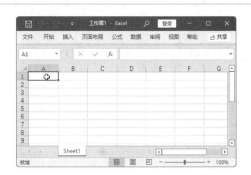

2 然后在选择的单元格中输入相应的数据，如输入"科荟公司来访人员登记表"，输入完成后按 Enter 键确认，即可选择下一个单元格，如下图所示。

3 使用相同的方法在其他单元格中输入相应的数据，并将其保存为"来访人员登记表"，效果如下图所示。

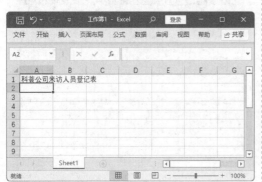

7.2.2　快速填充数据

在工作表中某列或某行连续的单元格中输入相同或有规律的数据时，可通过 Excel 提供的填充功能来快速填充数据。具体操作如下：

1 ❶在打开的"来访人员登记表"中选择 A3 单元格；❷将光标移动到该单元格的右下角，当光标变成+形状，即显示为填充控制柄时，按住鼠标左键不放并拖动控制柄到 A9 单元格，如下图所示。

2 释放鼠标左键，即可为 A3:A9 单元格区域填充相同的数据，❶单击出现的▦按钮；❷在弹出的快捷菜单中选中"填充序列"单选按钮，如下图所示。

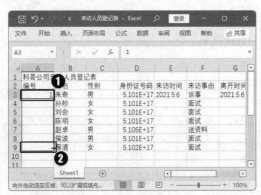

3 即可将 A3:A9 单元格区域相同的数据更改为相差为"1"的有规律的数据，效果如下图所示。

4 ❶选择 E3 单元格，将光标移动到该单元格的右下角，当光标变成+形状，即显示为填充控制柄时；❷按住鼠标左键不放并拖动控制柄到 E9 单元格，如下图所示。

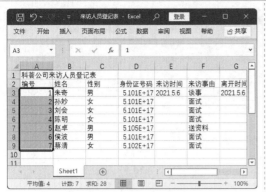

5 释放鼠标左键，即可为 E3: E9 单元格区域填充有规律的数据，❶单击出现的 按钮；❷在弹出的快捷菜单中选中"复制单元格"单选按钮，如下图所示。

6 即可为 E3:E9 单元格区域填充相同的数据，然后使用相同的方法为 H3: H9 单元格区域填充相同的数据，如下图所示。

> **温馨小提示**
>
> 　　在默认情况下，使用填充柄填充数据时，使用的是复制单元格填充，也就是填充相同的数据。若使用填充序列填充后，填充柄会默认填充有规律的数据。所以，使用填充柄填充数据时，需要对其进行设置。

7.2.3　修改单元格中的数据

　　在单元格中输入数据后，还可对其进行修改，使表格中的数据显示正确。在 Excel 中修改单元格数据的方法有两种，分别介绍如下：

　　（1）直接在单元格中修改：选择需要修改数据的单元格，按 Delete 键删除单元格中的数据，然后重新输入正确的数据即可。

　　（2）在编辑栏中修改：选择需要修改数据的单元格，在编辑栏中将显示所选单元格中的数据，然后选择编辑栏中的数据，再输入正确的数据即可，如下图所示。

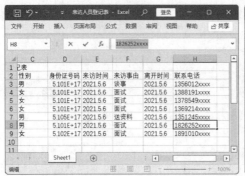
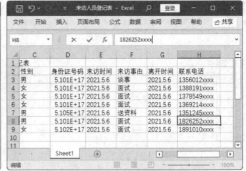

7.2.4 移动和复制数据

在编辑工作表中的数据时，常常会遇到输入相同的数据，或将已有数据从原有位置中移动至需要的位置中，这时可以使用复制和移动数据的功能来实现。移动和复制数据的具体操作如下：

1 在打开的"来访人员登记表"中选择需要移动的单元格区域，❶如选择 H1:H9 单元格区域；❷单击"开始"选项卡"剪贴板"组中的"剪切"按钮 ，如下图所示。

2 ❶选择需要粘贴数据的位置，这里选择 E1:E9 单元格区域；❷在其上右击，在弹出的快捷菜单中选择"插入剪切的单元格"命令，如下图所示。

这样，就将 H 列中的数据移动到 E 列，而 E 列原来的数据将后移，如右图所示。

（💡温馨小提示）

在该表格中要移动数据，不能使用拖动的方法进行操作，如果直接通过拖动来移动位置，会将原单元格的数据替换掉。

3 ❶选择需要复制的单元格区域，如选择
A3:H3 单元格区域；❷单击"开始"选项卡"剪贴
板"组中的"复制"按钮 🗐，如下图所示。

4 ❶选择需要粘贴复制数据的单元格区域，
如选择 A10:H10 单元格区域；❷单击"开始"选
项卡"剪贴板"组中的"粘贴"按钮 🗐，如下图
所示。

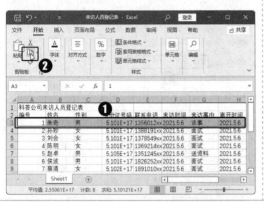

5 复制的数据即可粘贴到选择的单元格区
域中，如下图所示。

6 在 A10 单元格中单击，将光标定位到该单
元格中，对数据进行修改。使用相同的方法对复
制的其他部分数据进行修改，效果如下图所示。

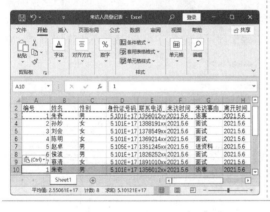

（💡温馨小提示）

在工作表中选择需要移动或复制的数据后，按 **Ctrl+X** 组合键进行剪切，或按 **Ctrl+C** 组合键进
行复制，然后在目标单元格区域按 **Ctrl+V** 组合键进行粘贴，即可实现数据的移动或复制操作。

7.2.5 查找替换数据

在编辑和审阅工作表数据时，如果需要对工作表单元格中多处相同的数据进行修改，可
先使用查找功能将其查找出来，然后使用替换功能对数据进行替换，以便提高工作效率。查
找和替换数据的具体操作如下：

1 ❶在打开的"来访人员登记表"中单击"开始"选项卡"编辑"组中的"查找和选择"按钮♀；❷在弹出的下拉列表中选择"查找"选项，如下图所示。

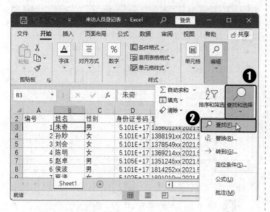

2 弹出"查找和替换"对话框，❶在"查找内容"文本框中输入要查找的内容，如输入"面试"；❷单击 查找全部 按钮；❸展开对话框，在列表框中将显示查找到的数据及其位置，如下图所示。

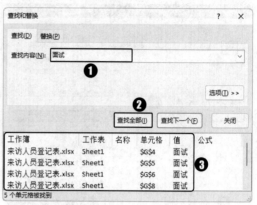

3 ❶选择"替换"选项卡；❷在"替换为"文本框中输入替换后的内容，如输入"培训"；❸单击 全部替换(A) 按钮，如下图所示。

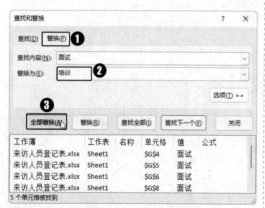

4 弹出提示信息，提示替换的数量，单击 确定 按钮，如下图所示。

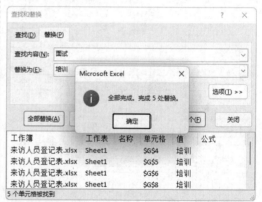

5 返回"查找和替换"对话框，单击 关闭 按钮关闭对话框，返回表格编辑区，即可查看到替换数据后的效果，如右图所示。

（ 💡温馨小提示 ）

在"查找和替换"对话框中若单击 查找下一个(F) 按钮，将只会一个个地进行查找；若单击 替换(R) 按钮，也就只会对查找的多个内容进行单个单个地替换。

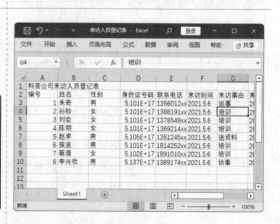

7.3 单元格的基本操作

在 Excel 工作表中不仅可以对单元格中的数据进行操作，还可根据需要对单元格进行操作，如插入与删除单元格、调整行高或列宽、合并单元格等操作。

7.3.1 插入与删除单元格

在编辑工作表的过程中，如果用户少输入了一些内容，可以通过插入单元格、行/列来添加数据，以保证表格中的其他内容不会发生改变。如果在表格中插入了多余的单元格、行/列，也可以使用删除的方法将其删除。插入与删除单元格的具体操作如下：

1 打开"素材文件\第 7 章\仓库值班表.xlsx"，❶选择 A26 单元格；❷单击"开始"选项卡"单元格"组中的"插入"按钮，❸在弹出的下拉列表中选择需要的插入选项，如"插入工作表行"选项，如下图所示。

2 即可在所选单元格区域上方插入一行空白单元格，在其中输入相应的表格数据，效果如下图所示。

3 ❶选择 A3:F5 单元格区域；❷单击"开始"选项卡"单元格"组中的"删除"按钮，如下图所示。

4 即可删除所选择的单元格区域，效果如下图所示。

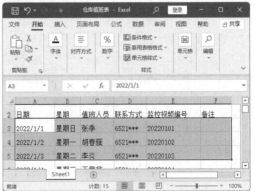

（💡温馨小提示）

　　如果只需要删除工作表中的某个单元格，那么在"开始"选项卡"单元格"组中单击"删除"按钮下方的▾按钮，在弹出的下拉列表中选择"删除单元格"选项后，将打开"删除"对话框，在其中提供了四个单选按钮，选中不同的单选按钮，可执行不同的删除操作。

7.3.2　调整行高和列宽

　　在默认情况下，工作表中单元格的行高和列宽都是固定的，当在单元格中输入较多的内容时，则不能完全显示出来，这时就需要对单元格的行高和列宽进行调整。具体操作方法如下：

1 在打开的"仓库值班表"中移动光标至 E 和 F 列之间的分隔线上，当光标变成✛形状时，向右拖动鼠标，拖动至合适位置后释放鼠标，如下图所示。

2 使用相同的方法对工作表中其他单元格的列宽进行调整，效果如下图所示。

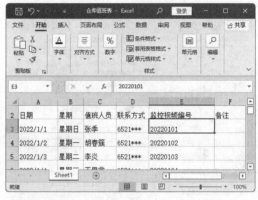

3 ❶选择 A1:F25 单元格区域，单击"开始"选项卡"单元格"组中的"格式"按钮；❷在弹出的下拉列表中选择"行高"选项，如下图所示。

4 ❶弹出"行高"对话框，在"行高"文本框中输入单元格行高值，如输入"28"；❷单击按钮，如下图所示。

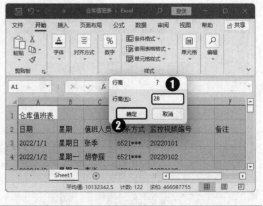

5 返回表格编辑区，即可查看到设置行高后的效果，如右图所示。

> **温馨小提示**
>
> 在"格式"下拉列表中若选择"列宽"选项，在弹出的"列宽"对话框中可对单元格列宽进行设置；若选择"自动调整行高"或"自动调整列宽"选项，系统可根据单元格中数据的多少自动调整单元格的行高或列宽。

7.3.3　合并单元格

在制作工作表时，经常需要将多个单元格合并为一个单元格，特别是制作工作表标题时经常遇到，这时就可通过 Excel 提供的合并单元格功能对单元格进行合并操作，使其更能满足制表的需要。合并单元格的具体操作如下：

1 在打开的工作表中选择需要合并的多个单元格，如选择"A1:F1"单元格区域，❶单击"开始"选项卡"对齐方式"组中的"合并后居中"按钮右侧的 ﹀ 按钮；❷在弹出的下拉列表中选择合并选项，如选择"合并后居中"选项，如下图所示。

2 即可将选择的 A1:F1 单元格区域合并为一个较大的单元格，且单元格中的文本将居中显示，效果如下图所示。

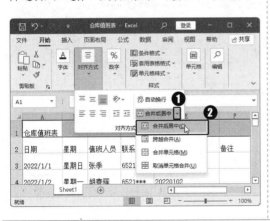

> **温馨小提示**
>
> "合并后居中"下拉列表中提供了 4 个选项，若选择"合并后居中"选项，将会把多个单元格合并为一个较大的单元格，且新单元格中的内容居中显示；若选择"跨越合并"选项，将会把相同行中的多个单元格合并为一个较大的单元格；选择"合并单元格"选项，将所选单元格合并为一个单元格；选择"取消单元格合并"选项，则会将当前合并的单元格拆分为多个单元格。

7.4 设置单元格格式

Excel 2021 在默认状态下，在工作表中输入数据后，其数据的字体格式、对齐方式等都是固定的。为了使制作的表格条理清晰，可对单元格格式进行设置，包括字体格式、对齐方式、数字格式、数据有效性、边框和底纹的设置。本节将对单元格格式的设置方法进行讲解。

7.4.1 设置字体格式

与 Word 一样，在工作表单元格中输入数据后，其数据的字体格式都是默认的。为了突出表格中的某些数据，可以根据需要对表格数据的字体格式进行设置。具体操作如下：

1 打开"素材文件\第 7 章\产品销售表.xlsx"，❶选择需要设置字体格式的单元格，这里选择 A1 单元格；❷在"开始"选项卡"字体"组中将字体设置为"黑体"；❸字号设置为"22"，如下图所示。

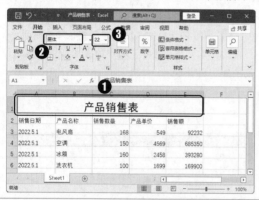

2 ❶选择 A2:E2 单元格区域，将字号设置为"12"；❷单击"加粗"按钮 **B** 加粗文本；❸单击"字体颜色"按钮 △ 右侧的 ￬ 按钮，在弹出的下拉列表中选择需要的字体颜色，如下图所示。

> 💡 温馨小提示
>
> 选择需要设置字体格式的单元格后，单击"字体"组右下角的 ⌐ 按钮，在打开对话框的"字体"选项卡中也可对字体格式进行设置。

7.4.2 设置对齐方式

在默认情况下，在 Excel 中输入的文本显示为左对齐，数据显示为右对齐，为保证工作表中数据的整齐性，可以为单元格中的数据重新设置对齐方式。具体操作如下：

1 ❶在打开的"产品销量表"中选择需要设置对齐方式的单元格;❷在"开始"选项卡"对齐方式"组中单击相应的对齐按钮,如单击"居中"按钮 三,如下图所示。

2 所选单元格中的数据将居中显示,效果如下图所示。

7.4.3　设置数字格式

在制作工作表的过程中,经常需要输入日期、货币和百分比等数据,在输入这类数据之前,需要先对单元格的数字格式进行设置。Excel 中设置数字格式的具体操作如下:

1 ❶在打开的"产品销量表"中选择需要设置数字格式的单元格,这里选择 A3:A10 单元格区域;❷单击"开始"选项卡"数字"组中的"常规"下拉列表框中的 ▾ 按钮;❸在弹出的下拉列表中选择"长日期"选项,如下图所示。

2 删除 A3:A10 单元格区域中的数据,将其更改为"2022/5/1",即可看到输入的数据将变为设置的长日期数字格式,效果如下图所示。

> （💡温馨小提示）
>
> 　　由于 A 列数据不符合日期格式,所以设置数字格式后不会发生变化,需要将其设置为符合日期格式的数据才会变化。

3 选择 D 和 E 列单元格,单击"数字"组右下角的 ⌐ 按钮,❶弹出"设置单元格格式"对话框,默认选择"数字"选项卡,在"分类"列表框中选择所需的数字格式类型,如选择"货币"选项;❷在"小数位数"数值框中输入数据的小数位数,如输入"1";❸在"负数"列表框中选择负数的显示效果;❹单击 确定 按钮,如下图所示。

4 返回表格编辑区中,即可查看到设置货币数字格式后的效果,如下图所示。

> **温馨小提示**
>
> "数字"组中提供了"增加小数位数"按钮 ⌐、"减少小数位数"按钮 ⌐、"百分比样式"按钮 % 和"千位分隔样式"按钮 ,,单击不同的按钮,可为单元格设置不同的数字格式。

7.4.4 设置录入数据的有效性

在工作表中输入某些较特殊的数据时,可通过设置数据的有限性来限制数据的输入。数据的有效性包括设置单元格文本的输入长度、输入数据前的提示信息等。设置数据有效性的具体操作如下:

1 打开"素材文件\第 7 章\来访人员登记表.xlsx",❶选择 D3:D10 列单元格区域;❷单击"数据"选项卡"数据工具"组中的"数据验证"按钮 ,如下图所示。

2 弹出"数据验证"对话框,默认选择"设置"选项卡,❶在"允许"下拉列表中选择"文本长度"选项;❷在"数据"下拉列表中选择"等于"选项;❸在"长度"文本框中输入文本的长度,如输入"18";❹单击 确定 按钮,如下图所示。

3 返回表格编辑区，若在设置输入文本长度的单元格中输入的数据位数未达 18 位，则打开提示信息，单击 重试(R) 按钮，如下图所示。

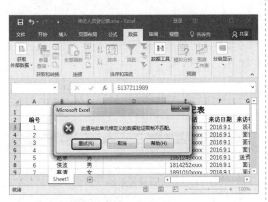

4 返回表格编辑区中，重新在单元格中输入数据，若输入的数据位数正确，则不会弹出提示信息，如下图所示。

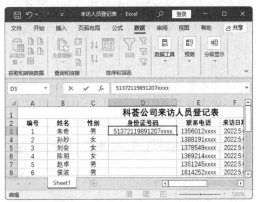

5 选择需要设置的单元格区域，❶弹出"数据验证"对话框，选择"输入信息"选项卡；❷在"输入信息"列表框中输入相关的提示信息；❸单击 确定 按钮，如下图所示。

6 返回表格编辑区，将光标定位在设置有效性的单元格中，即可查看到设置的提示信息，根据提示信息在单元格中输入相关的数据，效果如下图所示。

> **💡温馨小提示**
>
> 如果要删除设置的单元格数据有效性，就先选择设置数据有效性的单元格，在"数据验证"对话框的"设置"选项卡中单击 全部清除(C) 按钮就可清除。

7.4.5　设置边框

在默认情况下打印工作表时，不会打印单元格的边框，要想将表格边框打印出来，需要为单元格添加边框。在 Excel 2021 中添加边框的方法有多种，下面介绍添加内置边框和自定义边框的方法。

1．添加内置边框

当需要为表格某一部分添加边框时，可以使用 Excel 2021 内置的边框样式，通过它可快速为表格添加黑色的边框线。具体操作如下：

1 打开"素材文件\第 7 章\产品库存表.xlsx"，选择需要添加的单元格区域，❶单击"开始"选项卡"字体"组中的"边框"按钮右侧的 ✓ 按钮；❷在弹出的下拉列表"边框"栏中提供了多种边框选项，选择需要的选项，如选择"所有框线"选项，如下图所示。

2 返回表格编辑区，即可查看到为表格添加黑色边框后的效果，如下图所示。

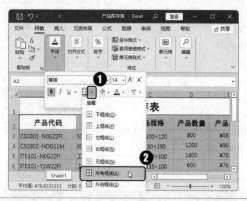

2．自定义边框

通过"设置单元格格式"对话框中的"边框"选项卡来自定义边框的样式。具体操作如下：

1 打开"素材文件\第 7 章\产品库存表.xlsx"，选择需要添加边框的单元格区域，❶单击"开始"选项卡"字体"组中的"边框"按钮右侧的 ✓ 按钮；❷在弹出的下拉列表中选择"其他边框"选项，如下图所示。

2 弹出"设置单元格格式"对话框，默认选择"边框"选项卡，❶在"样式"列表框中选择需要的边框样式；❷在"颜色"下拉列表框中选择需要的边框颜色；❸在"预置"和"边框"栏中单击相应的按钮，设置边框应用的范围；❹单击 确定 按钮，如下图所示。

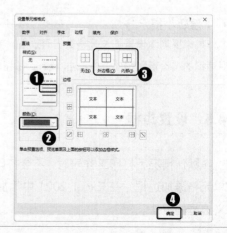

3 即可将设置的边框样式应用于选择的单元格区域，效果如右图所示。

> （💡温馨小提示）
>
> 如果要取消添加的边框，可先选择添加边框的单元格，单击"字体"组中的"边框"按钮右侧的 ✓ 按钮，在弹出的下拉列表中选择"无框线"选项，或在"设置单元格格式"对话框的"边框"选项卡中单击"无"按钮，再单击 确定 按钮即可。

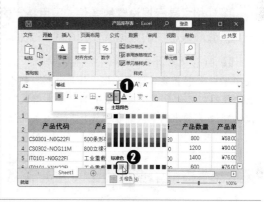

7.4.6 设置单元格底纹

在默认情况下，工作表中单元格的背景色是白色的，用户也可以为单元格添加相应的底纹，这样不仅可以美化工作表，还能突显出单元格中的某些数据。设置单元格底纹的具体操作如下：

1 打开"素材文件\第 7 章\产品库存表.xlsx"，选择需要添加底纹的单元格，❶单击"开始"选项卡"字体"组中的"填充颜色"按钮右侧的 ✓ 按钮；❷在弹出的下拉列表中选择需要的底纹颜色，即可为选择的单元格添加底纹，如右图所示。

> （💡温馨小提示）
>
> 在"填充颜色"下拉列表中选择"其他颜色"选项，在弹出的"颜色"对话框中提供了更多颜色，以供用户选择使用。

2 选择 A1 单元格，单击"字体"组右下角的 按钮，❶弹出"设置单元格格式"对话框，选择"填充"选项卡；❷在"图案颜色"下拉列表中选择需要的图案颜色；❸在"图案样式"下拉列表中选择需要的图案样式；❹单击 确定 按钮，如下图所示。

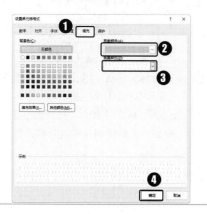

3 返回表格编辑区，即可查看到为单元格添加底纹后的效果，如下图所示。

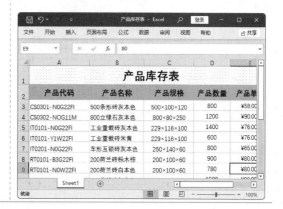

（📖 专家解疑难）

问：在 Excel 2021 中能不能对工作表中的单元格进行渐变填充呢？

答：可以为单元格设置渐变填充，在工作表中选择需要设置渐变填充底纹的单元格，在"设置单元格格式"对话框中选择"填充"选项卡，单击 填充效果(I)... 按钮，弹出"填充效果"对话框，在"渐变"选项卡中根据需要对底纹颜色、底纹样式和渐变效果进行设置即可。

7.5 美化表格

对于制作好的工作表，还可通过设置条件格式、表格样式、单元格样式、设置工作表背景和应用主题等对单元格进行美化操作，使制作的表格更美观。

7.5.1 使用条件格式

条件格式是根据设置的条件，采用特定的方式，突出显示单元格中符合条件的数据，便于用户查看表格中的数据。使用条件格式的具体操作如下：

1 打开"素材文件\第 7 章\商品进货月报表.xlsx"，选择需要设置条件格式的单元格，❶单击"开始"选项卡"样式"组中的"条件格式"按钮📊；❷在弹出的下拉列表中选择需要的条件选项，如选择"突出显示单元格规则"选项；❸在弹出的子列表中选择需要的条件规则，如下图所示。

2 ❶弹出"大于"对话框，在其中的第一个文本框中输入大于值，如输入"1"；❷单击"设置为"下拉列表框右侧的 ✔ 按钮；❸在弹出的下拉列表中选择相应的选项，这里选择"红色文本"选项；❹单击 确定 按钮，如下图所示。

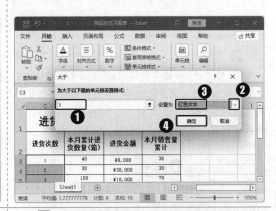

3 返回表格编辑区，即可查看到突出显示单元格后的效果，选择 D3:D11 单元格区域，❶单击"条件格式"按钮📊；❷在弹出的下拉列表中选择"数据条"选项；❸在弹出的子列表中选择相应的数据条样式，如下图所示。

4 返回表格编辑区，即可查看到设置数据条后的效果，选择 E3:E11 单元格区域，❶单击"条件格式"按钮📊；❷在弹出的下拉列表中选择"色阶"选项；❸在弹出的子列表中选择相应的色阶样式，如下图所示。

5 返回表格编辑区，即可查看到设置色阶后的效果，选择 F3:F11 单元格区域，❶单击"条件格式"按钮；❷在弹出的下拉列表中选择"图标集"选项；❸在弹出的子列表中选择相应的图标集样式，如右图所示。

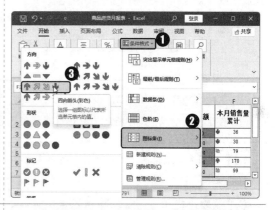

> **（温馨小提示）**
>
> 在工作表中使用数据条可快速判断单元格中数值的大小；使用色阶可使单元格中的数据以多种颜色显示；使用图标集可标识出单元格数值的大小。

6 返回表格编辑区，即可查看到为单元格设置条件格式后的效果，如右图所示。

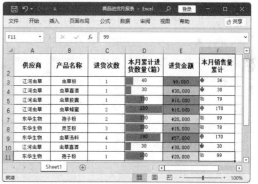

> **（温馨小提示）**
>
> 当不再需要单元格中设置的条件格式时，选择已设置条件格式的单元格，单击"条件格式"按钮，在弹出的下拉列表中选择"清除规则"选项，即可清除单元格中的条件格式。

7.5.2　套用表格样式

在 Excel 2021 中提供了多种表格样式，使用这些样式可以快速美化工作表。如果提供的这些样式还不能满足需要，用户也可以自定义表格的样式。

1. 套用内置表格样式

套用表格样式可以快速为数据表格添加自动筛选器，方便用户筛选表格中的数据。套用内置表格格式的具体操作如下：

1 打开"素材文件\第7章\商品进货月报表.xlsx",选择 A2:F11 单元格区域,❶单击"开始"选项卡"样式"组中的"套用表格格式"按钮圈;❷在弹出的下拉列表中选择需要的表格样式,如下图所示。

2 弹出"创建表"对话框,保持默认设置,单击 确定 按钮,如下图所示。

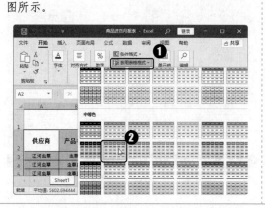

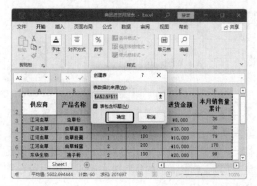

> **温馨小提示**
> 套用表格样式也可以先不选择单元格区域,而是在打开的"套用表格格式"对话框中单击圖按钮,在工作表中以拖动鼠标的方式选择需要应用表格样式的单元格即可。

3 返回表格编辑区,即可查看到应用表格样式后的效果,如右图所示。

> **温馨小提示**
> 套用表格样式后,表格第一行的每个单元格中将显示一个▼按钮,单击该按钮,在弹出的下拉列表中可对表格进行排序,排序的知识将在第9章进行讲解。如果不想在表格中显示▼按钮,选择应用表格样式的单元格,单击"设计"选项卡"工具"组中的"转化为区域"按钮圈即可。

2. 自定义表格样式

当内置的表格样式不能满足需要时,用户也可根据需要自定义表格样式。自定义表格样式的具体操作如下:

1 打开"素材文件\第7章\产品库存表.xlsx",单击"开始"选项卡"样式"组中的"套用表格格式"按钮圈,在弹出的下拉列表中选择"新建表样式"选项,❶弹出"新建表样式"对话框,在"名称"文本框中输入表样式名称;❷在"表元素"列表框中选择要设置的选项;❸单击 格式(F) 按钮,如下图所示。

2 弹出"设置单元格格式"对话框,❶选择"边框"选项卡;❷在其中设置边框的样式、颜色和应用范围;❸设置完成后单击 确定 按钮,如下图所示。

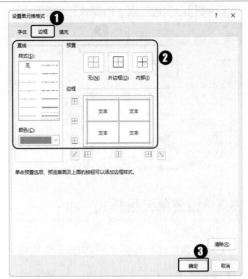

3 返回 "新建表样式" 对话框，❶在 "表元素" 列表框中选择 "标题行" 选项；❷单击 格式(F) 按钮，如下图所示。

4 弹出 "设置单元格格式" 对话框，❶选择 "填充" 选项卡；❷在 "背景色" 栏中选择需要的底纹颜色；❸单击 确定 按钮，如下图所示。

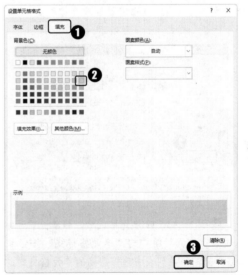

> **温馨小提示**
>
> 在 "设置单元格格式" 对话框中选择 "字体" 选项卡，在该选项卡中还可对表元素中的单元格的字体格式进行设置。

5 返回 "新建表样式" 对话框，单击 确定 按钮，返回表格编辑区，选择需要应用表样式的单元格，❶单击 "样式" 组中的 "套用表格格式" 按钮；❷在弹出的下拉列表中选择自定义的表格样式，如下图所示。

6 弹出 "创建表" 对话框，保持默认设置，单击 确定 按钮，返回表格编辑区，即可查看到应用自定义表格样式后的效果，如下图所示。

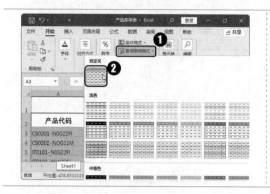

7.5.3 设置单元格样式

Excel 2021 中内置了一些单元格的样式，使用该样式不仅能对单元格的底纹进行填充，还可以设置单元格的字体样式。设置单元格样式的具体操作如下：

1 打开"素材文件\第 7 章\商品进货月报表.xlsx"，选择 A1 单元格，❶单击"开始"选项卡"样式"组中的"单元格样式"按钮，❷在弹出的下拉列表中选择需要的单元格样式，如选择"标题"样式，如下图所示。

2 即可为选择的单元格应用选择的样式，选择 A2:F2 单元格区域，❶单击"开始"选项卡"样式"组中的"单元格样式"按钮，❷在弹出的下拉列表中选择需要的单元格样式，如选择"着色 3"样式，如下图所示。

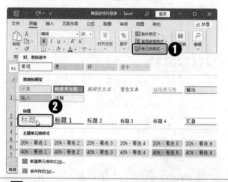

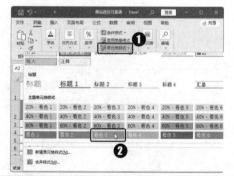

3 选择 A3:F11 单元格区域，❶单击"开始"选项卡"样式"组中的"单元格样式"按钮；❷在弹出的下拉列表中选择需要的单元格样式，如选择"40%-着色 3"选项，如下图所示。

4 返回表格编辑区，即可查看到为单元格应用单元格样式后的效果，如下图所示。

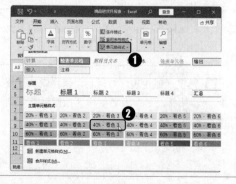

温馨小提示

如果 Excel 中提供的单元格样式不能满足需要，用户可单击"单元格样式"按钮，在弹出的下拉列表中选择"新建单元格样式"选项，弹出"样式"对话框，在其中对单元格样式名称和包含的样式进行设置，然后单击 格式(O)... 按钮，在弹出的"设置单元格格式"对话框中对单元格样式的字体格式、对齐方式、数字格式、边框和底纹等进行设置即可。

7.6 案例制作——制作"员工基本信息表"

案例介绍

员工进入公司后，都会填写一张表格，其中包含了员工的基本信息，如姓名、学历、联系方式、身份证号码等，公司为了更好地对员工进行管理，会把所有员工的基本信息组合在一个工作簿中，这样，在查找员工信息时，就能很方便、快速地查找到员工的相关信息，有利于公司的发展和管理。本实例即制作一张员工基本信息表。首先在新建的空白工作簿的工作表中录入相关的信息，然后对单元格格式进行相应的设置，最后对工作表进行美化。

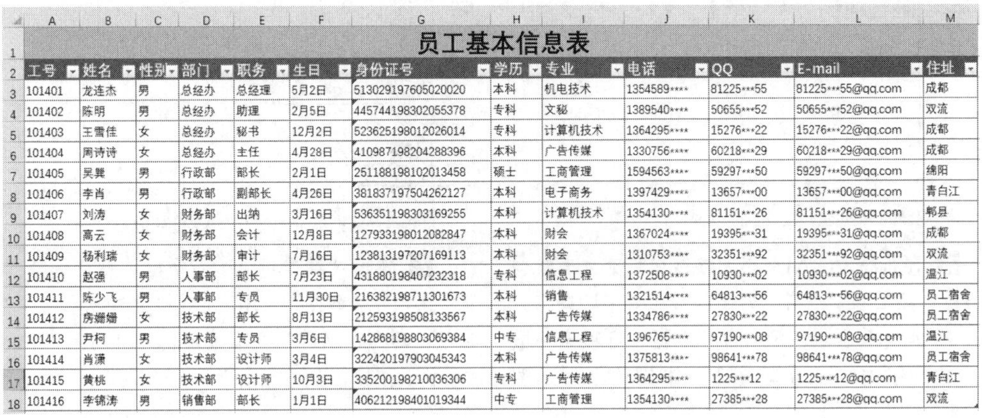

员工基本信息表

工号	姓名	性别	部门	职务	生日	身份证号	学历	专业	电话	QQ	E-mail	住址
101401	龙连杰	男	总经办	总经理	5月2日	513029197605020020	本科	机电技术	1354589****	81225***55	81225***55@qq.com	成都
101402	陈明	男	总经办	助理	2月5日	445744198302055378	专科	文秘	1389540****	50655***52	50655***52@qq.com	双流
101403	王雪佳	女	总经办	秘书	12月2日	523625198012026014	专科	计算机技术	1364295****	15276***22	15276***22@qq.com	成都
101404	周诗诗	女	总经办	主任	4月28日	410987198204288396	本科	广告传媒	1330756****	60218***29	60218***29@qq.com	成都
101405	吴巽	男	行政部	部长	2月1日	251188198102013458	硕士	工商管理	1594563****	59297***50	59297***50@qq.com	绵阳
101406	李肖	男	行政部	副部长	4月26日	381837197504262127	本科	电子商务	1397429****	13657***00	13657***00@qq.com	青白江
101407	刘涛	女	财务部	出纳	3月16日	536351198303169255	本科	计算机技术	1354130****	81151***26	81151***26@qq.com	郫县
101408	高云	女	财务部	会计	12月8日	127933198012082847	本科	财会	1367024****	19395***31	19395***31@qq.com	成都
101409	杨利璐	女	财务部	审计	7月16日	123813197207169113	本科	财会	1310753****	32351***92	32351***92@qq.com	双流
101410	赵强	男	人事部	部长	7月23日	431880198407232318	专科	信息工程	1372508****	10930***02	10930***02@qq.com	温江
101411	陈少飞	男	人事部	专员	11月30日	216382198711301673	本科	销售	1321514****	64813***56	64813***56@qq.com	员工宿舍
101412	房姗姗	女	技术部	部长	8月13日	212593198508133567	本科	广告传媒	1334786****	27830***22	27830***22@qq.com	员工宿舍
101413	尹柯	男	技术部	专员	3月6日	142868198803069384	中专	信息工程	1396765****	97190***08	97190***08@qq.com	温江
101414	肖潇	女	技术部	设计师	3月4日	322420197903045343	本科	广告传媒	1375813****	98641***78	98641***78@qq.com	员工宿舍
101415	黄桃	女	技术部	设计师	10月3日	335200198210036306	专科	广告传媒	1364295****	1225***12	1225***12@qq.com	青白江
101416	李锦涛	男	销售部	部长	1月1日	406212198401019344	中专	工商管理	1354130****	27385***28	27385***28@qq.com	双流

视频教学

教学文件： 教学文件\第 7 章\制作"员工基本信息表".mp4

步骤详解

本实例的具体制作步骤如下：

1 启动 Excel 2021，新建一个空白工作簿，将其保存为"员工基本信息表"，将光标移动到"Sheet1"工作表标签上，右击，在弹出的快捷菜单中选择"重命名"选项，如下图所示。

2 ❶此时工作表呈编辑状态，输入工作表的名称"员工基本信息表"，按 Enter 键确认；❷选择 A1 单元格，在其中输入标题文本"员工基本信息表"，如下图所示。

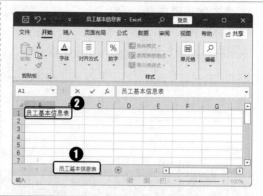

3 在工作表第二行输入表格字段，然后在 A3 单元格中输入第一位员工的编号 "101401"，将鼠标光标移动到 A3 单元格的右下角，当光标变成+形状时，按住鼠标左键不放并拖动控制柄到 A18 单元格，如下图所示。

4 释放鼠标左键，即可为 A3:A18 单元格区域填充相同的数据，❶单击出现的 ▦ 按钮；❷在弹出的快捷菜单中选中 "填充序列" 单选按钮，如下图所示。

5 即可将 A3:A18 单元格区域填充为有规律的数据，然后在 "姓名" 列输入员工姓名，❶选择 C3:C18 单元格区域；❷单击 "数据" 选项卡 "数据工具" 组中的 "数据验证" 按钮 ☒，如下图所示。

6 弹出 "数据验证" 对话框，默认选择 "设置" 选项卡，❶在 "允许" 下拉列表中选择 "序列" 选项；❷在 "来源" 文本框中输入 "男,女"；❸单击 按钮，如下图所示。

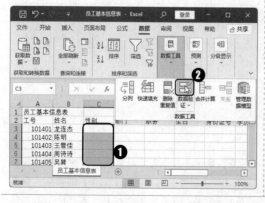

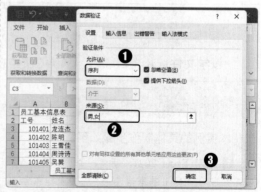

7 即可为选择的单元格添加下拉按钮，❶在工作表中选择 C3 单元格，单击右侧的 ☑ 按钮；❷在弹出的下拉列表中选择需要的选项，如选择"男"选项，如下图所示。

8 即可在该单元格中输入"男"，❶使用相同的方法在该列单元格中输入相应的内容；❷在"部门""职务""生日"列中输入相应的信息，选择"生日"列中的数据，单击"数字"组右下角的 ☑ 按钮，如下图所示。

9 弹出"设置单元格格式"对话框，默认选择"数字"选项，❶在"分类"列表框中选择"日期"选项；❷在"类型"列表框中选择"3 月 14日"选项；❸单击 确定 按钮，如下图所示。

10 即可将所选单元格更改为日期格式，选择 G3:G18 单元格区域，单击"开始"选项卡"数字"组右下角的 ☑ 按钮，弹出"设置单元格格式"对话框，默认选择"数字"选项卡；❶在"分类"列表框中选择"文本"选项；❷单击 确定 按钮，如下图所示。

11 保持 G3:G18 单元格区域，单击"数据"选项卡"数据工具"组中的"数据验证"按钮 ☑，弹出"数据验证"对话框，默认选择"设置"选项卡，❶在"允许"下拉列表中选择"文本长度"选项；❷在"数据"下拉列表框中选择"等于"选项；❸在"长度"文本框中输入"18"，如下图所示。

12 ❶选择"出错警告"选项卡；❷在"出错信息"文本框中输入出错的提示信息；❸单击 确定 按钮，如下图所示。

13 返回表格编辑区，在 G3 单元格中输入 18 位数的身份证号码，并使用相同的方法完善该工作表中的数据输入，输入完成后的效果如下图所示。

14 选择 A1:M1 单元格区域，❶在"开始"选项卡"字体"组中将字号设置为"24"；❷单击"加粗"按钮 B 加粗文本；❸单击"开始"选项卡"对齐方式"组中的"合并后居中"按钮，合并单元格并使文本居中显示，效果如下图所示。

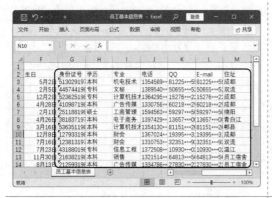

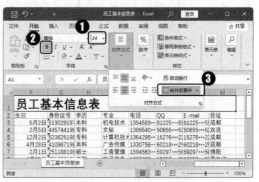

15 选择 A2:M2 单元格区域，❶在"开始"选项卡"字体"组中将字号设置为"14"；❷单击"加粗"按钮 B 加粗文本；❸将光标移动到 G 和 H 列的分隔线上，按住鼠标左键不放向右拖动鼠标，如下图所示。

16 拖动到合适的位置后释放鼠标，即可调整"身份证号"列的列宽，使用相同的方法调整其他列的列宽，效果如下图所示。

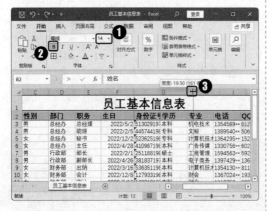

17 选择 A2:M18 单元格区域，❶单击"开始"选项卡"单元格"组中的"格式"按钮 ▦；❷在弹出的下拉列表中选择"行高"选项，如下图所示。

18 ❶打开"行高"对话框，在"行高"文本框中输入需要的行高值，如"20"；❷单击 确定 按钮，如下图所示。

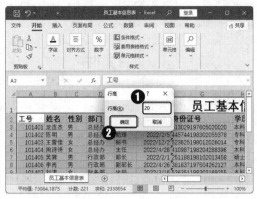

19 保持单元格区域的选择，❶单击"开始"选项卡"样式"组中的"套用表格格式"按钮 ▦；❷在弹出的下拉列表中选择需要的表格样式，如下图所示。

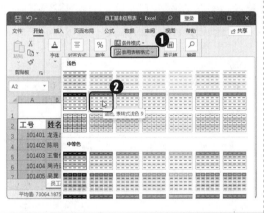

20 在弹出的对话框中单击 确定 按钮，返回表格编辑区，选择 A1 单元格，❶单击"开始"选项卡"字体"组中的"填充颜色"按钮右侧的 ▾ 按钮；❷在弹出的下拉列表中选择需要的底纹颜色，即可为选择的单元格添加底纹，完成本表的制作，如下图所示。

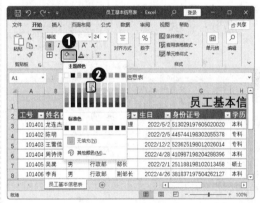

本章小结

　　本章的重点在于掌握基础型电子表格的制作方法，主要包括工作表的操作、数据的输入与编辑、单元格的基本操作、单元格格式的设置、表格的美化等知识点。通过本章的学习，希望大家能够熟练地使用 Excel 2021 制作出需要的电子表格。

第8章

Excel 2021 公式与函数的使用

↳ 本章导读

Excel 2021 拥有强大的计算功能,通过该功能可以快速对表格中的各类数据进行计算。在 Excel 2021 中,计算数据既可通过公式快速计算,也可使用函数简化公式的计算,提高计算速度。无论是使用公式计算,还是使用函数计算,都需要先掌握公式和函数的相关知识。本章将对公式和函数的知识进行讲解。

↳ 知识要点

- ❖ 使用公式计算数据
- ❖ 单元格引用
- ❖ 名称的使用

- ❖ 使用函数计算数据
- ❖ 常用函数的使用

↳ 案例展示

8.1　使用公式计算数据

在 Excel 中，用户要想熟练使用公式对工作表中的数据进行计算，首先需要了解公式的一些相关知识，然后才能正确使用公式计算数据。本节将对公式的相关知识和操作进行介绍。

8.1.1　了解公式的组成

公式是以"="开头的计算表达式，包含运算符、数值、变量、单元格引用、函数和运算符等。在单元格中输入公式后，Excel 会自动计算公式表达式的结果，并将结果显示在相应的单元格中。公式各组成部分及其作用如下表所示。

名　称	含义及作用
运算符	运算符是 Excel 公式中的基本元素，它用于指定表达式内执行的计算类型，不同的运算符进行不同的运算
常量数值	直接输入公式中的数字或文本等各类数据，如"0.5"和"加班"等
括号	括号控制着公式中各表达式的计算顺序
单元格引用	指定要进行运算的单元格地址，从而方便引用单元格中的数据
函数	函数是预先编写的公式，它们利用参数按特定的顺序或结构进行计算，可以对一个或多个值进行计算，并返回一个或多个值

8.1.2　认识公式中的运算符

运算符是公式的基本元素，它决定了公式中元素执行的计算类型。在 Excel 中，计算用的运算符分为算术运算符、比较运算符、文本连接运算符和引用运算符 4 种类型。下面分别进行介绍。

1. 算术运算符

使用算术运算符可以完成基本的数学运算（如加法运算、减法运算、乘法运算和除法运算）、合并数字以及生成数值结果等，是所有类型运算符中使用效率最高的。在 Excel 2021 中可以使用的算术运算符如下表所示。

算术运算符符号	具体含义	应用示例	运算结果
＋（加号）	加法	54+6	60
－（减号）	减法或负数	54 − 6	48
*（乘号）	乘法	54 × 6	324
／（除号）	除法	54 ÷ 6	9
%（百分号）	百分比	54%	0.54
^（求幂）	求幂（乘方）	54^3	157464

2．比较运算符

当需要对两个值进行比较时，可使用比较运算符，使用该运算符返回的结果为逻辑值"True"（真）或"False"（假）。Excel 2021 中的比较运算符及含义如下表所示。

比较运算符符号	具体含义	应用示例	运算结果
=（等号）	等于	A2=B2	若单元格 A1 的值等于 B1 的值，则结果为 True，否则为 False
>（大于号）	大于	20 > 15	True
<（小于号）	小于	13 < 20	True
> =（大于或等于号）	大于或等于	13 > = 12.9	False
< =（小于或等于号）	小于或等于	PI( ) < = 3.5	False
< >（不等于号）	不等于	PI( ) < > 3.5	False

3．文本连接运算符

Excel 2021 中文本连接运算符是（&），用它可以连接一个或多个文本字符串，以生成一个新的文本字符串。如在 Excel 中输入＝"北京-"＆"2021"，即等同于输入"北京-2021"。

使用文本连接运算符也可以连接数值。如 A1 单元格中包含 123，A2 单元格中包含 89，输入"=A1&A2"，则 Excel 会默认将 A1 和 A2 单元格中的内容连接在一起，即等同于输入"12389"。

4．引用运算符

引用运算符是与单元格引用一起使用的运算符，用于对单元格进行操作，从而确定用于公式或函数中进行计算的单元格区域。引用运算符主要包括范围运算符、联合运算符和交集运算符，具体含义如下表所示。

引用运算符符号	具体含义	应用示例	运算结果
:（冒号）	范围运算符，生成指向两个引用之间所有单元格的引用（包括这两个引用）	A1:B3	引用 A1、A2、A3、B1、B2、B3 共 6 个单元格中的数据
,（逗号）	联合运算符，将多个单元格或范围引用合并为一个引用	A1,B3	引用 A1、B3 单元格中的数据
（空格）	交集运算符，生成对两个引用中共有的单元格的引用	B3:E4 C1:C5	引用两个单元格区域的交叉单元格，即引用 C3 和 C4 单元格中的数据

8.1.3 熟悉公式的运算优先级

当公式中包含若干个运算符时，需要按照一定的顺序进行计算。公式的计算顺序与运算符优先级有关，如果一个公式中的多个运算符具有相同的优先顺序，就按照等号开始从左到右进行计算；如果公式中的多个运算符属于不同的优先顺序，就按照运算符的优先级进行运算。如下表所示为常用运算符的运算优先级。

优先顺序	运 算 符	说　　明
1	:,	引用运算符：冒号、单个空格和逗号
2	–	算术运算符：负号（取得与原值正负号相反的值）
3	%	算术运算符：百分比
4	^	算术运算符：乘幂
5	*和 /	算术运算符：乘和除
6	+和 –	算术运算符：加和减
7	&	文本运算符：连接文本
8	=,<,>,<=,>=,<>	比较运算符：比较两个值

8.1.4　输入公式

掌握了公式的相关知识后，就可对工作表中的数据进行计算了。输入公式计算数据时，需要先在单元格中输入公式并确认，然后才能得到计算结果。在单元格中输入公式计算数据的具体操作如下：

1 打开"素材文件\第 8 章\产品销售表.xlsx"，❶选择 E3 单元格，在编辑栏中输入公式"= C3*D3"；❷单击"输入"按钮 ✔，如下图所示。

2 此时，即可计算出 E3 单元格中的数据，如下图所示。

8.1.5　复制公式

公式与数据一样，也可在工作表中进行复制，复制单元格中的公式后，将复制的公式粘贴到目标单元格后，公式将自动适应目标单元格的位置并计算出结果。复制公式的具体操作如下：

1 ❶在打开的"产品销售表"中选择 E3 单元格；❷单击"开始"选项卡"剪贴板"组中的"复制"按钮，如右图所示。

💡温馨小提示

选择有公式的单元格，右击，在弹出的快捷菜单中选择"复制"命令或按 Ctrl+C 组合键可复制单元格中的公式。

2 ❶选择 E4 单元格，单击"开始"选项卡"剪贴板"组中的"粘贴"按钮；❷即可将复制的公式粘贴到 E4 单元格，并根据公式计算出结果，如下图所示。

3 ❶选择 E4 单元格；❷将光标移动到该单元格右下角，当光标变成➕形状时，按住鼠标左键不放向下进行拖动，拖动至 E10 单元格，如下图所示。

4 释放鼠标，即可复制所选单元格中的公式，并自动计算出 E5:E10 单元格区域的数据，效果如右图所示。

💡温馨小提示

对于输入或复制的公式，如果有误，可对其进行修改，将光标定位到编辑栏或单元格中，然后对其中错误的公式进行修改，修改完成后按 Enter 键确认即可

8.2 单元格引用

在使用公式和函数计算表格中的数据时，往往需要对单元格进行引用，通过单元格引用可以在一个公式中使用工作表不同部分包含的数据，或者在多个公式中使用同一个单元格中的数据，还可以引用同一个工作簿中不同工作表中的单元格值。在 Excel 2021 中，单元格引用包括相对引用、绝对引用和混合引用。下面分别进行介绍。

8.2.1　相对引用

相对引用是指引用单元格的相对地址，即被引用的单元格与引用的单元格之间的位置关系是相对的，采用"列字母+行数字"的格式表示，如 A1、E12 等。在相对引用中，如果公式所在单元格的位置改变，引用也随之改变。采用相对引用后，在复制单元格内容的同时，公式中引用的单元格地址将会自动适应新的位置并计算出新的结果。下面在"产品库存表"中使用相对引用计算总价，具体操作如下：

1 打开"素材文件\第 8 章\产品库存表.xlsx"，❶选择 F3 单元格，在编辑栏中输入公式"= D3*E3"；❷按 Enter 键计算出数据，效果如下图所示。

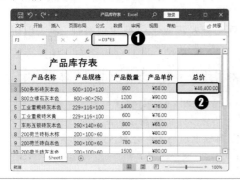

2 复制 F3 单元格中的公式，计算出 F4:F20 单元格区域中的数据，任意选择一个复制了公式的单元格，可以发现公式中的单元格引用已经发生了相对变化，如下图所示。

8.2.2　绝对引用

绝对引用指的是某一确定的位置，即被引用的单元格与引用的单元格之间的位置关系是绝对的。绝对引用不会随单元格位置的改变而改变其结果。如果一个公式的表达式中有绝对引用作为组成元素，那么当把该公式复制到其他单元格中时，公式中单元格的绝对引用地址始终保持固定不变。

绝对引用是在单元格的行地址、列地址前都加上一个美元符"$"作为它的名字。如 A2 是单元格的相对引用，而$A$2 则是单元格的绝对引用。绝对引用的具体操作如下：

1 打开"素材文件\第 8 章\销量预测表.xlsx"，❶选择 D2 单元格，在编辑栏中输入公式"= C2+$A$2"；❷单击"输入"按钮✓计算数据，如右图所示。

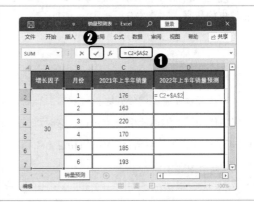

2 复制 D2 单元格中的公式计算 D3:D7 单元格区域中的数据。然后任意选择一个单元格，可以发现公式中的绝对单元格引用部分的地址"$A$2"并没有发生改变，如右图所示。

8.2.3 混合引用

混合引用是指公式中引用的单元格具有绝对列和相对行或绝对行和相对列。绝对引用列采用如$A1、$B1 等形式。绝对引用行采用 A$1、B$1 等形式。在混合引用中，如果公式所在单元格的位置改变，则相对引用将改变，而绝对引用将不变。混合引用的具体操作如下：

1 打开"素材文件\第 8 章\产品销售预算表.xlsx"，选择 C4 单元格，❶在编辑栏中输入公式"=C$3*$B4"；❷按 Enter 键算出数据，效果如下图所示。

2 复制 C4 单元格中的公式计算 C5: C26 单元格区域中的数据。然后任意选择一个单元格，可以发现公式中的"C$3"并没有发生改变，而"$B4"则发生了变化，如下图所示。

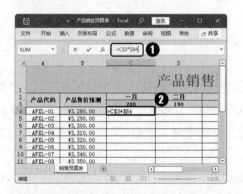

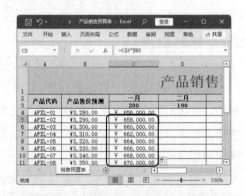

3 使用相同的方法计算出 D4: H26 单元格区域中的数据，效果如右图所示。

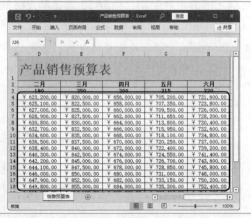

温馨小提示

在 Excel 中创建公式时，可能需要在公式中使用不同的单元格引用方式，这时可按 F4 键快速在相对引用、绝对引用和混合引用之间进行切换。

8.3　名称的使用

通过为工作表中的单元格或单元格区域命名，以便在计算数据时快速选择目标单元格区域，提高数据计算的工作效率。下面将对名称的相关知识进行讲解。

8.3.1　定义单元格名称

为了方便使用单元格，用户可以根据需要为单元格定义一个容易区分和记忆的名称，以简化公式的计算，便于数据的修改。定义单元格名称的具体操作如下：

1 打开 "素材文件\第 8 章\员工入职考核评分表.xlsx"，❶选择 C4:C14 单元格区域；❷单击 "公式" 选项卡 "定义的名称" 组中的 "定义名称" 按钮，如下图所示。

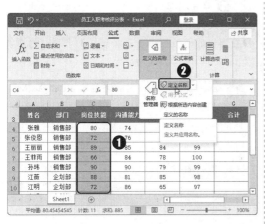

2 弹出 "新建名称" 对话框，❶在 "名称" 文本框中输入单元格的名称，如输入 "岗位技能成绩"；❷在 "引用位置" 文本框中输入单元格区域图，这里保持默认设置，单击　按钮，如下图所示。

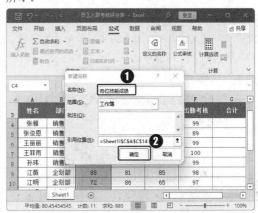

3 完成名称的定义，再次单击 "定义名称" 按钮，弹出 "新建名称" 对话框，❶在 "名称" 文本框中输入单元格的名称，如输入 "沟通能力成绩"；❷单击 "引用位置" 文本框后的⬆按钮，如下图所示。

4 缩小 "新建名称" 对话框，❶然后在工作表中拖动光标选择 D4:D14 单元格区域；❷在文本框中显示选择的单元格区域，单击▣按钮，如下图所示。

5 恢复"新建名称"对话框，单击 [确定] 按钮完成名称的定义，然后使用相同的方法定义"心理测试成绩"和"出勤考核成绩"名称，定义完成后，单击"公式"选项卡"定义的名称"组中的"名称管理器"按钮🗐，在弹出的"名称管理器"对话框中可查看到定义的名称，效果如右图所示。

8.3.2　将名称应用于公式

对于定义的单元格名称，还可将其应用于公式中，以方便理解和计算。将名称应用于公式的具体操作如下：

1 在打开的"员工入职考核评分表"中选择 G4 单元格，❶在编辑栏中输入"="；❷单击"公式"选项卡"定义的名称"组中的"用于公式"按钮𝒻；❸在弹出的下拉列表中选择定义的名称"岗位技能成绩"选项，如下图所示。

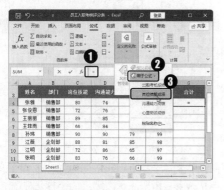

2 ❶在编辑栏中输入"+"，单击"公式"选项卡"定义的名称"组中的"用于公式"按钮𝒻；❷在弹出的下拉列表中选择定义的名称"沟通能力成绩"选项，如下图所示。

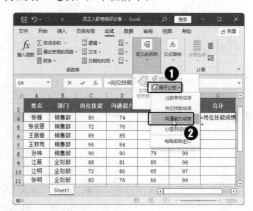

🖥 **专家解疑难**

问：在 Excel 2021 中定义名称时，为什么总是弹出提示信息对话框，提示此名称的语法不正确？

答：定义单元格名称是有一定规则的，不是所有的字符都能作为单元格名称。单元格名称不能包含任何空格，但可以使用下画线或点号代替空格；名称可以使用任何字符和数字的组合，但不能以数字开头；名称只能使用下画线和点号，不能使用其他符号；名称不区分大小写。

💡 **温馨小提示**

在编辑栏或单元格中也可直接输入定义的名称进行计算，如直接在 G4 单元格中输入公式"=岗位技能成绩+沟通能力成绩+心理测试成绩+出勤考核成绩"，也可计算出结果。

3 使用相同的方法添加其他定义名称，完成后按 Enter 键，即可计算出结果，然后复制 G4 单元格中的公式，计算出 G5: G14 单元格区域中的数据，效果如右图所示。

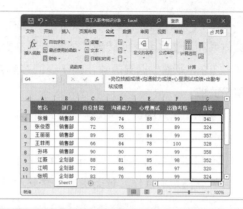

8.4 使用函数计算数据

在 Excel 中，经常会使用函数对数据进行计算，特别是需要输入较长且复杂的公式时，基本上都会选择函数来简化公式的计算。Excel 2021 中提供了各种类型的函数，用户可根据情况选择需要的函数进行数据的计算。

8.4.1 函数的分类

根据函数的功能，Excel 主要将函数划分为财务函数、逻辑函数、文本函数、日期和时间函数、查找与引用函数、数学和三角函数、统计函数、工程函数、多维数据集函数、信息函数、数据库函数 11 类，下面分别进行介绍。

（1）财务函数：使用财务函数可以完成大部分的财务统计和计算。如 DB() 函数可返回固定资产的折旧值，IPMT 可返回投资回报的利息部分等。

（2）逻辑函数：该类型的函数只有 7 个，用于测试某个条件，总是返回逻辑值 True 或 False。它们与数值的关系：①在数值运算中，True=1，False=0；②在逻辑判断中，0=False；所有非 0 数值=True。

（3）文本函数：在公式中处理文本字符串的函数。主要功能包括截取、查找或搜索文本中的某个特殊字符，或提取某些字符，也可以改变文本的编写状态。如 TEXT() 函数可将数值转换为文本，LOWER() 函数可将文本字符串的所有字母转换成小写形式等。

（4）日期和时间函数：用于分析或处理公式中的日期和时间值。如 TODAY() 函数可以返回当前系统日期。

（5）查找与引用函数：用于在数据清单或工作表中查询特定的数值，或某个单元格引用的函数。如使用 VLOOKUP() 函数可以确定某一收入水平的税率。

（6）数学和三角函数：该类型的函数包括很多，主要运用于各种数学计算和三角计算。如 RADIANS() 函数可以把角度转换为弧度。

（7）统计函数：这类函数可以对一定范围内的数据进行统计学分析。如计算平均值、模数、标准偏差等。

（8）工程函数：这类函数常用于工程应用中。它们可以处理复杂的数字，在不同的计数体系和测量体系之间转换。如将十进制数转换为二进制数。

（9）多维数据集函数：用于返回多维数据集中的相关信息，如返回多维数据集中成员属性的值。

（10）信息函数：这类函数有助于确定单元格中数据的类型，还可以使单元格在满足一定的条件时返回逻辑值。

（11）数据库函数：用于对存储在数据清单或数据库中的数据进行分析，判断其是否符合某些特定的条件。这类函数在需要汇总符合某一条件的列表中的数据时十分有用。

8.4.2 插入函数

使用函数计算数据时，如果对函数熟悉，可直接输入函数进行计算，若对函数不熟悉，则可通过插入函数的方式进行计算。插入函数的具体操作如下：

1 打开"素材文件\第 8 章\年度销售数据统计表.xlsx"，❶选择 F3 单元格；❷单击"插入函数"按钮 f_x，如下图所示。

2 弹出"插入函数"对话框，❶在"或选择类别"下拉列表框中选择所需函数的类别，如选择"常用函数"选项；❷在"选择函数"列表框中选择需要的函数，如选择"SUM"选项；❸单击 确定 按钮，如下图所示。

3 打开"函数参数"对话框，❶在"Number1"框中将显示求和区域，若显示的求和区域不正确，可将其删除重新输入，这里保持默认不变；❷单击 确定 按钮，如右图所示。

4 返回表格编辑区，即可查看到计算的结果，然后复制 F3 单元格中的公式，计算出 F4:F9 单元格区域的数据，如右图所示。

　　选择需要使用函数计算的单元格后，单击"公式"选项卡"函数库"组中的"插入函数"按钮 *fx*，也可弹出"插入函数"对话框。

8.4.3　嵌套函数

　　在 Excel 中计算数据时，有时需要将一个函数作为另一个函数的参数进行使用，称之为嵌套函数。在进行复杂数据的计算时，经常会使用到嵌套函数。下面在"新员工入职考核表"中使用 IF 函数和 SUM 函数嵌套计算出员工考核分数的优、良和差 3 个等级。其具体操作如下：

1 打开"素材文件\第 8 章\新员工入职考核表.xlsx"，选择 G3 单元格，在编辑栏中输入公式"=IF(SUM(C3:F3)>350,"优",IF(SUM(C3:F3)>310,"良","差"))"，如下图所示。

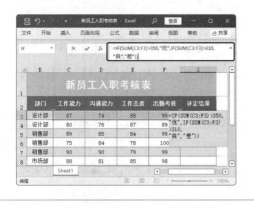

2 按 Enter 键计算出结果，然后复制 G3 单元格中的公式，计算出 G4: G13 单元格区域的结果，效果如下图所示。

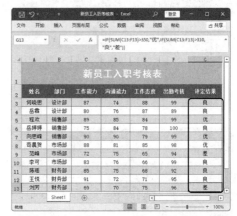

8.5　常用函数的使用

　　在日常办公过程中，制作的很多表格都需要进行计算，所以，用户需要掌握一些常用函数的使用方法，才能快速计算出表格数据，提高工作效率。下面介绍一些常用函数的使用方法。

8.5.1 使用 SUM 函数自动求和

使用 SUM 函数可以对所选单元格或单元格区域进行求和计算，其语法结构为
SUM(Number1, [Number2][,...])。其中，Number1,Number2,...表示 1~255 个需要求和的
参数；Number1 是必需的参数；Number2,...为可选参数。SUM 函数的参数可以是数值，也
可以是一个单元格的引用或一个单元格区域的引用。下面在"年度考核表"中使用 SUM 函
数计算员工考核总分。其具体操作如下：

1 打开"素材文件\第 8 章\年度考核表.xlsx"，
❶选择 F4 单元格；❷单击"公式"选项卡"函数
库"组中的"自动求和"按钮∑；❸在弹出的下拉
列表中选择"求和"选项，如右图所示。

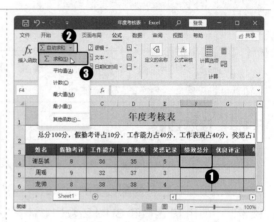

> (💡温馨小提示)
>
> 如果要快速插入最近使用的函数，可单
> 击"函数库"组中的"最近使用的函数"按
> 钮🗔，在弹出的下拉列表中显示了最近使用
> 过的函数，选择需要的函数即可。

2 系统会自动选择 B4:E4 单元格区域,同时，
在单元格和编辑栏中可看到插入的函数为
"=SUM(B4:E4)"，效果如下图所示。

3 按 Enter 键计算出结果，然后复制 F4 单元
格中的公式，计算出 F5: F14 单元格区域的结果，
效果如下图所示。

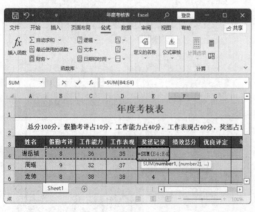

8.5.2 使用 AVERAGE()函数求平均值

AVERAGE()函数用于返回所选单元格或单元格区域中数据的平均值，其语法结构为
AVERAGE(Number1,[Number2],...)。AVERAGE()函数的参数与 SUM()函数类似，其中，

Number1 为必需参数；Number2,...为可选参数。下面使用 AVERAGE()函数计算产品每月的平均销售额。具体操作如下：

1 打开"素材文件\第 8 章\洗涤用品销售报表.xlsx"，❶选择 B12 单元格；❷单击"插入函数"按钮 *fx*，如下图所示。

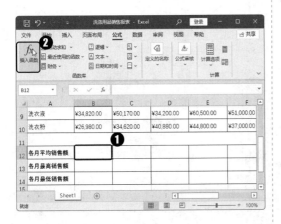

2 弹出"插入函数"对话框，❶在"或选择类别"下拉列表框中选择"常用函数"选项；❷在"选择函数"列表框中选择"AVERAGE"选项；❸单击 确定 按钮，如下图所示。

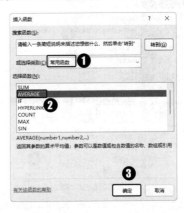

3 弹出"函数参数"对话框，❶在"Number1"文本框中输入计算区域"B3: B10"；❷单击 确定 按钮，如下图所示。

4 返回表格编辑区，即可查看到计算的结果，然后复制 B12 单元格中的公式，计算出 C12:G12 单元格区域的数据，如下图所示。

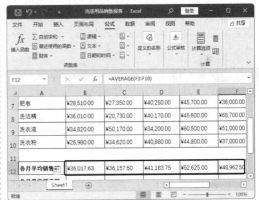

8.5.3　使用 RANK()函数排名

RANK()函数用来返回某数字在一列数字中相对于其他数值的大小排名。其语法结构为 RANK (Number,Ref,Order)。其中，Number 参数是要在数据区域中进行比较的指定数据；Ref 参数是将进行排名的数值范围，非数值将会被忽略；Order 参数用来指定排名顺序的方式。下面使用 RANK()函数根据总销售额对产品进行排名。具体操作如下：

1 在打开的"洗涤用品销售报表"中选择 I3 单元格，❶单击"插入函数"按钮 f_x；❷弹出"插入函数"对话框，在"或选择类别"下拉列表框中选择"全部"选项；❸在"选择函数"列表框中选择"RANK"选项；❹单击 [确定] 按钮，如下图所示。

2 弹出"函数参数"对话框，❶在"Number"文本框中输入要进行比较数据所在的单元格，如输入"H3"；❷在"Ref"文本框中输入要进行排名的单元格区域，如输入"$H$3: $H$10"；❸单击 [确定] 按钮，如下图所示。

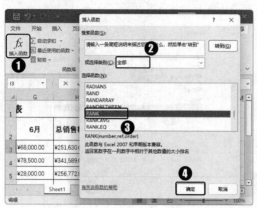

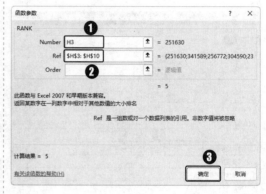

(💡温馨小提示)

在"Ref"文本框中输入的单元格区域必须是绝对引用，如果单元格区域是相对引用，排名则容易出现错误。

---

3 返回表格编辑区，即可查看到排名结果，然后复制 I3 单元格中的公式，计算出其他产品的排名，效果如右图所示。

(💡温馨小提示)

使用 RANK()函数进行排名时，若有同值的情况，则会给相同的名次。当有相同的名次时 (如有两个第一名)，则排名时不会有第二名，会直接过渡到第三名。

8.5.4 使用 MAX()函数计算最大值

MAX()函数用于返回一组数据中的最大值。其语法结构为 MAX(Number1,Number2,...)。其中，参数 Number1,Number2,...表示要计算最大值的 1~255 个参数。下面使用 MAX()函数计算各月的最高销售额。具体操作如下：

1 ❶在打开的 "洗涤用品销售报表" 中选择 B13 单元格；❷单击 "公式" 选项卡 "函数库" 组中的 "自动求和" 按钮∑；❸在弹出的下拉列表中选择 "最大值" 选项，如下图所示。

2 系统自动在该单元格中插入公式，选择公式当中的 "B12"，按 Backspace 键删除单元格引用，如下图所示。

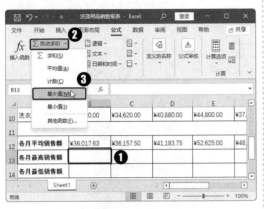

温馨小提示

使用 MAX() 函数时，函数参数为要求最大值的数值或单元格引用，多个参数间使用逗号（,）分隔，如果是计算连续单元格区域之和，参数中可直接引用单元格区域。

---

3 然后拖动鼠标在工作表中选择 B3: B10 单元格区域，将其作为公式中的单元格引用，如下图所示。

4 返回表格编辑区，即可查看到计算的结果，然后复制 B13 单元格中的公式，计算出 C13:G13 单元格区域的数据，如下图所示。

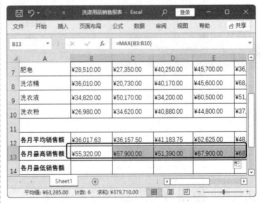

8.5.5　使用 MIN() 函数计算最小值

MIN() 函数用于返回一组数据中的最小值。其语法结构为 MIX(Number1, Number2,...)。参数与 MAX() 函数相同。下面使用 MIN() 函数计算各月的最低销售额。其具体操作如下：

1 ❶在打开的"洗涤用品销售报表"中选择 B14 单元格；❷单击"公式"选项卡"函数库"组中的"其他函数"按钮；❸在弹出的下拉列表中选择"统计"选项；❹在弹出的子列表中选择"MIN"选项，如下图所示。

2 弹出"函数参数"对话框，单击"Number1"文本框后的⬆按钮，如下图所示。

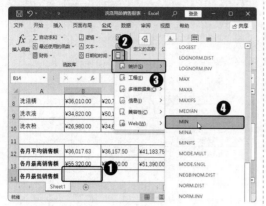

3 缩小"函数参数"对话框，❶然后在工作表中拖动鼠标选择 B3:B10 单元格区域；❷在文本框中显示选择的单元格区域，单击▦按钮，如下图所示。

4 恢复"函数参数"对话框，单击 确定 按钮，返回表格编辑区，即可查看到计算的结果，然后复制 B14 单元格中的公式，计算出 C14:G14 单元格区域的数据，如下图所示。

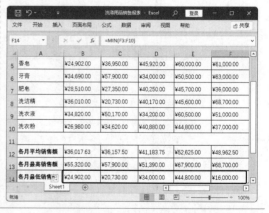

8.5.6　使用 IF() 函数计算条件值

IF() 函数能对数值和公式执行条件检测，并根据逻辑计算的真假值返回不同结果。其语法结构为 IF(Logical_test,[Value_if_true],[Value_if_false])，可理解为"= IF（条件,真值,假值）"，当"条件"成立时，结果取"真值"，否则取"假值"。

IF() 函数语法结构中的 Logical_test 是必需参数，表示计算结果为 True 或 False 的任意值或表达式。Value_if_true 和 Value_if_false 为可选参数，Value_if_true 表示 Logical_test 为 True 时要返回的值，可以是任意数据；Value_if_false 表示 Logical_test 为 False 时要返

回的值，也可以是任意数据。下面在"年度考核表"中使用 IF 函数计算员工考核的优良评
定和年终奖。具体操作如下：

1 打开"素材文件\第 8 章\年度考核表
1.xlsx"，❶选择 G4 单元格；❷单击"插入函数"
按钮 fx，如下图所示。

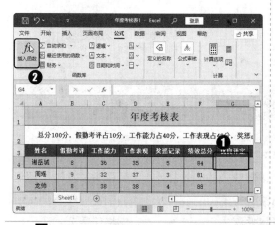

2 弹出"插入函数"对话框，❶在"或选择类
别"下拉列表框中选择"逻辑"选项；❷在"选择函
数"列表框中选择"IF"选项；❸单击 **确定** 按钮，
如下图所示。

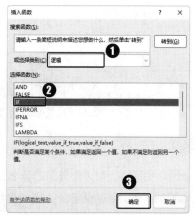

3 弹出"函数参数"对话框，❶在"Logical_test"
文本框中输入"F4>=90"；❷在"Value_if_true"文
本框中输入""优""；❸在"Value_if_false"文本框中
输入"IF(F4>=80,"良","差")"；❹单击 **确定** 按钮，
如下图所示。

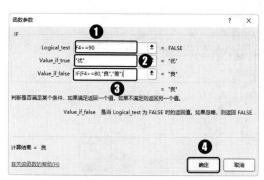

4 返回表格编辑区，即可查看到计算的结
果，❶然后选择 H4 单元格；❷单击"函数库"组
中的"最近使用的函数"按钮 📋；❸在弹出的下
拉列表中选择"IF"选项，如下图所示。

5 弹出"函数参数"对话框，❶在"Logical_test"
文本框中输入"G4="优""；❷在"Value_if_true"文
本框中输入"3500"；❸在"Value_if_false"文本框
中输入"IF(G4="良",2500,2000)"；❹单击 **确定** 按钮，
如右图所示。

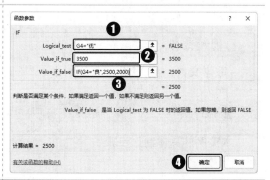

6 返回表格编辑区，即可查看到计算的结果，然后复制 G4 和 H4 单元格中的公式，计算出 G 列和 H 列其他单元格的数据，效果如右图所示。

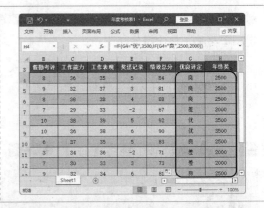

8.6 案例制作——制作"业务员销售业绩统计表"

案例介绍

对于销售型的公司，业务员的销售业绩直接影响公司的效益，所以公司为了及时了解业务员的销售情况，会对业务员的销售业绩进行统计。不同的公司，制作的销售业绩表会有所不同，有些公司要求每日统计，有些是每月或每季度进行统计等。本实例将使用公式和函数对"业务员销售业绩统计表"进行计算。

业务员销售业绩统计表									
							制表日期: 2022 年 5 月 2 日		
日期	员工姓名	产品名称	数量	单价	销售金额	折扣	实收款金额	销售提成	奖金
2022/5/1	李玥	电冰箱	5	¥3,250.00	¥16,250.00	0.85	¥13,812.50	¥414.38	100
2022/5/1	程晨	电视机	7	¥3,890.00	¥27,230.00	0.9	¥24,507.00	¥735.21	200
2022/5/1	柯大华	空调	4	¥4,500.00	¥18,000.00	0.8	¥14,400.00	¥432.00	100
2022/5/1	曾郡峰	热水器	3	¥1,250.00	¥3,750.00	0.9	¥3,375.00	¥101.25	无
2022/5/1	姚玲	洗衣机	8	¥1,899.00	¥15,192.00	0.85	¥12,913.20	¥387.40	100
2022/5/1	岳翎	电饭煲	10	¥458.00	¥4,580.00	0.8	¥3,664.00	¥109.92	无
2022/5/1	陈悦	笔记本电脑	3	¥5,500.00	¥16,500.00	0.85	¥14,025.00	¥420.75	100
2022/5/1	高琴	豆浆机	4	¥368.00	¥1,472.00	0.8	¥1,177.60	¥35.33	无
2022/5/1	向林	洗衣机	2	¥2,499.00	¥4,998.00	0.85	¥4,248.30	¥127.45	无
2022/5/1	付丽丽	电冰箱	3	¥3,250.00	¥9,750.00	0.85	¥8,287.50	¥248.63	50
2022/5/1	陈全	空调	5	¥4,500.00	¥22,500.00	0.8	¥18,000.00	¥540.00	100
2022/5/1	温月月	电视机	6	¥548.00	¥3,288.00	0.9	¥2,959.20	¥88.78	无
2022/5/1	陈科	笔记本电脑	4	¥5,500.00	¥22,000.00	0.85	¥18,700.00	¥561.00	100
2022/5/1	方静	电饭煲	6	¥458.00	¥2,748.00	0.8	¥2,198.40	¥65.95	无
2022/5/1	冉情	热水器	5	¥1,250.00	¥6,250.00	0.9	¥5,625.00	¥168.75	50
销售提成率	3%	总计	75		¥174,508.00		¥147,892.70		

视频教学

教学文件：教学文件\第 8 章\制作"业务员销售业绩统计表".mp4

步骤详解

本实例的具体制作步骤如下：

1 打开"素材文件\第 8 章\业务员销售业绩统计表.xlsx"，❶选择 F4 单元格，在编辑栏中输入公式"=E4*D4"；❷单击"输入"按钮√，如下图所示。

2 即可将计算结果显示在 F4 单元格中，选择 F5 单元格，在编辑栏中输入公式"=E5*D5"，如下图所示。

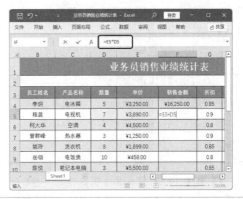

3 按 Enter 键计算出结果；❶选择 F4 单元格；❷单击"开始"选项卡"剪贴板"组中的"复制"按钮复制单元格的公式，如下图所示。

4 按住 Ctrl 键选择 F 列中与 F4 单元格底纹相同的多个单元格，单击"剪贴板"组中的"粘贴"按钮粘贴复制的公式，计算出所选单元格中的数据，效果如下图所示。

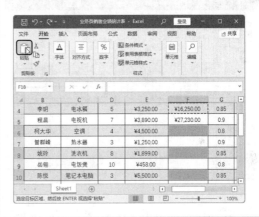

5 选择 F5 单元格，单击"复制"按钮复制公式，然后选择该列同底纹颜色的单元格，单击"粘贴"按钮，如下图所示。

6 即可通过复制的公式计算出结果，然后选择 H4 单元格，在编辑栏中输入公式"=F4*G4"，如下图所示。

7 ❶按 Enter 键计算出实收款金额，然后使用前面复制的方法复制单元格中的公式，计算出该列其他单元格的数据；❷选择 I4 单元格，在编辑栏中输入公式 "=H4*$B$20"；❸单击 "输入" 按钮 ✓，如右图所示。

> **温馨小提示**
>
> 通过拖动控制柄复制单元格公式后，单元格的底纹颜色也将被应用于其他单元格，所以本例是通过其他复制方法来复制公式计算结果的。

8 ❶按 Enter 键计算出销售提成，然后使用前面复制的方法复制单元格中的公式，计算出该列其他单元格的数据；❷选择 J4 单元格；❸单击 "公式" 选项卡 "函数库" 组中的 "插入函数" 按钮 *fx*，如下图所示。

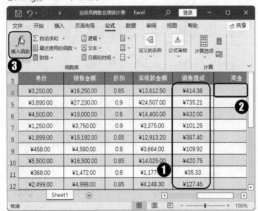

9 弹出 "插入函数" 对话框，❶在 "或选择类别" 下拉列表框中选择 "逻辑" 选项；❷在 "选择函数" 列表框中选择 "IF" 选项；❸单击 确定 按钮，如下图所示。

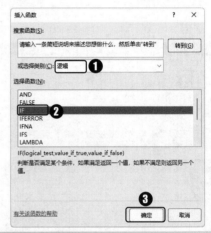

10 弹出 "函数参数" 对话框，❶在 "Logical_test" 文本框中输入 "H4<5000"；❷在 "Value_if_true" 文本框中输入 """无""；❸在 "Value_if_false" 文本框中输入 "IF(H4>=20000,"200",IF(H4>=10000, 100, IF(H4>=5000,50)))"；❹单击 确定 按钮，如下图所示。

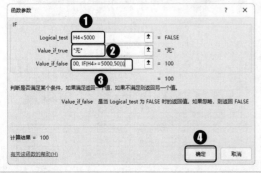

11 返回表格编辑区，即可查看到计算的结果，然后通过复制公式的方法计算出该列其他员工的奖金，效果如下图所示。

12 ❶选择 D20 单元格; ❷单击"公式"选项卡"函数库"组中的"自动求和"按钮∑; ❸在弹出的下拉列表中选择"求和"选项, 如右图所示。

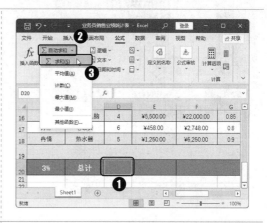

温馨小提示

系统自动选择的参与计算的单元格区域有时并不正确, 这时就需要用户自行对公式中引用的单元格区域进行修改。

------

13 系统会自动选择要参与计算的单元格区域, 在编辑栏中将公式更改为"=SUM(D4:D18)", 如下图所示。

14 按 Enter 键计算出结果, 然后使用相同的 SUM() 函数计算总的销售金额和实收款金额, 效果如下图所示。

本章小结

本章的重点在于掌握公式和函数的基本操作, 以及常用函数的使用方法。本章并未对 Excel 2021 中所有的函数进行讲解, 用户可以自行了解每个函数的作用以及各参数的作用, 这样就可通过其他函数的使用方法来进行套用, 掌握更多函数的使用方法, 以提高计算速度和准确率。

第 9 章

使用 Excel 2021 图表分析数据

➡️ 本章导读

图表是将表格中的数据以图形化的形式进行显示，是 Excel 2021 分析数据的一个重要功能。通过图表可以更直观地体现表格中的数据，让烦琐的数据更形象，同时也可快速分析出这些数据之间的关系和趋势。本章将对图表、迷你图、数据透视表和数据透视图的相关知识进行讲解。

➡️ 知识要点

❖ 认识图表

❖ 创建和编辑图表

❖ 修改图表布局

❖ 迷你图的创建与编辑

❖ 数据透视表的使用

❖ 使用数据透视图

➡️ 案例展示

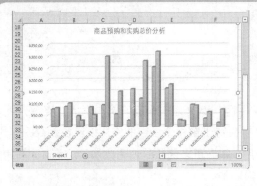

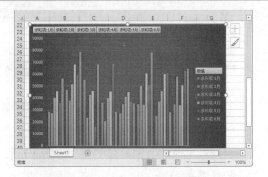

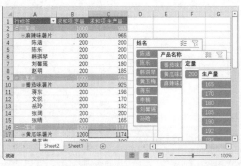

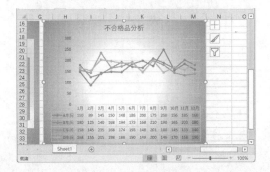

9.1　认识图表

在 Excel 中创建图表之前，首先需要对图表的组成和图表的类型进行了解，这样才能选择合适的图表来体现表格中的数据。

9.1.1　图表的组成

Excel 2021 虽然提供了多种图表类型，但图表的组成基本相同，一个完整的图表主要由图表区、图表标题、坐标轴、绘图区、数据系列、网格线和图例等部分组成。下面以柱形图的图表为例讲解图表的组成，如下图所示；图表各组成部分的作用如下表所示。

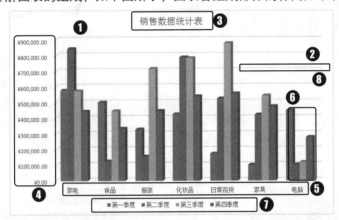

序　号	名　　称	作　　用
❶	图表区	图表区是整个图表的显示区域，也是图表元素的容器，图表的各组成部分都汇集在图表区中
❷	绘图区	在图表区中通过横坐标轴和纵坐标轴界定的矩形区域，用于显示绘制出的数据图形。它包含有所有的数据系列、网格线等元素
❸	图表标题	图表标题用来说明图表内容的文字，它可以在图表中任意移动
❹	数值轴	用于标记图表数据系列的数字刻度
❺	分类轴	用于标记图表中的系列分类
❻	数据系列	在数据区域中，同一列（或同一行）数值数据的集合构成一组数据系列，也就是图表中相关数据点的集合。图表中可以有一组到多组数据系列，多组数据系列之间通常采用不同的图案、颜色或符号来区分
❼	图例	用于指出图表中不同的数据系列采用的标识方式，通常列举不同系列在图表中应用的颜色
❽	网格线	贯穿绘图区的线条，用于作为估算数据系列所示值的标准

9.1.2　图表的类型

不同类型的图表用于体现不同的数据，所以，要想更好地体现数据，用户在创建图表之前，首先要了解各图表类型适合于体现哪类数据，这样才能选择合适的图表来体现数据。下面对 Excel 2021 常用的图表进行介绍。

- 柱形图：用于显示一段时间内的数据的变化或说明各项之间数据的比较情况。柱形图包括簇状柱形图、堆积柱形图和百分比堆积柱形图等，如下图所示为堆积柱形图。

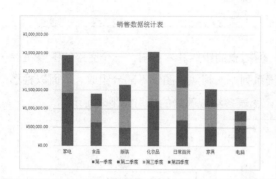

- 折线图：用于显示一段时间的连续数据，非常适合显示相等时间间隔（如月、季度或会计年度）下数据的趋势。折线图包括堆积折线图、百分比堆积折线图、带数据标记的折线图和三维折线图等，如下图所示为三维折线图。

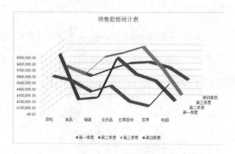

- 饼图：用于显示一个数据系列中各项的大小与各项总和的比例，饼图中的数据点显示为整个饼图的百分比。饼图包括三维饼图、复合饼图、复合条饼图和圆环图。如下图所示为三维饼图。

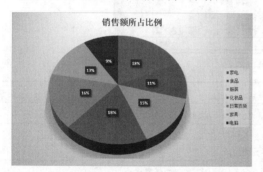

- 条形图：用于显示各项目之间数据的差异，它显示的数值是持续型的。条形图包括簇状条形图、堆积条形图和百分比堆积条形图。如下图所示为簇状条形图。

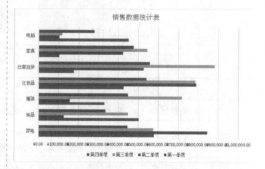

- 面积图：可用于绘制随时间发生的变化量，引起人们对总值趋势的关注。通过显示所绘制的值的总和，面积图还可以显示部分与整体的关系。面积图包括堆积面积图、百分比堆积面积图和三维面积图。如下图所示为堆积面积图。

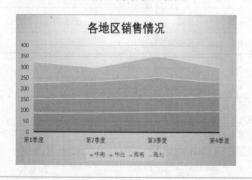

- XY 散点图：散点图可以显示单个或多个数据系列中各数值之间的关系，或者将两组数字绘制为 XY 坐标的一个系列。散点图通常用于显示和比较成对的数据，如科学数据、统计数据和工程数据，如下图所示。

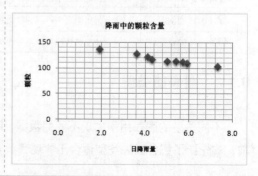

- 股价图：用来显示股价的波动，也可用于科学数据。股价图数据在工作表中的组织方式非常重要，必须按正确的顺序组织数据才能创建股价，如下图所示。

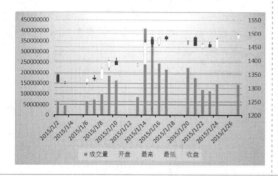

- 曲面图：当类别和数据系列都是数值，且希望得到两组数据间的最佳组合时，就可使用曲面图。曲面图包括三维曲面图、三维曲面图（框架图）和俯视图等，如下图所示为三维曲面图。

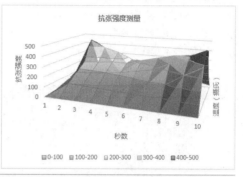

- 雷达图：用于比较若干数据系列的聚合值，如下图所示。雷达图包括雷达图和带数据标记的雷达图和填充雷达图。

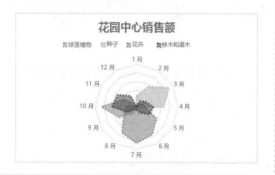

- 组合图：将两种或更多图表类型组合在一起，以便让数据更容易理解，特别是数据变化范围较大时。由于采用了次坐标轴，所以这种图表更容易看懂，如下图所示。

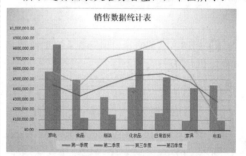

> 温馨小提示
>
> 　　Excel 2021 还提供了树状图、旭日图、直方图、箱形图、瀑布图和漏斗图，用户可根据表格数据来选择合适的图表类型。

9.2　创建和编辑图表

　　了解了 Excel 2021 各图表类型后，就可开始选择合适的图表类型创建图表，创建后还可根据实际情况对图表进行编辑，使图表更能直观地体现数据。

9.2.1　创建图表

　　在 Excel 中创建图表，既可根据程序推荐的图表来创建，也可自行选择相应的图表类型来创建。下面对其创建方法分别进行介绍。

1. 根据推荐的图表创建

当不知道表格中的数据适合哪种图表类型时，可通过程序推荐的图表来创建，这样可快速创建出需要的图表。根据推荐的图表创建的具体操作如下：

1 打开"素材文件\第 9 章\年度销售数据统计表.xlsx"，❶选择需要创建图表的单元格区域，如选择 A2:E9 单元格区域；❷单击"插入"选项卡"图表"组中的"推荐的图表"按钮，如下图所示。

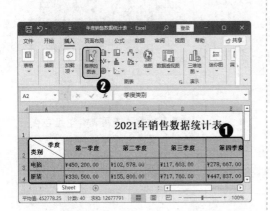

2 弹出"插入图表"对话框，默认选择"推荐的图表"选项卡，在该选项卡左侧列出了推荐的多种图表类型，❶选择需要的图表类型，如选择"簇状条形图"选项；❷单击 确定 按钮，如下图所示。

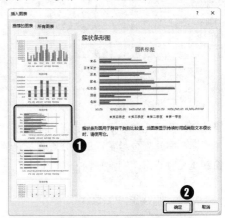

3 返回表格编辑区，即可查看到创建的图表效果，如右图所示。

温馨小提示

在"插入图表"对话框中选择"所有图表"选项卡，在该选项卡右侧显示了 Excel 2021 提供的所有图表类别，选择需要的类别，在右侧显示了该类别下的图表，选择需要的图表，也可进行创建。

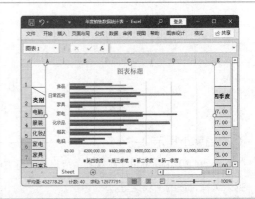

2. 自行选择图表创建

创建图表时，用户也可自行选择需要的图表类型进行创建。具体操作如下：

1 打开"素材文件\第 9 章\年度销售数据统计表.xlsx"，选择要创建图表的单元格区域，如选择 A2:E9 单元格区域，❶在"图表"组提供了多种图表类型对应的按钮，如单击"插入柱状图或条形图"按钮；❷在弹出的下拉列表中选择需要的图表，如选择"三维柱形图"选项，如右图所示。

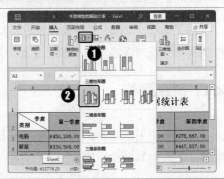

2 返回表格编辑区，即可查看到创建的图表效果，如右图所示。

9.2.2　移动图表位置

在默认情况下，创建的图表存放于当前的工作表中，为了能更好地查看表格和图表中的数据，用户可将其移动到当前工作表其他位置或新的工作表中。移动图表的具体操作如下：

1 打开"素材文件\第9章\年度销售数据统计表 1.xlsx"，❶选择工作表中的图表，单击"图表设计"选项卡"位置"组中的"移动图表"按钮；❷弹出"移动图表"对话框，选中 ⊙ 新工作表(S): 单选按钮；❸在其后的文本框中输入新工作表名称，如输入"图表"；❹单击 确定 按钮，如下图所示。

2 即可新建一个名称为"图表"的工作表，并将图表移动至该工作表中，如下图所示。

> **💡温馨小提示**
>
> 如果需要将图表移动到当前工作表的其他位置，可将光标移动到图表上，当光标变成 形状时，按住鼠标左键不放进行拖动，当其拖动到合适位置后，释放鼠标，即可将图表移动到其他位置。

9.2.3　调整图表大小

如果用户觉得创建的图表大小不利于数据的查看与分析，可根据实际情况对图表的大小进行调整。调整图表大小的具体操作如下：

1 打开"素材文件\第9章\新员工入职考核表.xlsx"，选择图表，图表四周将出现○控制点，将光标移动到右下角的控制点上，当光标变成双向箭头时，按住鼠标左键不放进行拖动，如下图所示。

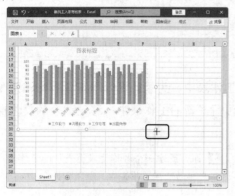

1 拖动到合适大小后，释放鼠标，即可查看到调整图表大小后的效果，如下图所示。

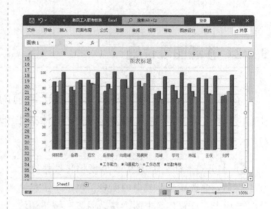

> **温馨小提示**
>
> 如果图表单独存放在一张工作表中，是不能对其大小进行调整的，只能通过改变视图缩放大小来调整图表中内容显示的大小。

9.2.4　更改图表类型

创建图表后，发现该图表类型并不能直观地体现出表格数据，这时可使用 Excel 2021 提供的更改图表类型功能快速选择合适的图表类型。更改图表类型的具体操作如下：

1 在打开的"新员工入职考核表"中选择图表，单击"图表设计"选项卡"类型"组中的"更改图表类型"按钮，如右图所示。

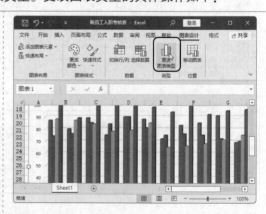

> **温馨小提示**
>
> 用户也可删除当前不合适的图表类型，然后重新选择合适的图表类型进行创建。

2 弹出 "更改图表类型" 对话框，**❶**在左侧选择需要的图表类型，如选择 "折线图" 选项；**❷**在右侧选择需要的图表，如选择 "带数据标记的折线图" 选项；**❸**单击 确定 按钮，如下图所示。

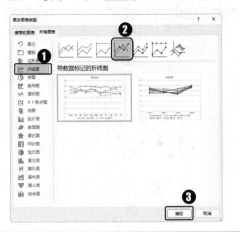

3 返回表格编辑区，即可查看到更改图表类型后的效果，如下图所示。

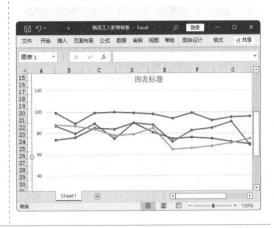

9.2.5　更改图表布局

Excel 2021 中提供了多种布局方式，用户可根据实际情况选用不同的布局方式。更改图表布局的具体操作如下：

1 在打开的 "新员工入职考核表" 中选择图表，**❶**单击 "图表设计" 选项卡 "图表布局" 组中的 "快速布局" 按钮 ；**❷**在弹出的下拉列表中选择需要的布局方式，如选择 "布局 9" 选项，如下图所示。

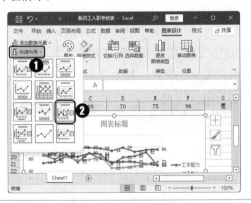

2 返回表格编辑区，即可查看到更改图表布局后的效果，如下图所示。

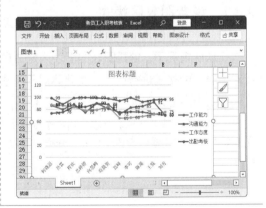

9.2.6　应用图表样式

Excel 2021 中提供了多种图表样式，应用提供的样式可以快速对图表进行美化，使图表更加美观。应用图表样式的具体操作如下：

1 打开"素材文件\第 9 章\商品配送清单.xlsx",选择图表,选择"图表设计"选项卡"图表样式"组中的"其他"按钮 ⏷,在弹出的列表框中选择需要的图表样式,如下图所示。

2 即可将选择的图表样式应用于图表中,效果如下图所示。

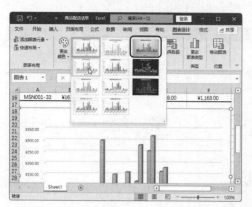

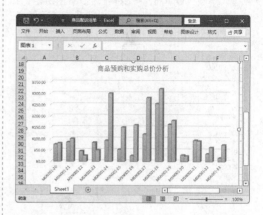

> **温馨小提示**
>
> 选择图表,在"图表样式"组中单击"更改颜色"按钮,在弹出的下拉列表中提供了多种颜色选项,选择需要的选项,可更改图表数据系列的颜色。

9.3 设置图表格式

在 Excel 中,除了可通过应用图表样式美化图表外,还可通过设置图表各组成部分的格式来达到美化图表的目的。下面将对图表各部分格式设置的方法进行讲解。

9.3.1 设置图表区格式

在默认情况下,创建图表的图表区是白色填充的,为了使图表的整体效果更加美观,可以对图表区的格式进行设置,主要体现于图表区填充效果的设置。具体操作如下:

1 打开"素材文件\第 9 章\销售业绩统计表.xlsx",选择图表,在图表上右击,在弹出的快捷菜单中选择"设置图表区域格式"命令,如右图所示。

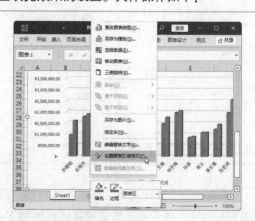

2 弹出"设置图表区格式"任务窗格，单击"填充"选项，**①**展开该选项，选中需要的填充方式前面的单选按钮，如选中 ⊙ 渐变填充(G) 单选按钮；**②**单击"预设渐变"按钮 ▣▾；**③**在弹出的下拉列表中选择预设渐变选项，如右图所示。

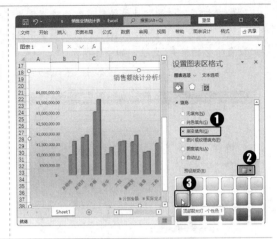

3 **①**在"渐变光圈"的第二个光圈上单击，选择该光圈；**②**单击"颜色"按钮右侧的 ▾ 按钮；**③**在弹出的下拉列表中选择需要的颜色，如下图所示。

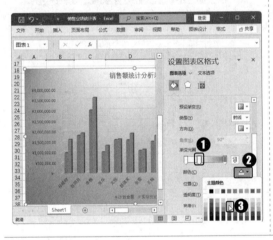

4 单击任务窗格右上角的 ✕ 按钮关闭窗格，返回表格编辑区，即可查看到设置图表区渐变填充后的效果，如下图所示。

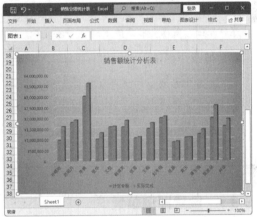

> **温馨小提示**
>
> 在"设置图表区格式"任务窗格中提供了 ○ 纯色填充(S)、○ 渐变填充(G)、○ 图片或纹理填充(P)、○ 图案填充(A) 和 ○ 自动(U) 等 5 种填充方式，选中不同的单选按钮，可为图表区设置不同的填充效果，用户可根据实际情况进行选择。

9.3.2　设置坐标轴刻度

图表中坐标轴的刻度边界、单位和基底交叉点等都是默认的，如果用户要对其进行更改，可通过设置坐标轴的格式来完成。设置坐标轴刻度的具体操作如下：

1 在打开的"销售业绩统计表"中选择图表的纵坐标轴，在其上右击，在弹出的快捷菜单中选择"设置坐标轴格式"选项，如下图所示。

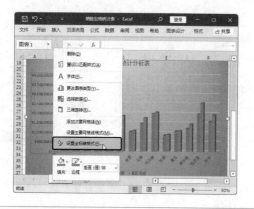

2 弹出"设置坐标轴格式"任务窗格，展开"坐标轴选项"选项，❶在"边界"栏的"最小值"数值框中输入坐标轴的最小刻度，如输入"600000.0"；❷在"最大值"数值框中输入坐标轴的最大刻度，如输入"3600000"，如下图所示。

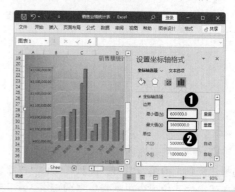

3 ❶在"显示单位"下拉列表框中选择需要的刻度单位，如选择"百万"选项；❷选中☑在图表上显示单位标签(S)单选按钮，即可将单位显示在纵坐标左侧，效果如右图所示。

(💡温馨小提示)

如果要对横坐标轴和纵坐标轴的数据格式进行设置，选择横坐标轴或纵坐标轴，在"开始"选项卡"字体"组中可对字体、字号、字形、字体颜色等效果进行设置。

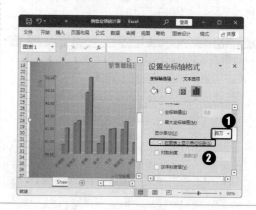

9.3.3 设置图例位置

图表中图例的位置并不是固定不变的，用户可以根据实际情况，对图例的位置进行调整。设置图例位置的具体操作如下：

1 在打开的"销售业绩统计表"中选择图表的图例，在其上右击，在弹出的快捷菜单中选择"设置图例格式"命令，如右图所示。

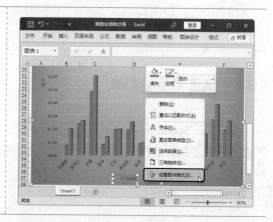

2 弹出"设置图例格式"任务窗格,展开"图例选项"选项,在"图例位置"栏中选中 ⊙右上(O) 单选按钮,即可将图例移动到图表右上方,效果如右图所示。

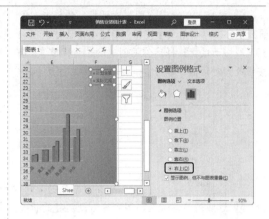

📷 **专家解疑难**

问: 如果图例没在图表中显示出来,怎么对其进行设置呢?

答: 如果需要设置的图表区域未显示在图表中,这时可单击选择图表右侧的 ⊞ 按钮,在"图表元素"列表框中显示了图表的所有元素,选中需要显示的元素前面的复选框,即可将其显示在图表中。或者单击"图表设计"选项卡"图表布局"组中的"添加图表元素"按钮 ,在弹出的下拉列表中选择需要的图表元素选项,再在其子列表中选择需要的选项即可。

9.4　使用迷你图显示数据趋势

迷你图是放入单个单元格中的小型图表,每个迷你图代表所选内容中的一行或一列数据。通过迷你图可以快速查看出相邻数据的分布趋势。下面将对迷你图的相关知识进行讲解。

9.4.1　创建迷你图

Excel 2021 中提供了折线迷你图、柱形迷你图和盈亏迷你图 3 种类型,用户可根据需要创建不同的迷你图进行查看。创建迷你图的具体操作如下:

1 打开"素材文件\第 9 章\年度销售数据统计表.xlsx",❶选择需要创建迷你图的单元格区域,如选择 B3:E3 单元格区域;❷单击"插入"选项卡"迷你图"组中的"柱形"按钮 ,如右图所示。

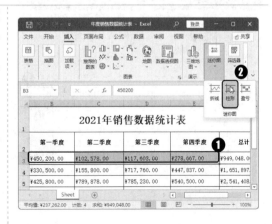

2 弹出"创建迷你图"对话框，❶单击"位置范围"文本框后的 ⬆ 按钮；❷缩小对话框，在表格区域拖动鼠标选择迷你图创建的位置；❸单击 ⬇ 按钮放大对话框，单击 确定 按钮，如右图所示。

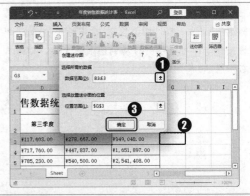

3 返回表格编辑区，即可查看到创建的折线迷你图，使用相同的方法创建其他产品四季度的折线迷你图，效果如右图所示。

> **温馨小提示**
>
> 在"创建迷你图"对话框中的"数据范围"文本框和"位置范围"文本框中可直接输入创建迷你图的单元格区域和放置迷你图的单元格。

9.4.2　编辑迷你图

创建迷你图后，还可以根据需要对迷你图的类型、显示效果和样式等进行编辑，以便更好地体现数据的走势。编辑迷你图的具体操作如下：

1 ❶在打开的"年度销售数据统计表"中选择创建的迷你图；❷单击"迷你图"选项卡"类型"组中的"折线图"按钮，如下图所示。

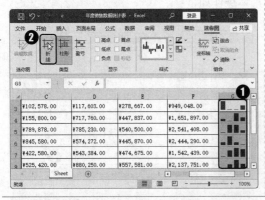

2 返回表格编辑区，即可查看到更改迷你图类型后的效果，保持迷你图的选择状态，在"迷你图"选项卡"显示"组中选中 ☑ 标记 复选框，将显示数据标记，效果如下图所示。

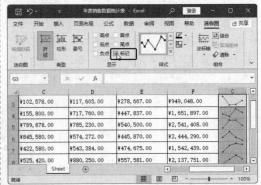

3 保持迷你图的选择状态，单击"样式"组中的 ▼ 按钮，在弹出的下拉列表中选择需要的迷你图样式，如下图所示。

4 即可将所选样式应用于迷你图中，效果如下图所示。

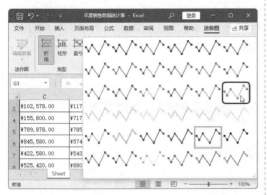

> **温馨小提示**
>
> 　　在"样式"组中单击"迷你图颜色"按钮 ✐ 右侧的 ▼ 按钮，在弹出的下拉列表中可设置迷你图的颜色；单击"标记颜色"按钮 ▤，在弹出的下拉列表中可对迷你图标记的颜色进行设置。

9.5　使用数据透视表分析数据

　　数据透视表是一种可以快速对大量数据进行快速汇总和建立交叉列表的交互式表格，它是 Excel 中具有强大分析能力的工具，可以帮助用户将行或列中的数字转变为有意义的数据表，这样可以直观地对数据进行查看分析。

9.5.1　创建数据透视表

　　数据透视表与图表一样，要使用数据透视表对数据进行分析，首先需要创建数据透视表。在 Excel 2021 中创建数据透视表的具体操作如下：

1 打开"素材文件\第 9 章\产品生产产量统计表.xlsx"，❶选择需要创建数据透视表的表格区域"A2:G18"；❷单击"插入"选项卡"表格"组中的"数据透视表"按钮 ▥，如右图所示。

> **温馨小提示**
>
> 　　在"插入"选项卡"表格"组中单击"推荐的数据透视表"按钮 ▦，可根据程序推荐的数据透视表来进行选择创建。

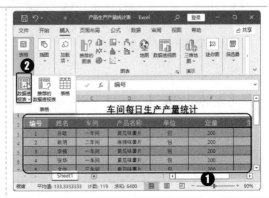

2 弹出"创建数据透视表"对话框，在"表/区域"文本框中会自动引用选择的单元格区域，**❶**在"选择放置数据透视表的位置"栏中设置数据透视表放置的位置，如选中 **◉ 新工作表(N)** 单选按钮；**❷**单击 **确定** 按钮，如下图所示。

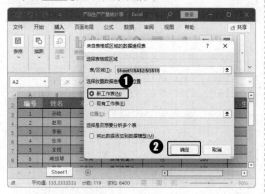

<(💡 温馨小提示)>

若选中 **◉ 现有工作表(E)** 单选按钮，在"位置"文本框中输入数据透视表放置的单元格地址，单击 **确定** 按钮，可将数据透视表创建在当前工作表中。

3 即可在新工作表中创建一个空白数据透视表，并弹出"数据透视表字段"任务窗格。在任务窗格中的"选择要添加到报表的字段"列表框中选中需要添加到数据透视表中的字段对应的复选框，这里依次选中 ☑ **姓名**、☑ **车间**、☑ **产品名称**、☑ **定量**和☑ **生产量**复选框，效果如下图所示。

9.5.2　编辑数据透视表

在创建数据表后，用户还可根据实际情况对数据透视表位置、数据源和字段等进行编辑，使创建的数据透视表更符合需要。下面对数据透视表位置、数据源和字段位置进行编辑。具体操作如下：

1 在打开的"产品生产产量统计表"中定位光标到创建的数据透视表中，单击"数据透视表分析"选项卡"操作"组中的"移动数据透视表"按钮，如右图所示。

<(💡 温馨小提示)>

移动数据透视表位置可以通过 Excel 2021 剪切和粘贴操作来实现，但不能通过拖动鼠标来实现。

2 弹出"移动数据透视表"对话框，❶在"位置"文本框中输入工作表目标单元格，如输入"Sheet2!A1"；❷单击 确定 按钮，如下图所示。

3 返回工作表中，即可将数据透视表移动到目标位置，单击"数据透视表分析"选项卡"数据"组中的"更改数据源"按钮🖫，如下图所示。

4 弹出"更改数据透视表数据源"对话框，❶在"表/区域"文本框中输入引用的单元格数据区域；❷单击 确定 按钮，如下图所示。

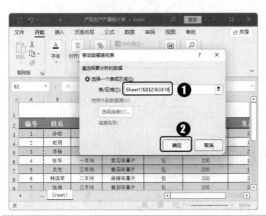

5 返回工作表中，❶在"数据透视表字段"任务窗格的"在以下区域间拖动字段"栏的"行"下选择"姓名"选项；❷右击，在弹出的快捷菜单中选择"下移"命令，如下图所示。

6 将"姓名"字段移动到"产品名称"字段下，这样数据透视表将会按车间和产品名称进行分类显示，效果如右图所示。

(💡温馨小提示)

在添加数据表字段时，也可直接在"选择要添加到报表的字段"列表框中选择要添加的字段，按住鼠标左键不放进行拖动，拖动至"在以下区域间拖动字段"栏中对应的字段列表框中释放鼠标，也可添加字段。

9.5.3 使用切片器查看数据

在数据透视表中使用切片器，可以对数据进行快速分段和筛选，仅显示所需数据。此外，切片器还会清晰地标记已应用的筛选器，提供详细信息指示当前筛选状态，从而便于其他用户能够轻松、准确地了解已筛选的数据透视表中所显示的内容。下面将在工作表中插入切片器，并使用切片器对数据透视表中的数据进行查看。具体操作如下：

1 ❶在打开的"产品生产产量统计表"中单击"数据透视表分析"选项卡"筛选"组中的"插入切片器"按钮；❷弹出"插入切片器"对话框，在其中选择切片器中包含的字段，如选中☑姓名、☑ 产品名称、☑ 定量和☑ 生产量复选框；❸单击 确定 按钮，如下图所示。

2 即可在数据透视表中插入切片器，选择所有的切片器，按住鼠标左键不放，将其移动到工作表空白位置，效果如下图所示。

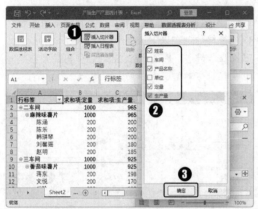

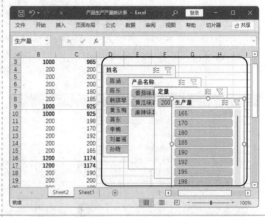

3 若在"姓名"切片器上单击"陈涵"选项，则数据透视表中将只显示与"陈涵"相关的数据，效果如下图所示。

4 若在"姓名"切片器上单击"黄玉梅"选项，则数据透视表中将只显示与"黄玉梅"相关的数据，效果如下图所示。

9.5.4　美化数据透视表和切片器

　　Excel 2021 中提供了数据透视表和切片器样式，用户可以根据需要选择需要的样式对数据透视表和切片器进行美化。下面对"产品生产产量统计表"中的数据透视表和切片器应用样式进行美化。具体操作如下：

1 在打开的"产品生产产量统计表"中选择数据透视表，单击"设计"选项卡"数据透视表样式"组中的 按钮，在弹出的下拉列表中选择需要的数据透视表样式，如下图所示。

2 即可为数据透视表应用选择的样式，然后选择切片器，❶单击"切片器"选项卡"切片器样式"组中的"快速样式"按钮；❷在弹出的下拉列表中选择需要的切片器样式，如下图所示。

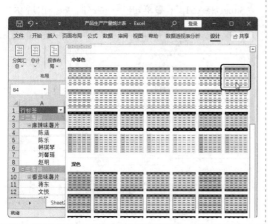

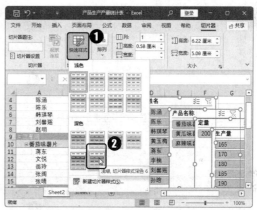

3 返回工作表编辑区，即可查看到应用切片器样式后的效果，如右图所示。

9.6 使用数据透视图直观显示数据

数据透视图与数据透视表一样，用于分析和展示数据汇总的结果。不同的是，数据透视图以图表的形式来展示数据。下面对数据透视图的相关知识进行讲解。

9.6.1 创建数据透视图

在 Excel 2021 中，使用数据透视图功能在创建数据透视图的同时会创建一个数据透视表，它是根据数据透视表中的内容来进行创建的。创建数据透视图的具体操作如下：

1 打开"素材文件\第 9 章\洗涤用品销售报表.xlsx"，❶选择需要创建数据透视图的单元格区域；❷单击"插入"选项卡"图表"组中的"数据透视图"下拉按钮；❸在弹出的下拉列表中选择"数据透视图和数据透视表"选项，如下图所示。

2 弹出"创建数据透视表"对话框，在"表/区域"文本框中会自动引用选择的单元格区域，❶在"选择放置数据透视表的位置"栏中设置数据透视表放置的位置，如选中 ⚪现有工作表(E) 单选按钮；❷在"位置"文本框中输入目标位置"Sheet1!$A$12"；❸单击 确定 按钮，如下图所示。

3 即可在工作表中创建一个空白数据透视表和数据透视图，在弹出的"数据透视图字段"任务窗格的"选择要添加到报表的字段"列表框中依次选中所有的复选框，如下图所示。

4 即可为空白数据透视表和数据透视图添加相应的数据，效果如下图所示。

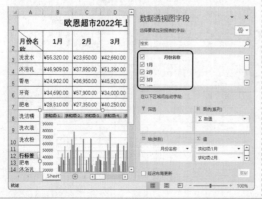

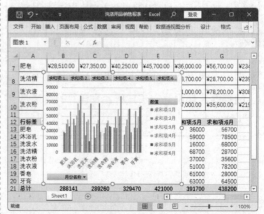

📖 专家解疑难

问： 能不能根据现有的工作表中的数据透视表创建数据透视图？

答： 在工作表中选择创建的数据透视表，单击"插入"选项卡"图表"组中的"数据透视图"按钮 📊，弹出"插入图表"对话框，在其中选择需要的数据透视图的类型，然后单击 确定 按钮，即可在工作表中创建所选类型的数据透视图。

9.6.2 编辑数据透视图

数据透视图与图表一样，创建后可以对其位置、大小、图表类型、图表格式等进行设置，还可为其应用相应的样式，快速对数据透视图进行美化。在 Excel 2021 中，编辑数据透视图的方法与编辑图表的方法基本相同。下面对数据透视图的位置、大小和样式等进行设置。具体操作如下：

1 在打开的"洗涤用品销售报表"中选择创建的数据透视图，将光标移动到数据透视图空白区域，当光标变成 ✥ 形状时，按住鼠标左键不放进行拖动，如下图所示。

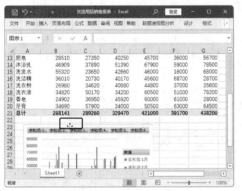

2 拖动到合适位置释放鼠标，即可将数据透视图移动到合适位置，然后将光移动到数据透视图右下角的控制点上，当光标变成双向箭头时，按住鼠标左键不放进行拖动，如下图所示。

3 拖动到合适大小后释放鼠标，然后选择"设计"选项卡"图表样式"组中的"其他"按钮 ▽，在弹出的列表框中选择需要的数据透视图样式，如下图所示。

4 返回工作表编辑区，即可查看到应用数据透视表样式后的效果，如下图所示。

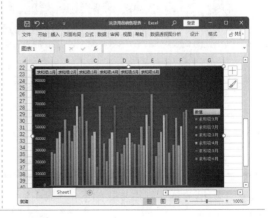

> **温馨小提示**
>
> 在数据透视图中选中某个数据系列，在"格式"选项卡"形状样式"组中可对数据系列的样式、填充效果和轮廓效果等进行设置，其设置方法与 Word 2021 中形状的设置方法相同。

9.7 案例制作——制作"产品质量分析表"

案例介绍

产品质量的高低决定着企业有没有核心竞争力，企业要想持续发展，就必须不断提高产品的质量。很多企业为了保证产品质量，都会定期对生产的产品质量进行检测，并对产品的合格率进行统计分析，以便找到解决问题的方案。本实例将通过图表对"产品质量"进行分析。

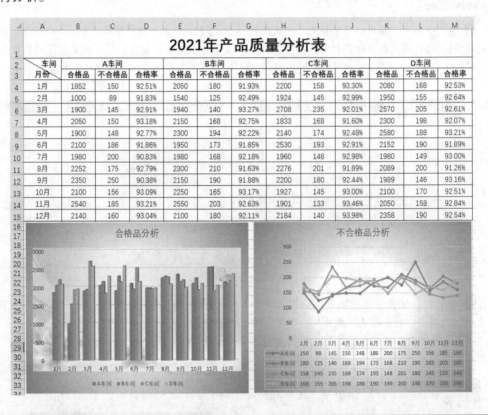

视频教学

教学文件：教学文件\第 9 章\制作"产品质量分析表".mp4

步骤详解

本实例的具体制作步骤如下：

1 打开"素材文件\第 9 章\产品质量分析表.xlsx",选择月份和每个车间合格品数据,❶单击"插入"选项卡"图表"组中的"插入柱状图或条形图"按钮 📊;❷在弹出的下拉列表中选择"三维柱形图"选项,如下图所示。

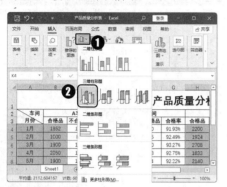

2 即可在工作表中插入图表,选择图表,将光标移动到图表上,按住鼠标左键不放,将其拖动到表格下方,然后将图表调整到合适的大小,如下图所示。

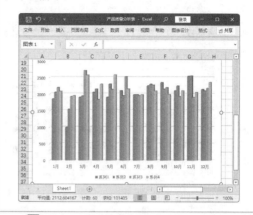

3 选择图表中的标题文本框,❶删除其中的文本,重新输入图表标题"合格品分析";❷单击"图表设计"选项卡"数据"组中的"选择数据"按钮 📊,如下图所示。

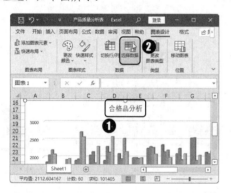

4 弹出"选择数据源"对话框,❶在"图例项(系列)"列表框中选择"系列 1"选项;❷单击 📝编辑(E) 按钮,如下图所示。

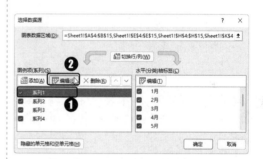

5 弹出"编辑数据系列"对话框,❶单击"系列名称"文本框后的 ↑ 按钮,缩小对话框;❷拖动鼠标选择图例项名称所在的单元格;❸单击 🔳 按钮放大对话框,再单击 确定 按钮,如下图所示。

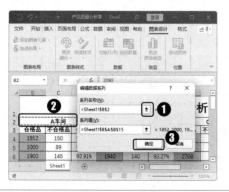

6 返回"选择数据源"对话框,即可查看到更改图例后的效果,❶然后使用相同的方法对"图例项(系列)"列表框中的其他图例选项进行更改;❷再单击"确定"按钮,效果如下图所示。

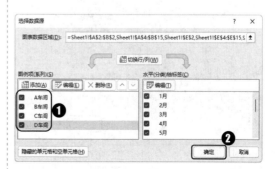

7 返回表格编辑区，即可查看到图表中图例名称已改变，然后在图表的图表区域右击，在弹出的快捷菜单中执行"设置图表区域格式"命令，如下图所示。

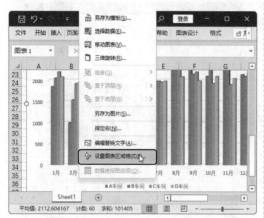

8 弹出"设置图表区格式"对话框，❶双击展开"填充"选项，选中 ⊙ 渐变填充(G) 单选按钮；❷单击"预设渐变"按钮 ▦ ▾ ；❸在弹出的下拉列表中选择预设的渐变颜色选项，如下图所示。

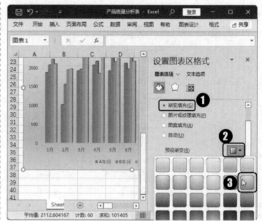

9 ❶单击"方向"按钮 ▦ ▾ ；❷在弹出的下拉列表中选择渐变方向选项，设置图表区的渐变效果，如右图所示。

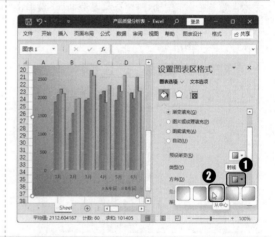

10 在图表中选择绘图区，"设置图表区格式"任务窗格变成"设置绘图区格式"任务窗格，❶在"填充"选项下选中 ⊙ 图片或纹理填充(P) 单选按钮；❷单击 插入(R)... 按钮，如下图所示。

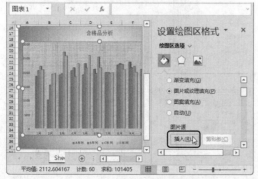

11 在弹出的"插入图片"对话框中选择"来自文件"选项，如下图所示。

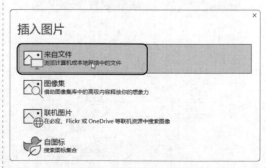

12 弹出"插入图片"对话框，❶在地址栏中选择图片保存的位置；❷在中间选择插入的图片；❸单击 插入(S) 按钮，如下图所示。

13 即可将插入的图片设置为绘图区的背景，效果如下图所示。

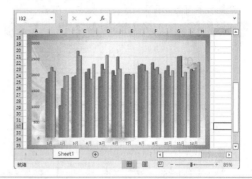

14 选择图表，按 Ctrl+C 组合键复制图表，再按 Ctrl+V 粘贴图表，❶然后选择粘贴的图表，将标题更改为"不合格品分析"；❷单击"图表设计"选项卡"类型"组中的"更改图表类型"按钮，如下图所示。

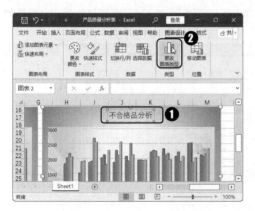

15 弹出"更改图表类型"对话框，❶在"所有图表"选项卡中选择"折线图"选项；❷在右侧选择"带数据标记的折线图"选项；❸单击 确定 按钮，如下图所示。

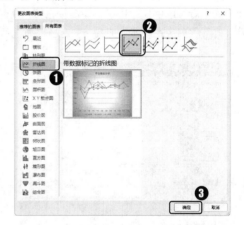

16 返回表格编辑区，即可查看到更改图表类型后的效果，然后单击"图表设计"选项卡"数据"组中的"选择数据"按钮，如下图所示。

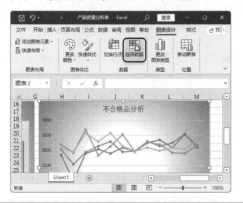

17 弹出"选择数据源"对话框，❶在"图例项（系列）"列表框中选择"A 车间"选项；❷单击 编辑(E) 按钮，如下图所示。

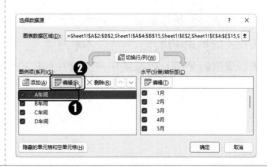

18 弹出"编辑数据系列"对话框，❶单击"系列值"文本框后的⬆按钮，缩小对话框；❷拖动鼠标选择图例系列值所在的单元格；❸单击⬆按钮放大对话框，再单击 确定 按钮，如下图所示。

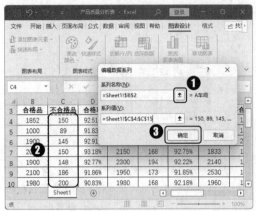

19 返回"选择数据源"对话框，然后使用相同的方法对"图例项（系列）"列表框中的其他图例选项的值进行更改，完成后的效果如下图所示。

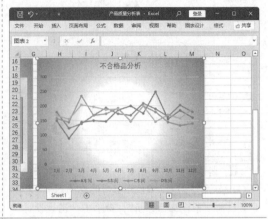

20 选择图表，❶单击"图表设计"选项卡"图表布局"组中的"快速布局"按钮；❷在弹出的下拉列表中选择"布局5"选项，如下图所示。

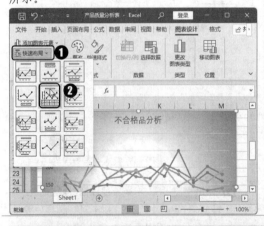

21 更改布局后，会在纵坐标轴左侧添加一个"坐标轴标题"文本框，选择该文本框，按Delete键将其删除，完成本实例的制作，效果如下图所示。

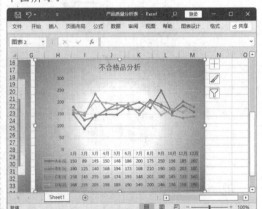

本章小结

图表是分析数据最有效的方式之一，所以本章的重点在于掌握图表、数据透视表和数据透视图的相关使用方法。通过本章的学习，希望用户能快速创建各种类型的图表，对表格中的数据进行分析，以帮助用户快速找到解决问题的方法。

第10章

使用 Excel 2021 管理与统计数据

本章导读

在 Excel 中制作表格时，除了需要对数据进行计算外，经常还需要对数据进行管理与统计。Excel 2021 提供了强大的数据管理与统计功能，通过这些功能可以使表格中的数据按一定规则或满足一定条件进行显示，方便对数据的管理与分析。本章将对数据的排序、筛选、汇总、单变量求解和方案管理器的相关知识进行讲解。

知识要点

❖ 数据排序
❖ 数据筛选
❖ 数据分类汇总
❖ 数据的模拟分析
❖ 方案管理器的使用

案例展示

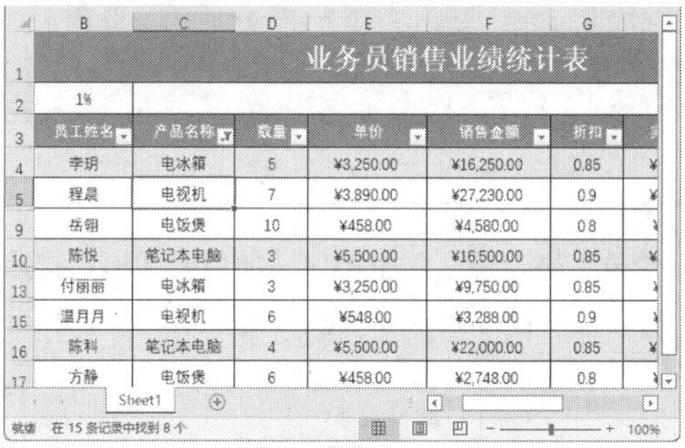

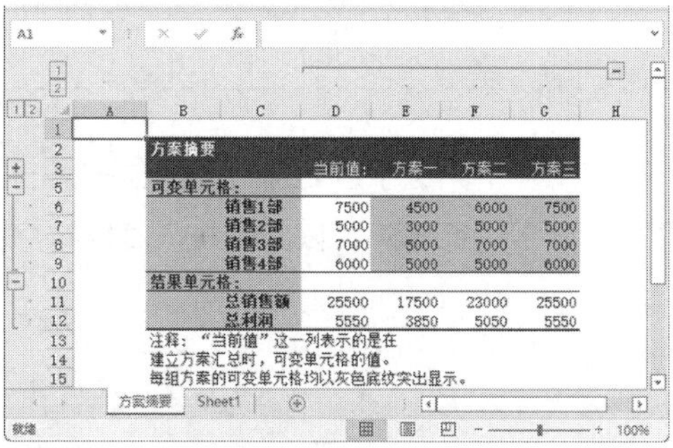

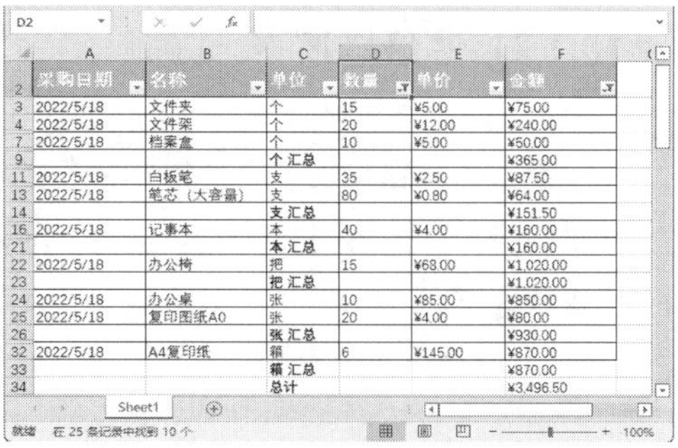

10.1 数据排序

为了便于查看和分析表格中的数据，有时就需要将表格中的数据按照一定的顺序进行排列，这时就需要使用到 Excel 2021 提供的排序功能，使用它可快速对表格中的数据进行排列。下面将对数据排序的相关知识进行讲解。

10.1.1 快速排序

快速排序是指将数据表格按某一个关键字进行升序或降序排列，是 Excel 中较常用的一种排序方式。快速排序的具体操作如下：

1 打开"素材文件\第 10 章\商品配送清单.xlsx"，❶选择排序依据的字段所在的单元格；❷单击"数据"选项卡"排序和筛选"组中的排序按钮，如单击"降序"按钮，如下图所示。

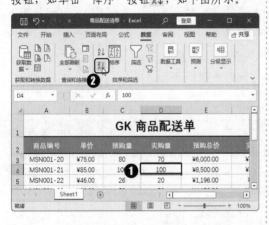

2 即可对所选单元格中的数据从高到低进行降序排列，效果如下图所示。

> **温馨小提示**
>
> 如果排序依据字段是选择的一列单元格或多个单元格，那么单击排序按钮后会弹出"排序提醒"对话框，提示未选择的区域将不参加排序，对排序区域进行确认，然后单击 排序(S) 按钮进行排序即可。

10.1.2 高级排序

高级排序是指按多个关键字进行的排序。在使用多个关键字进行排序时，先按第一关键字进行排序，当遇到相同的数据时，则再按第二关键字进行排序，依此类推。高级排序的具体操作如下：

1 打开"素材文件\第 10 章\商品配送清单.xlsx"，❶选择排序依据的字段所在的单元格；❷单击"数据"选项卡"排序和筛选"组中的"排序"按钮，如下图所示。

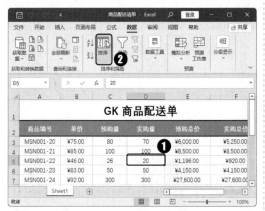

2 弹出"排序"对话框，❶在"主要关键字"下拉列表中显示了表字段，选择需要进行排序的字段选项，如选择"实购量"选项；❷在"排序依据"下拉列表中选择排序条件，这里保持默认设置，在"次序"下拉列表中选择排序顺序，如选择"升序"选项；❸单击 +添加条件(A) 按钮，如下图所示。

3 在"排序"对话框中新增一个"次要关键字"排序条件，❶在"次要关键字"下拉列表中选择需要进行排序的字段选项，如选择"实购总价"选项；❷在"次序"下拉列表中选择排序顺序，如选择"升序"选项；❸单击 确定 按钮，如下图所示。

4 返回表格编辑区，即可查看到进行高级排序后的效果，如下图所示。

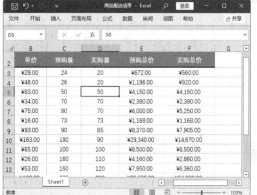

（💡温馨小提示）

　　如果要添加的"次要关键字"条件与"主要关键字"条件区别不大，可在"排序"对话框中单击 复制条件(C) 按钮，基于"主要关键字"条件添加一个"次要关键字"条件，然后对"次要关键字"条件进行修改即可。

10.1.3　自定义排序

　　如果用户对数据的排序有特殊要求，可以根据需要自行定义排序条件，使数据按照定义的排序条件进行排序。自定义排序的具体操作如下：

1 打开"素材文件\第 10 章\年度销售数据统计表.xlsx"，❶选择要参与排序的单元格；❷单击"数据"选项卡"排序和筛选"组中的"排序"按钮，如下图所示。

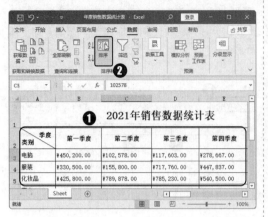

2 弹出"排序"对话框，在"次序"下拉列表中选择"自定义序列"选项，如下图所示。

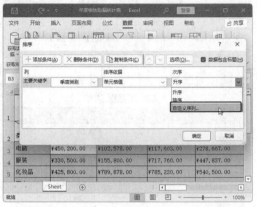

3 弹出"自定义序列"对话框，❶在右侧的"输入序列"文本框中输入需要定义的序列，这里输入"食品、日常百货、化妆品、服装、计算机、家电、家具"文本；❷单击 添加(A) 按钮，将新序列添加到"自定义序列"列表框中；❸单击 确定 按钮，如下图所示。

4 返回"排序"对话框，即可看到"次序"下拉列表框中自动选择了刚刚自定义的排序序列顺序，单击 确定 按钮，返回表格编辑区，即可查看到自定义排序后的效果，如下图所示。

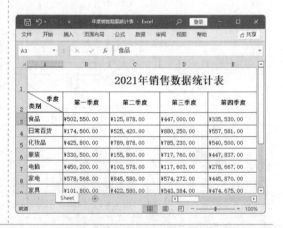

> （💡温馨小提示）
>
> 　　如果"自定义序列"对话框的"自定义序列"列表框中有符合自己需要的排序条件，也可直接选择使用该排序条件对表格中的数据进行排序。

10.2　数据筛选

　　在对表格数据进行查看或分析时，如果想只显示符合条件的数据，可使用 Excel 2021

提供的数据筛选功能，将不符合筛选条件的数据隐藏起来。使用筛选功能筛选数据的关键字段既可以是文本类型的字段，也可以是数据类型的字段。

10.2.1　自动筛选

在含有大量数据记录的数据列表中，利用"自动筛选"可以快速查找到符合条件的记录。自动筛选的具体操作如下：

1 打开"素材文件\第 10 章\业务员销售业绩统计表.xlsx"，❶选择包含表字段的数据区域；❷单击"数据"选项卡"排序和筛选"组中的"筛选"按钮 ▽，如下图所示。

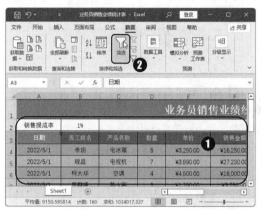

2 在每个表字段后面添加一个 ▼ 按钮，❶单击"产品名称"字段后的 ▼ 按钮，❷在弹出的下拉列表中的列表框中设置筛选选项；❸单击 确定 按钮，如下图所示。

3 即可将符合条件的数据显示出来，效果如右图所示。

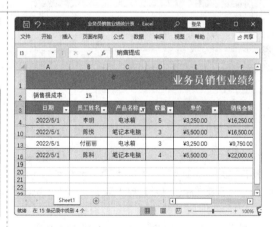

🔆 温馨小提示

单击 ▼ 按钮后，在弹出的下拉列表中的列表框中显示了该列的所有数据，并默认选中所有数据前的复选框。若选中复选框，则表示显示该数据；若取消选中复选框，则表示隐藏该数据。用户可根据实际情况进行筛选。

10.2.2　自定义筛选

自定义筛选是指自定义筛选的条件。使用该筛选方式筛选数据较灵活，可以进行较复杂的筛选。自定义筛选数据的具体操作如下：

1 打开"素材文件\第 10 章\业务员销售业绩统计表.xlsx",选择包含表字段的数据区域,单击"筛选"按钮 ▽,❶然后单击"产品名称"字段后的 ▼ 按钮;❷在弹出的下拉列表中选择"文本筛选"选项;❸在弹出的子列表中选择筛选条件,如选择"包含"选项,如下图所示。

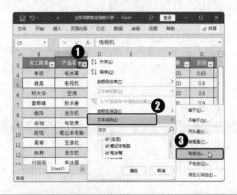

2 弹出"自定义自动筛选方式"对话框,❶在"产品名称"下的第二个下拉列表框中输入包含的内容,如输入"电";❷单击 确定 按钮,如下图所示。

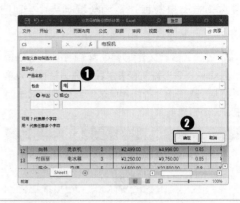

3 返回表格编辑区,即可查看到根据筛选条件筛选出的结果,效果如下图所示。

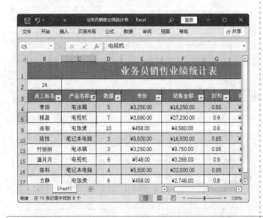

4 ❶单击"实收款金额"字段后的 ▼ 按钮;❷在弹出的下拉列表中选择"数字筛选"选项;❸在弹出的子列表中选择"自定义筛选"选项,如下图所示。

5 弹出"自定义自动筛选方式"对话框,❶在"实收款金额"下的第 1 个下拉列表框中选择"大于或等于"选项;❷在第 2 个文本框中输入"10000";❸在第 3 个下拉列表框中选择"小于或等于"选项;❹在第 4 个文本框中输入"30000";❺单击 确定 按钮,如右图所示。

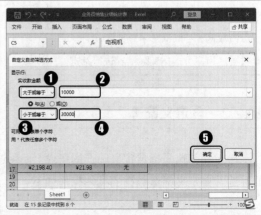

6 返回表格编辑区，即可查看到根据筛选条件筛选出的结果，效果如右图所示。

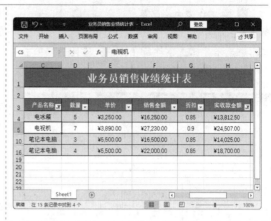

专家解疑难

问： 设置自定义筛选条件时，○与(A)单选按钮与○或(O)单选按钮有啥区别？

答： 在设置筛选条件时，选中○与(A)单选按钮，表示筛选出来的结果必须满足给定的多个筛选条件；而选中○或(O)单选按钮，表示筛选出来的结果可以只满足给定的一个筛选条件。

10.2.3　高级筛选

当需要筛选的数据列表中有多个关键字段，且筛选的条件又比较复杂时，此时可利用 Excel 2021 提供的高级筛选功能，使用它可快速筛选出符合条件的数据。高级筛选的具体操作如下：

1 打开"素材文件\第 10 章\业务员销售业绩统计表.xlsx"，❶在工作表 A20:B21 单元格区域中输入筛选条件；❷单击"高级筛选"按钮，如下图所示。

2 弹出"高级筛选"对话框，❶在"方式"栏中选择筛选方式，这里选中○在原有区域显示筛选结果(F)单选按钮；❷在"列表区域"文本框中自动显示参与筛选的区域，单击"条件区域"文本框后的按钮缩小对话框，如下图所示。

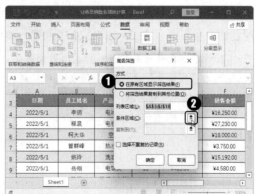

3 在工作表中拖动鼠标选择筛选条件区域，然后单击 按钮，放大对话框，在"条件区域"文本框中显示了筛选条件所在的单元格区域，单击 确定 按钮，如下图所示。

4 返回表格编辑区，即可查看到根据筛选条件筛选出的数据，效果如下图所示。

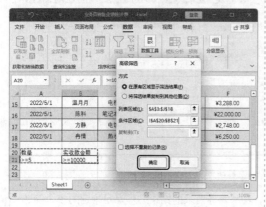

(💡 温馨小提示)

设置高级筛选条件时，"="">"和"<"等符号不能借助输入法输入，需要通过键盘输入，而且设置大于或等于、小于或等于时，要分开输入，如">="或"<="，否则，系统不能识别。

10.3 数据分类汇总

Excel 2021 提供了强大的分类汇总功能，通过它可以快速将表格中的数据按照某一关键字进行相关项的数据汇总，如求平均值、合计、最大值和最小值等。

10.3.1 创建分类汇总

在对表格数据创建分类汇总之前，一定要确保相同字段类型的数据排列在一起，这样才能创建分类汇总。在 Excel 2021 中创建分类汇总的具体操作如下：

1 打开"素材文件\第10章\部门费用统计表.xlsx"，❶选择需要创建分类汇总的单元格区域，如选择 A2:F21 单元格区域；❷单击"数据"选项卡"分级显示"组中的"分类汇总"按钮 ，如右图所示。

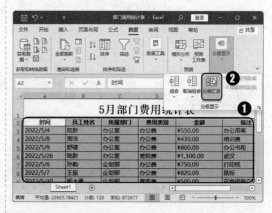

2 弹出"分类汇总"对话框，❶在"分类字段"下拉列表框中选择要进行分类汇总的字段名称，如选择"所属部门"选项；❷在"汇总方式"下拉列表中选择需要分类汇总的方式，如选择"求和"选项；❸在"选定汇总项"列表框中选择需要进行分类汇总的选项对应的复选框；❹单击 确定 按钮，如右图所示。

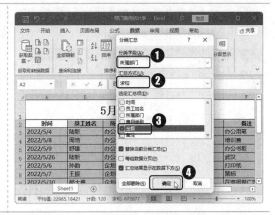

3 返回表格编辑区，即可查看到按照所属部门进行分类汇总后的效果，如右图所示。

> ☀ 温馨小提示
>
> 在"分类汇总"对话框的"选定汇总项"列表框中选择需要进行分类汇总的多个选项，可同时按多个字段对数据进行分类汇总。

10.3.2　显示和隐藏分类汇总

对表格数据创建分类汇总后，将会在工作表左侧最上方新增 1、2 和 3 按钮，单击不同的按钮，可隐藏或显示不同的汇总区域。下面将只显示"部门费用统计表"中的汇总数据和企划部的所有数据。其具体操作如下：

1 在打开的"部门费用统计表"中单击工作表左上角的 1 按钮，如右图所示。

> ☀ 温馨小提示
>
> 1 按钮用于显示分类汇总的总计数据；2 按钮用于显示分类的汇总数据；3 按钮用于显示工作表中所有的分类数据。

2 即可查看到分类汇总的总计数据，单击 2 按钮，如下图所示。

3 即可显示分类的汇总数据，单击"企划部汇总"行左侧的 + 按钮，如下图所示。

4 即可在工作表中展开企划部的所有数据，效果如右图所示。

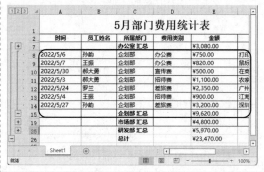

10.3.3 删除分类汇总

当需要取消表格中的分类汇总时，可将表格中的分类汇总删除。删除分类汇总的具体操作如下：

1 在"部门费用统计表"中选择创建分类汇总的单元格区域，单击"数据"选项卡"分级显示"组的"分类汇总"按钮，弹出"分类汇总"对话框，单击 全部删除(R) 按钮，如下图所示。

2 即可删除表格中创建的分类汇总，效果如下图所示。

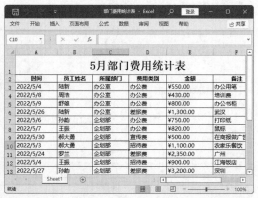

10.4 模拟分析数据

Excel 2021 提供了模拟分析数据的功能，通过该功能可对表格数据的变化情况进行模拟，并分析出该数据变化之后所导致其他数据变化的结果。下面将模拟分析数据的相关知识进行讲解。

10.4.1 单变量求解

利用公式对单元格中数据进行计算后，如果要分析在公式达到一个目标值时，公式中所引用的某一个单元格值的变化情况，此时可以使用 Excel 2021 提供的单变量求解功能来实现。使用单变量求解功能的具体操作如下：

1 打开"素材文件\第 10 章\产品销售预测利润表.xlsx"，选择 B6 单元格，在编辑栏中输入公式"=B2*B4-B3-B5"，如下图所示。

2 按 Enter 键计算出结果，❶单击"数据"选项卡"预测"组中的"模拟分析"按钮 ；❷在弹出的下拉列表中选择"单变量求解"选项，如下图所示。

3 弹出"单变量求解"对话框，❶在"目标单元格"文本框中设置引用单元格，如输入"B6"；❷在"目标值"文本框中输入利润值，如输入"12800"；❸在"可变单元格"中输入变量单元格，如输入$B$2；❹单击 按钮，如下图所示。

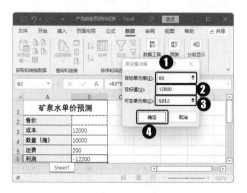

4 在弹出的对话框中单击 按钮，如下图所示，即可在表格中查看到预测出的产品售价。

10.4.2　模拟运算表

在对数据进行分析处理时，如果需要查看和分析某项数据发生变化时影响到的结果变化的情况，此时，可以使用模拟运算表。在 Excel 2021 中，模拟运算表包括单变量模拟运算表和双变量模拟运算表，下面分别进行介绍。

1.　单变量模拟运算

进行数据分析模拟运算时，如果只需要分析一个变量变化对应的公式变化结果，可以使用模拟运算表来进行分析。下面将根据售价变化，运用模拟运算计算出相应的利润值。具体操作如下：

1 在打开的"产品销售预测利润表"中的 A8:B15 单元格中输入模拟运算表需要的数据，❶然后选择 A10:B15 单元格区域；❷单击"数据"选项卡"预测"组的"模拟分析"按钮；❸在弹出的下拉列表中选择"模拟运算表"选项，如下图所示。

2 弹出"模拟运算表"对话框，❶在"输入引用列的单元格"文本框中引用变量售价单元格，如输入"$B$2"；❷单击"确定"按钮，如下图所示。

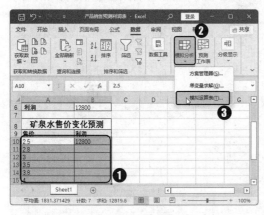

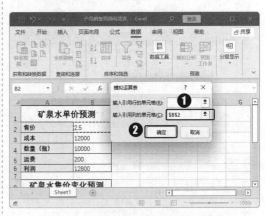

3 返回表格编辑区，即可查看到产品利润随着售价的变化而变化，效果如右图所示。

> **温馨小提示**
>
> 在创建模拟运算表区域时，可将变化的数据放置在一行或一列中，若变化的数据在一列中，应将计算公式创建于其右侧列的首行；若变化的数据创建于一行中，则应将其创建于该行下方的首列中据。

2.　双变量模拟运算

当要对两个公式中变量的变化进行模拟，分析不同变量在不同的取值时公式运算结果的变化情况及关系，此时，可应用双变量模拟运算表。使用双变量模拟运算功能的具体操作如下：

1 在打开的 "产品销售预测利润表" 中的 D8:J15 单元格中输入模拟运算表需要的数据，❶然后选择 E10:J15 单元格区域；❷单击 "数据" 选项卡 "预测" 组的 "模拟分析" 按钮；❸在弹出的下拉列表中选择 "模拟运算表" 选项，如下图所示。

2 弹出 "模拟运算表" 对话框，❶在 "输入引用行的单元格" 文本框中引用变量销量单元格，如输入 "$B$4"；❷在 "输入引用列的单元格" 文本框中引用变量售价单元格，如输入 "$B$2"；❸单击 [确定] 按钮，如下图所示。

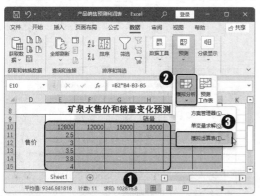

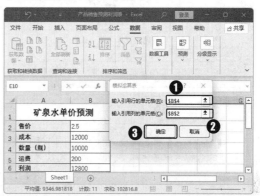

3 返回表格编辑区，即可查看到产品利润随着售价和销量的变化而变化，效果如右图所示。

> **温馨小提示**
>
> 要使用模拟运算表计算出变量，利润值单元格必须是公式，变量必须是公式中的其中一个单元格。否则将无法使用模拟运算表功能计算变量的利润。

10.5　方案管理器的使用

Excel 2021 提供了方案管理器功能，使用它可以预测工作表模型的输出结果，还可以在工作表中创建并保存不同的数值组，然后切换到任何新方案以查看不同的结果，使自动假设分析数据变得方便、快捷。下面将对方案管理器的相关知识进行讲解。

10.5.1　创建方案

在工作表中要想使用方案管理器对数据进行方案分析，首先需要定义名称和创建方案。下面将先对 "年度销售计划表" 的部分数据定义名称，然后创建方案。具体操作如下：

1 打开"素材文件\第 10 章\年度销售计划表.xlsx"，❶选择 B7 单元格；❷单击"公式"选项卡"定义的名称"组中的"名称管理器"按钮，如下图所示。

2 弹出"名称管理器"对话框，单击 新建(N)... 按钮，弹出"新建名称"对话框，❶在"名称"文本框中输入"销售 1 部"；❷单击 确定 按钮，如下图所示。

3 返回"名称管理器"对话框，在其中显示了创建的名称，单击 新建(N)... 按钮，如下图所示。

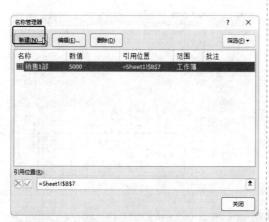

4 弹出"新建名称"对话框，❶在"名称"文本框中输入"销售 2 部"；❷在"引用位置"文本框中输入名称引用位置"=Sheet1!$B$8"；❸单击 确定 按钮，如下图所示。

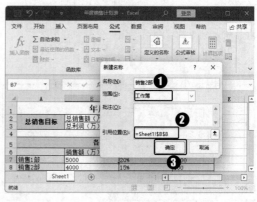

5 然后使用相同的方法继续新建"销售 3 部""销售 4 部""总销售额"和"总利润"名称，在"名称管理器"对话框中查看名称，然后单击 关闭 按钮，如右图所示。

（ 💡 温馨小提示 ）

定义单元格名称是为了创建方案摘要，只有定义了名称后，在创建的方案摘要中才会显示字段，否则将显示引用的单元格地址。

6 返回表格编辑区，❶选择 B7 单元格；❷单击 "数据" 选项卡 "预测" 组中的 "模拟分析" 按钮 ⊞；❸在弹出的下拉列表中选择 "方案管理器" 选项，如下图所示。

7 弹出 "方案管理器" 对话框，单击 添加(A)... 按钮，弹出 "编辑方案" 对话框，❶在 "方案名" 框中输入方案名，如输入 "方案一"；❷在 "可变单元格" 文本框中输入单元格引用地址，如输入 "$B$7:$B$10"；❸单击 确定 按钮，如下图所示。

8 弹出 "方案变量值" 对话框，❶在该对话的文本框中输入所有的变量值，也就是各部门计划完成的销售额；❷单击 确定 按钮，如下图所示。

9 返回 "方案管理器" 对话框，❶在 "方案" 列表框中显示了创建的方案；❷单击 添加(A)... 按钮，如下图所示。

10 弹出 "编辑方案" 对话框，❶在 "方案名" 框中输入方案名，如输入 "方案二"；❷在 "可变单元格" 文本框中输入单元格引用地址，如输入 "$B$7:$B$10"；❸单击 确定 按钮，如右图所示。

11 弹出"方案变量值"对话框，❶在该对话的文本框中输入所有的变量值，也就是各部门计划完成的销售额；❷单击 确定 按钮，如下图所示。

12 返回"方案管理器"对话框，使用相同的方法继续创建"方案三"，创建完成后将显示在"方案管理器"对话框的"方案"列表框中，如下图所示。

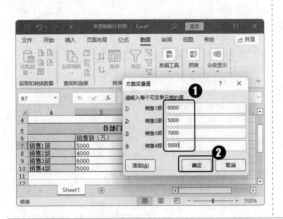

10.5.2 显示方案

在"方案管理器"中添加完所有方案后，如果需要查看某一方案的结果，可以直接选择需要查看的方案选项，单击"显示"按钮，即可在工作表中显示该方案的结果。具体操作如下：

1 在"年度销售计划表"中打开"方案管理器"对话框，❶在"方案"列表框中选择"方案一"选项；❷单击 显示(S) 按钮，如下图所示。

2 在工作表编辑区中即可查看到方案一的显示结果，效果如下图所示。

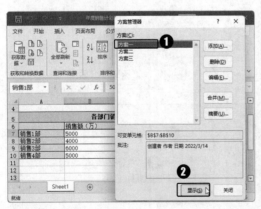

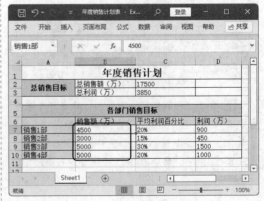

3 ❶在"方案管理器"对话框的"方案"列表框中选择"方案二"选项；❷单击 显示(S) 按钮，在工作表编辑区中即可查看到"方案二"的显示结果，效果如下图所示。

4 ❶在"方案管理器"对话框的"方案"列表框中选择"方案三"选项；❷单击 显示(S) 按钮，在工作表编辑区中即可查看到"方案三"的显示结果，效果如下图所示。

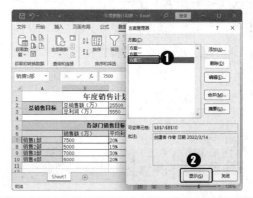

专家解疑难

问： 在显示方案的过程中发现方案中的某些数据有误，还能不能对其进行修改？

答： 在显示方案的过程中如果发现方案中的某些数据有误，可在"方案管理器"对话框的"方案"列表框中选择需要修改的方案选项，单击 编辑(E) 按钮，弹出"编辑方案"对话框，在其中对方案名称和可变单元格地址进行修改，完成后单击 确定 按钮，在弹出的"方案变量值"对话框中对方案变量值进行修改，修改完成后单击 确定 按钮即可。

10.5.3　生成方案摘要

对于创建的方案，可以将其生成为方案摘要，这样便于数据的查看与分析。生成方案摘要的具体操作如下：

1 在"年度销售计划表"中打开"方案管理器"对话框，❶在"方案"列表框中选择任意一种方案，如选择"方案一"选项；❷单击 摘要(U) 按钮，如下图所示。

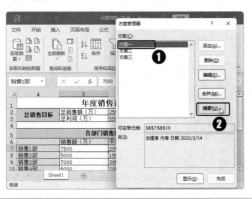

2 弹出"方案摘要"对话框，❶在"结果单元格"文本框中输入需要显示结果的单元格，如输入"=$C$2:$C$3"；❷单击 确定 按钮，如下图所示。

3 即可新建一个名为"方案摘要"的工作表，在该工作表中显示了创建方案的具体情况，效果如右图所示。

> **温馨小提示**
>
> 对于创建的多余或无用方案，可将其删除。其方法是：在"方案管理器"对话框的"方案"列表框中选择需要删除的方案，单击 删除(D) 按钮即可。

10.6 案例制作——制作"办公用品采购单"

案例介绍

办公用品是员工日常办公过程中必不可少的辅助用品，它可以辅助员工完成部分工作。公司常用的办公用品包含很多，不同的公司需要用到的办公用品也不相同。公司为了提高员工的效率，都会安排人员定期采购办公时需要用到的用品，并且还会制作采购单，以方便查看采购的用品。本实例将对制作的"办公用品采购单"中的数据进行排序、筛选和汇总管理。

	采购日期	名称	单位	数量	单价	金额
	办公用品采购单					
3	2022/5/18	文件夹	个	15	¥5.00	¥75.00
4	2022/5/18	文件架	个	20	¥12.00	¥240.00
7	2022/5/18	档案盒	个	10	¥5.00	¥50.00
9			个 汇总			¥365.00
11	2022/5/18	白板笔	支	35	¥2.50	¥87.50
13	2022/5/18	笔芯（大容量）	支	80	¥0.80	¥64.00
14			支 汇总			¥151.50
16	2022/5/18	记事本	本	40	¥4.00	¥160.00
21			本 汇总			¥160.00
22	2022/5/18	办公椅	把	15	¥68.00	¥1,020.00
23			把 汇总			¥1,020.00
24	2022/5/18	办公桌	张	10	¥85.00	¥850.00
25	2022/5/18	复印图纸A0	张	20	¥4.00	¥80.00
26			张 汇总			¥930.00
32	2022/5/18	A4复印纸	箱	6	¥145.00	¥870.00
33			箱 汇总			¥870.00
34			总计			¥3,496.50

视频教学

教学文件：教学文件\第 10 章\制作"办公用品采购单".mp4

步骤详解

本实例的具体制作步骤如下：

1 打开 "素材文件\第 10 章\办公用品采购单.xlsx"，❶选择 A2:F27 单元格区域；❷单击 "数据" 选项卡 "排序和筛选" 组中的 "排序" 按钮，如下图所示。

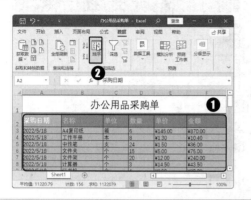

2 弹出 "排序" 对话框，❶在 "主要关键字" 下拉列表中显示了表字段，选择需要进行排序的字段选项，如选择 "单位" 选项；❷在 "排序依据" 下拉列表中选择排序条件，这里保持默认设置，在 "次序" 下拉列表中选择排序顺序，如选择 "升序" 选项；❸单击 确定 按钮，如下图所示。

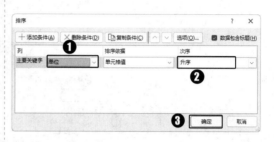

3 返回表格编辑区，即可查看到排序后的效果，❶选择包含表字段的数据区域；❷单击 "数据" 选项卡 "排序和筛选" 组中的 "筛选" 按钮，如下图所示。

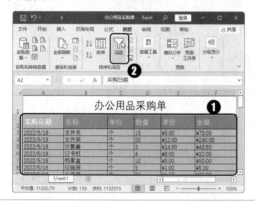

4 ❶单击 "数量" 字段后的按钮；❷在弹出的下拉列表中选择 "数字筛选" 选项；❸在弹出的子列表中选择筛选条件，如选择 "前 10 项" 选项，如下图所示。

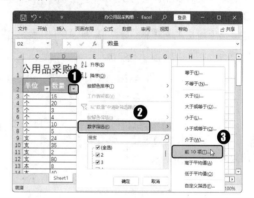

5 弹出 "自动筛选前 10 个" 对话框，❶在 "显示" 数值框中将 "10" 更改为 "15"；❷其他保持默认设置，单击 确定 按钮，如下图所示。

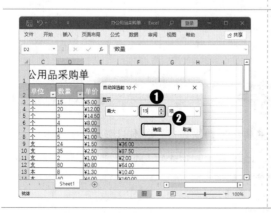

6 返回表格编辑区，即可查看到筛选出的结果，❶单击 "金额" 字段后的按钮；❷在弹出的下拉列表中选择 "数字筛选" 选项；❸在弹出的子列表中选择 "大于或等于" 选项，如下图所示。

7 弹出"自定义自动筛选方式"对话框，❶在"金额"下的第二个下拉列表框中输入筛选金额，如输入"50"；❷单击 确定 按钮，如下图所示。

8 返回表格编辑区，即可查看到筛选的结果，单击"数据"选项卡"分级显示"组中的"分类汇总"按钮 📊，如下图所示。

9 弹出"分类汇总"对话框，❶在"分类字段"下拉列表框中选择要进行分类汇总的字段名称，如选择"单位"选项；❷在"汇总方式"列表框选择需要分类汇总的方式，如选择"求和"选项；❸在"选定汇总项"列表框中选择需要进行分类汇总的选项对应的复选框；❹单击 确定 按钮，如右图所示。

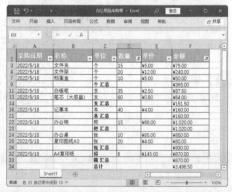

10 返回表格编辑区，即可查看到分类汇总后的效果如右图所示。

本章小结

　　本章主要讲解了管理与分析数据的知识，主要包括数据排序、数据筛选、数据分类汇总、单变量求解、模拟运算表和方案管理器等知识，通过这些知识不仅可以快速对表格中的数据进行管理，还可使用"方案管理器"对数据进行分析。

第 11 章

PowerPoint 2021 幻灯片的基本操作

本章导读

PowerPoint 2021 是目前较常用的演示文稿制作工具，被广泛应用于商业演示、培训教学、会议报告等领域。通过 PowerPoint 2021 可以制作出各类办公演示文稿。本章将对演示文稿的幻灯片的相关操作知识进行讲解。

知识要点

- ❖ 幻灯片的基本操作
- ❖ 设置幻灯片文本格式
- ❖ 设置幻灯片主题

- ❖ 设置幻灯片背景格式
- ❖ 通过幻灯片母版设置背景效果
- ❖ 设置幻灯片的页眉页脚

案例展示

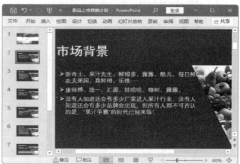

11.1 幻灯片的基本操作

演示文稿是由多张幻灯片组成的，幻灯片是演示文稿的主体，所以，要想使用 PowerPoint 2021 制作演示文稿，就必须掌握幻灯片的一些基本操作，如新建、移动、复制和删除等。下面将对这些知识进行讲解。

11.1.1 新建幻灯片

在默认情况下，新建的演示文稿中只包含一张标题页幻灯片，但这并不能满足演示文稿的制作需要，这时就需要新建幻灯片。在 PowerPoint 2021 中既可新建默认版式的幻灯片，也可新建其他版式的幻灯片。具体操作如下：

1 启动 PowerPoint 2021，根据模板新建一个演示文稿，❶选中第一张幻灯片；❷单击"幻灯片"工具组中"新建幻灯片"按钮，如下图所示。

2 即可在第一张幻灯片下添加一张幻灯片，❶将光标定位至第二张幻灯片下方；❷单击"幻灯片"工具组中"新建幻灯片"按钮下方的 ✓ 按钮；❸在弹出的下拉列表中选择新建幻灯片的版式，如选择"两栏内容"选项，如下图所示。

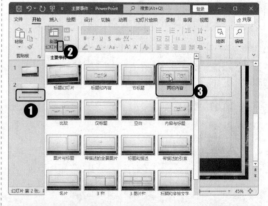

3 即可在第二张幻灯片下添加一张带版式的幻灯片，效果如右图所示。

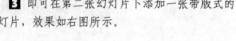

> **温馨小提示**
>
> 新建幻灯片时，在幻灯片窗格空白区域右击，在弹出的快捷菜单中选择"新建幻灯片"命令，或按 Enter 键，即可新建一张幻灯片。

11.1.2　选择幻灯片

要想对幻灯片进行其他操作，首先需要先选择幻灯片。在 PowerPoint 2021 中选择幻灯片的方式有如下几种：

- 选择不连续的多种幻灯片：按住 Ctrl 键不放，在幻灯片窗格中依次单击要选择的各张幻灯片，如下图所示。

- 选择连续的多张幻灯片：选择第一张幻灯片，按住 Shift 键不放，在幻灯片窗格中单击最后一张幻灯片即可，如下图所示。

> **温馨小提示**
>
> 如果要选择单张幻灯片，直接单击所需选择的幻灯片即可；若要选择演示文稿中的所有幻灯片，直接按 **Ctrl+A** 组合键即可。

11.1.3　移动和复制幻灯片

当制作的幻灯片的位置不正确时，可以通过移动幻灯片的方法将其移动到合适位置；而对于制作结构与格式相同的幻灯片时，可以直接复制幻灯片，然后对其内容进行修改，以达到快速创建幻灯片的目的。移动和复制幻灯片的具体操作如下：

1 打开 "素材文件\第 11 章\业务员培训.pptx"，❶选择第 4 张幻灯片；❷右击，在弹出的快捷菜单中选择 "剪切" 命令，操作如右图所示。

> **温馨小提示**
>
> 按 **Ctrl+X** 组合键剪切幻灯片，按 **Ctrl+V** 组合键可粘贴复制或剪切的幻灯片。

2 将光标定位到第 5 张幻灯片，单击"开始"选项"剪贴板"组中的"粘贴"按钮，即可将剪切的幻灯片粘贴为第 6 张幻灯片，效果如下图所示。

3 ❶选择第 1 张幻灯片；❷单击"开始"选项"剪贴板"组中的"复制"按钮，复制第 1 张幻灯片，操作如下图所示。

4 在第 6 张幻灯片下的空白区域右击，在弹出的快捷菜单中选择"保留源格式"粘贴选项，操作如下图所示。

5 即可将复制的幻灯片粘贴为第 7 张幻灯片，对幻灯片的内容进行修改即可，效果如下图所示。

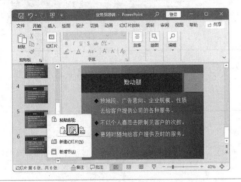

11.1.4 删除幻灯片

当不需要用到演示文稿的某张幻灯片时，可以将其删除，以方便对幻灯片进行管理。删除幻灯片的具体操作如下：

1 ❶在打开的"业务员培训"演示文稿中选择需要删除的幻灯片，如选择第 6 张幻灯片；❷右击，在弹出的快捷菜单中选择"删除幻灯片"命令，操作如右图所示。

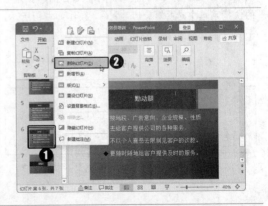

2 即可删除选择的第 6 张幻灯片，效果如右图所示。

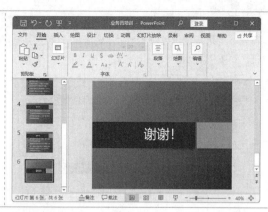

11.2　设计幻灯片

在制作幻灯片之前，首先应对幻灯片的大小、主题和背景格式等进行设置，这样，就可让演示文稿中的幻灯片拥有类似的效果，使幻灯片效果更统一。

11.2.1　设置幻灯片大小

新建演示文稿中的幻灯片大小为宽屏（16:9），若有需要，用户也可以根据实际需要对幻灯片的大小进行设置。设置幻灯片大小的具体操作如下：

1 ❶在新建的演示文稿中单击"设计"选项卡"自定义"组中的"幻灯片大小"按钮🔲；❷在弹出的下拉列表中选择"自定义幻灯片大小"选项，如下图所示。

2 弹出"幻灯片大小"对话框，❶在"幻灯片大小"下拉列表框中选择需要的幻灯片大小选项，这里选择"自定义"选项；❷在"宽度"数值框中输入幻灯片宽度值，如输入"24 厘米"效果；❸在"高度"数值框中输入幻灯片高度值，如输入"18 厘米"；❹单击 确定 按钮，如下图所示。

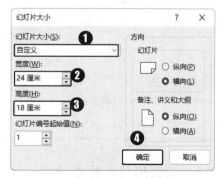

3 打开提示信息对话框，提示是按最大化内容大小还是按比例缩小幻灯片，这里单击 确保适合(E) 按钮，如下图所示。

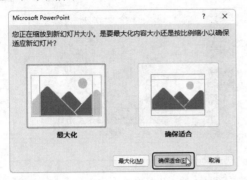

4 即可更改幻灯片的大小，新建的幻灯片大小也将发生变化，效果如下图所示。

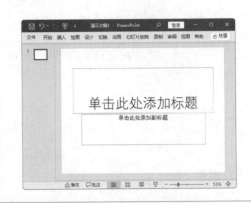

11.2.2　设置幻灯片主题

幻灯片主题包含了一组已经设置好的幻灯片背景效果、字体格式等设计元素，PowerPoint 2021 中提供了多种主题，选择需要的主题，将其应用于演示文稿的所有幻灯片中。应用主题的具体操作方法如下：

1 在演示文稿中单击"设计"选项卡"主题"组中的 ▽ 按钮，在弹出的下拉列表中选择需要的主题，如选择"环保"选项，如下图所示。

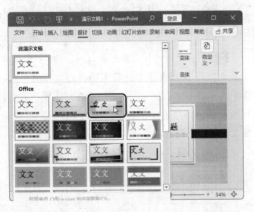

2 即可将选择的主题应用于演示文稿的幻灯片中，效果如下图所示。

> 💡温馨小提示
>
> 　　将主题应用于幻灯片中后，在"设计"选项卡"变体"组中还可对主题的颜色、字体、效果以及背景等进行设置。

11.2.3　设置幻灯片背景格式

在默认情况下，新建幻灯片的背景是纯白色的，为了使幻灯片版面美观，可以为演示文稿中的幻灯片重新设置背景效果。下面将为空白演示文稿的标题页幻灯片和新建的内容页幻灯片设置背景效果，具体操作方法如下：

1 新建一个空白演示文稿，选择第 1 张幻灯片，单击"设计"选项卡"自定义"组中的"设置背景格式"按钮，如下图所示。

2 打开"设置背景格式"任务窗格，展开"填充"选项，❶选中 图片或纹理填充(P) 单选按钮；❷在"图片源"栏中单击 插入(R)... 按钮，如下图所示。

3 弹出"插入图片"对话框，单击"来自文件"选项，如下图所示。

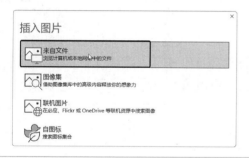

4 弹出"插入图片"对话框，❶在地址栏中选择图片保存的位置；❷选择需要插入的图片文件"背景"选项；❸单击 插入(S) 按钮，如下图所示。

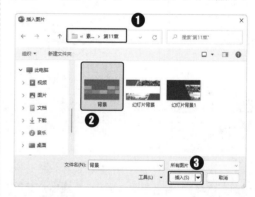

5 即可将选择的图片作为背景插入到幻灯片中，效果如右图所示。

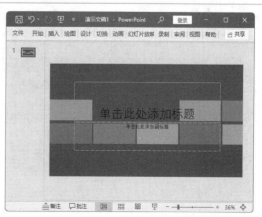

⑥ 按 Enter 键新建一张内容页幻灯片，选择该幻灯片，❶在"设置背景格式"任务窗格中保持选中 ⦿纯色填充(S) 单选按钮，❷单击"颜色"按钮 ⧫ 后的 ▼ 按钮，在弹出的下拉列表中选择要填充的颜色；❸在"透明度"数值框中输入背景颜色的透明度，如输入"18%"，如右图所示。

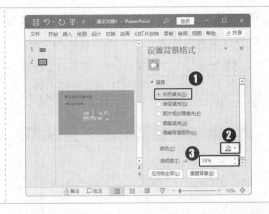

11.3 编辑幻灯片

确定好幻灯片的大小、主题和背景格式后，就可对幻灯片进行编辑，如在幻灯片中输入文本、设置文本字体格式、设置文本段落格式等。下面对编辑幻灯片的相关知识进行讲解。

11.3.1 在幻灯片中输入文本

文本是幻灯片的主体，要想通过幻灯片体现内容，文本是必不可少的。在 PowerPoint 2021 中，主要通过占位符输入文本。输入文本的具体操作如下：

❶ 打开"素材文件\第11章\维护与管理客户资源培训.pptx"，❶选择第1张幻灯片；❷然后选择幻灯片中的第一个占位符，单击鼠标并将光标定位到占位符中，输入标题"维护与管理客户资源培训"，如下图所示。

❷ 选择"副标题"占位符，在其中输入公司名称"科讯科技有限公司"，如下图所示。

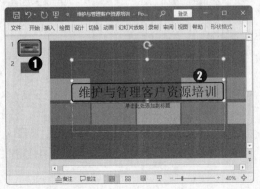

3 选择第 2 张幻灯片，使用前面的方法在标题和内容占位符中分别输入相应的内容，效果如右图所示。

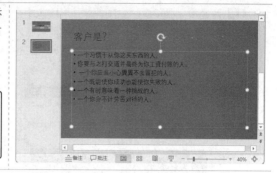

（💡温馨小提示）

　　在占位符输入文本时，当需要进行分段时，按 Enter 键即可分段。

11.3.2　设置文本字体格式

　　与在 Word 中一样，在幻灯片中输入文本后，还可根据需要对其字体、字号、字形和字体颜色进行设置，使展现的文本内容结构更清晰。设置幻灯片字体格式的具体操作如下：

1 打开"素材文件\第 11 章\公司简介.pptx"，选择第 1 张幻灯片中的标题占位符，在"开始"选项卡的"字号"下拉列表中选择需要的字号大小，如选择"60"选项，如下图所示。

2 保持占位符的选择状态，❶单击"字体"组中的"加粗"按钮 **B** 加粗文本；❷单击"字符间距"按钮 AV；❸在弹出的下拉列表中选择需要的间距选项，如选择"很松"选项，如下图所示。

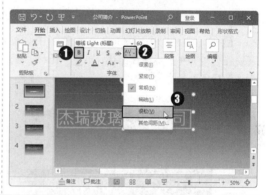

3 选择第 2 张幻灯片中的标题占位符，在"字体"组中的"字体"下拉列表框中选择需要的字体，如选择"黑体"选项，如下图所示。

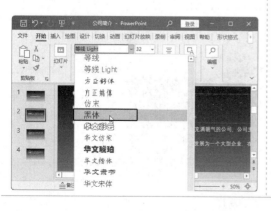

4 ❶在"字号"下拉列表框中选择"44"选项；❷单击"字体颜色"按钮 A 右侧的 ⌄ 按钮；❸在弹出的下拉列表中选择需要的颜色选项，如下图所示。

5 选择第2张幻灯片标题占位符中的文本，双击"格式刷"按钮，此时光标变成形状。在第3张幻灯片中拖动鼠标选择"公司产品"文本，如下图所示。

6 即可将第 2 张幻灯片标题文本的格式应用于所选择的文本中，然后再使用格式刷选择第4 张幻灯片的标题，为其应用相同的格式，效果如下图所示。

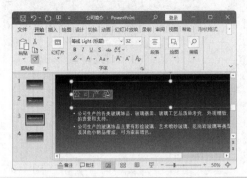

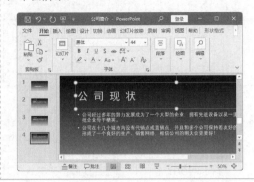

11.3.3　设置文本段落格式

设置文本的段落格式，可以使幻灯片体现的内容更容易被记忆和阅读。在幻灯片中，为文本设置段落格式主要包括设置对齐方式、行间距、项目符号和编号等。下面将设置标题的对齐方式，设置内容的行间距和项目符号格式，具体操作如下：

1 在打开的"公司简介"演示文稿中选择第2张幻灯片中的标题占位符，单击"开始"选项卡"段落"组中的"居中对齐"按钮，使标题居于占位符中间显示，如下图所示。

2 选择内容占位符，❶单击"段落"组中的"行和段落间距"按钮；❷在弹出的下拉列表中选择"2.0"选项，如下图所示。

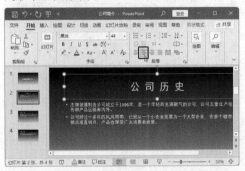

3 保持内容占位符的选择状态，❶单击"段落"组中的"项目符号"按钮右侧的按钮；❷在弹出的下拉列表中选择需要的项目符号，如右图所示。

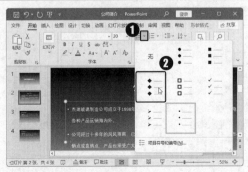

4 使用相同的方法为第 3 张和第 4 张幻灯片设置相同的段落格式，效果如右图所示。

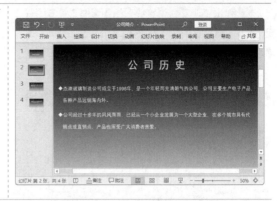

11.4 制作幻灯片母版

幻灯片母版相当于是一种模板，它能够存储幻灯片的所有信息，包括文本和对象在幻灯片上的放置位置、文本和对象的大小、文本样式、背景、颜色主题、效果和动画等。通过幻灯片母版可以制作出多张风格相同的幻灯片，使演示文稿的整体风格更统一。

11.4.1 设置幻灯片母版背景

设置幻灯片母版背景的方法与设置幻灯片背景的方法相似，只是其放置场所不一样。设置幻灯片母版背景的具体操作如下：

1 打开"素材文件\第 11 章\新品上市营销计划.pptx"，单击"视图"选项卡"母版视图"组中的"幻灯片母版"按钮，如下图所示。

2 进入幻灯片母版视图，❶选择母版视图中的第 1 张幻灯片；❷单击"幻灯片母版"选项卡"背景"组中的"背景样式"按钮，；❸在弹出的下拉列表中选择"设置背景格式"选项，如下图所示。

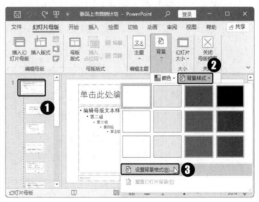

③ 弹出"设置背景格式"任务窗格，展开"填充"选项，**❶**选中 图片或纹理填充(P) 单选按钮；**❷**在"图片源"栏中单击 插入(R)... 按钮，如下图所示。

④ 弹出"插入图片"对话框，选择"来自文件"选项，弹出"插入图片"对话框，**❶**在地址栏中选择图片保存的位置；**❷**选择需要插入的图片文件"幻灯片背景 1"选项；**❸**单击 插入(S)▼ 按钮，如下图所示。

⑤ 即可为所有幻灯片应用相同的背景效果，如右图所示。

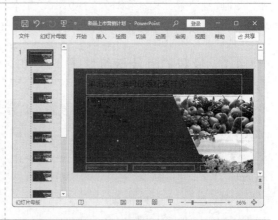

(💡温馨小提示)

幻灯片母版中，第 1 张幻灯片表示内容页幻灯片，第 2 张幻灯片表示标题页幻灯片，也就是演示文稿普通视图中的第 1 张幻灯片。

⑥ 选择幻灯片母版中的第 2 张幻灯片，使用相同的方法为其设置幻灯片背景，如右图所示。

(💡温馨小提示)

如果要通过幻灯片母版设置幻灯片的背景、字体格式和段落格式等，都必须先设置内容页幻灯片的格式，然后再设置标题页幻灯片的格式。

11.4.2 设置幻灯片母版占位符格式

如果希望演示文稿中的幻灯片拥有相同的字体格式、段落格式，可以通过幻灯片母版进行统一设置，这样就不用重复设置了，也提高了演示文稿的制作效率。设置幻灯片母版占位格式的具体操作如下：

1 ❶在打开的"新品上市营销计划"演示文稿的幻灯片母版中选择第 1 张幻灯片；❷选择标题和内容占位符，单击"开始"选项卡"字体"组中的"字体颜色"按钮 A 右侧的 ▾ 按钮；❸在弹出的下拉列表中选择"白色"选项，如下图所示。

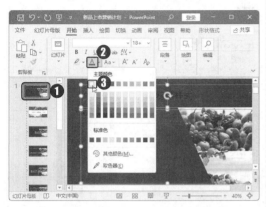

2 选择标题占位符，将其字体设置为"黑体"，❶选择内容占位符，将其字号设置为"28"；❷单击"段落"组中的"项目符号"按钮 ☷ 右侧的 ▾ 按钮；❸在弹出的下拉列表中选择需要的项目符号，如下图所示。

3 选择内容占位符，将光标移动到占位符右侧中间的控制点上，然后按住鼠标左键不放向左拖动鼠标，调整占位符大小，如下图所示。

4 使用相同的方法设置幻灯片母版中第 2 张幻灯片的占位符格式，效果如下图所示。

11.4.3　设置幻灯片母版的页眉页脚

在幻灯片母版中，还可为所有幻灯片添加相同的页眉页脚，如日期、公司名称、幻灯片编号等。添加页眉页脚的具体操作如下：

1 ❶在打开的"新品上市营销计划"演示文稿的幻灯片母版中选择第 1 张幻灯片；❷单击"插入"选项卡"文本"组中的"页眉和页脚"按钮🖺，如下图所示。

2 弹出"页眉和页脚"对话框，默认选择"幻灯片"选项卡，❶选中☑日期和时间(D)复选框；❷选中◉固定(X)单选按钮；❸在其下的文本框中输入日期"2022/5/15"；❹选中☑页脚(F)复选框；❺在其下的文本框中输入相应的内容，如输入"维果新饮品有限公司"；❻选中☑标题幻灯片中不显示(S)复选框；❼单击全部应用(Y)按钮，如下图所示。

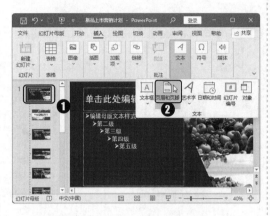

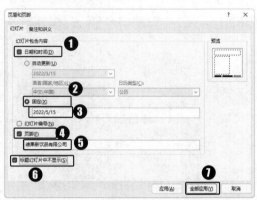

3 ❶即可在幻灯片底部添加设置的页眉页脚内容；❷单击"幻灯片母版"选项卡"关闭"组中的"关闭母版视图"按钮⊠，如下图所示。

4 退出幻灯片母版视图，返回普通视图中，即可查看到设置的整体效果，如下图所示。

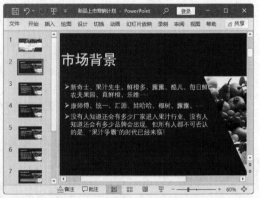

> 💡**温馨小提示**
>
> 若在"页眉和页脚"对话框中不选中☐标题幻灯片中不显示(S)复选框，将会在标题页幻灯片中显示添加的页眉页脚。

11.5　案例制作——制作"商务礼仪培训"幻灯片

案例介绍

公司商务礼仪培训是指公司员工在日常商务活动中，用以维护公司形象，对客户表示友好的一种规范，特别是服务型公司，对员工的商务礼仪非常重视。本实例即制作"商务礼仪培训"幻灯片。首先为空白幻灯片应用主题，然后对幻灯片进行编辑。

视频教学

教学文件：教学文件\第 11 章\制作"商务礼仪培训"幻灯片.mp4

步骤详解

本实例的具体制作步骤如下。

1 新建一个空白演示文稿，将其以"商务礼仪培训"名称保存，在"设计"选项卡"主题"组中的列表框中选择"环保"主题选项，如下图所示。

2 ❶在"设计"选项卡"变体"组中的列表框中选择"字体"选项；❷在弹出的子列表中选择需要的字体选项，如下图所示。

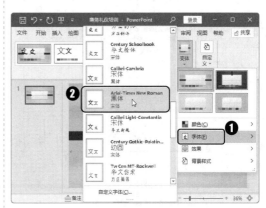

3 即可更改主题应用的字体，然后在第 1 张幻灯片中的占位符中输入相应的文本，效果如下图所示。

4 按 Enter 键新建一张幻灯片，然后在幻灯片中输入相应的内容，效果如下图所示。

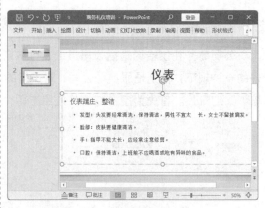

5 新建 9 张幻灯片，然后在每张幻灯片的占位符中输入相应的内容，效果如下图所示。

6 ❶选择第 1 张幻灯片；❷右击，在弹出的快捷菜单中选择"复制"命令，如下图所示。

7 将光标定位到第 11 张幻灯片下，❶单击"开始"选项卡"剪贴板"组中的"粘贴"按钮；❷将复制的幻灯片粘贴为第 12 张，然后删除副标题占位符，将标题占位符中的文本修改为"谢谢!"，效果如下图所示。

8 单击"幻灯片母版"按钮，进入母版视图，❶选择第 1 张幻灯片，再选择内容占位符；❷单击"开始"选项卡"段落"组中的"项目符号"按钮右侧的▾按钮；❸在弹出的下拉列表中选择需要的项目符号，如下图所示。

9 单击"插入"选项卡"文本"组中的"页眉和页脚"按钮，如下图所示。

11 选择幻灯片编号和日期占位符，在"字号"下拉列表框中选择"20"，如下图所示。

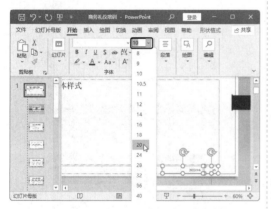

10 弹出"页眉和页脚"对话框，默认选择"幻灯片"选项卡，❶选中 ☑ 日期和时间(D) 复选框；❷选中 ◉ 固定(X) 单选按钮；❸在其下的文本框中输入日期"2022/5/6"；❹选中 ☑ 幻灯片编号(N) 复选框；选中 ☑ 标题幻灯片中不显示(S) 复选框；❺单击 全部应用(Y) 按钮，如下图所示。

12 单击"关闭"组中的"关闭母版视图"按钮⊠，返回普通视图中，即可查看到设置的效果，如下图所示。

本章小结

本章主要讲解了幻灯片的基本操作、幻灯片大小设置、应用幻灯片主题、设置幻灯片背景格式、设计幻灯片母版等内容，通过学习这些知识，使用户掌握制作幻灯片的方法。

第 12 章

PowerPoint 2021
幻灯片内容的丰富

本章导读

幻灯片中包含的内容不仅是文本，还可包含图片、艺术字、形状、SmartArt 图形、表格、图表、声音、视频、超级链接和动作按钮等对象，通过添加这些对象，可以使幻灯片的内容更丰富，页面更饱满。本章将主要讲解这些对象的使用方法，使用户快速掌握制作图文并茂幻灯片的方法。

知识要点

- ❖ 图形对象的使用
- ❖ 声音的添加
- ❖ 添加视频
- ❖ 添加动作按钮
- ❖ 超级链接的使用

案例展示

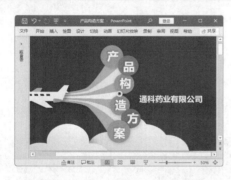

12.1　使用图形对象丰富幻灯片内容

使用文本并不能完全展现出幻灯片需要体现的内容,有时还需要借助其他对象,如图片、艺术字、形状、SmartArt 图形、表格和图表等对象来更好地展现内容。下面将对各对象的使用方法进行讲解。

12.1.1　图片的使用

与 Word 中的一样,在幻灯片中既可插入计算机中保存的图片,也可插入联机图片,插入后,用户还可根据实际情况对图片的颜色、亮度、样式等进行调整。下面将在幻灯片中插入计算机中保存的图片,然后调整图片的颜色,最后为图片应用样式。具体操作如下:

1 打开"素材文件\第 12 章\商务礼仪培训.pptx",❶选择第 5 张幻灯片;❷单击"插入"选项卡"图像"组中的"图片"按钮，❸在弹出的下拉菜单中选择"此设备"选项,如下图所示。

2 弹出"插入图片"对话框,❶在地址栏中选择要插入图片所在的位置;❷选择图片"坐姿";❸单击 插入(S) 按钮,如下图所示。

3 返回幻灯片中,将插入的图片调整到合适大小,❶单击"图片格式"选项卡"调整"组中的"颜色"按钮，❷在弹出的下拉列表中选择"重新着色"栏中的"灰度"选项,如下图所示。

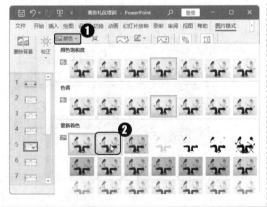

4 保持图片的选择状态,❶单击"格式"选项卡"图片样式"组中的"快速样式"按钮；❷在弹出的下拉列表中选择"中等复杂框架,黑色"选项,如下图所示。

⑤ 在第8张幻灯片中插入"握手"图片,选择该图片,❶单击"校正"按钮☀;❷在弹出的下拉列表中选择需要的选项,如下图所示。

⑥ 保持图片的选择状态,❶单击"快速样式"按钮☑;❷在弹出的下拉列表中选择"映像圆角矩形"选项,如下图所示。

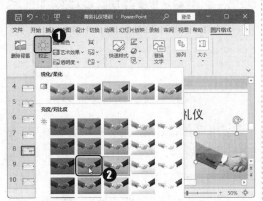
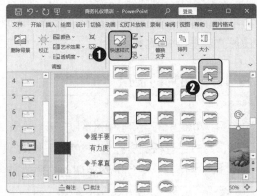

💡温馨小提示

在幻灯片中,图片、艺术字、形状、SmartArt 图形、表格、图表等对象的插入与编辑方法与在 Word 中的操作一样,读者可根据 Word 讲解的部分知识应用到幻灯片中。

12.1.2　艺术字的使用

在制作标题页幻灯片和内容比较灵活的幻灯片时,经常运用到艺术字。下面讲解在幻灯片中使用艺术字的方法。其具体操作如下:

❶ 打开"素材文件\第 12 章\产品构造方案.pptx"演示文稿,❶选择第 1 张幻灯片;❷单击"插入"选项卡"文本"组中的"艺术字"按钮⒜;❸在弹出的下拉列表中选择需要的艺术字样式,如下图所示。

❷ 在艺术字文本框中输入"产",将艺术字移动到合适位置,❶选择艺术字,单击"形状格式"选项卡"艺术字样式"组中的"文本轮廓"按钮⒜右侧的 ˅ 按钮;❷在弹出的下拉列表中选择"无轮廓"选项,如下图所示。

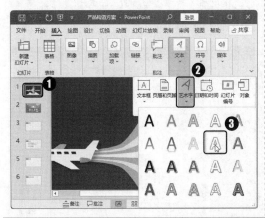
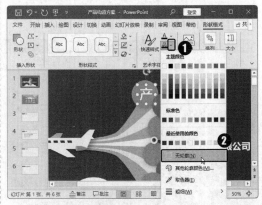

3 保持艺术字的选择状态，❶单击"艺术字样式"组中的"文字效果"按钮A；❷在弹出的下拉列表中选择"阴影"选项；❸在弹出的子列表中选择"左上斜偏移"选项，如下图所示。

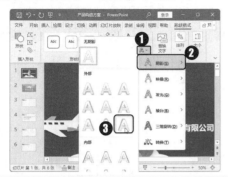

4 保持艺术字的选择状态，❶单击"艺术字样式"组中的"文字效果"按钮A；❷在弹出的下拉列表中选择"发光"选项；❸在弹出的子列表中选择"绿色,8pt 发光,个性色 6"选项，如下图所示。

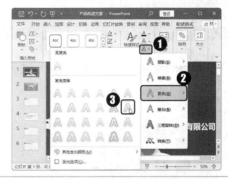

5 复制艺术字"产"，将其更改为"品"，并将其移动到合适位置，效果如下图所示。

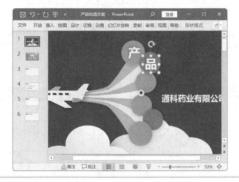

6 使用相同的方法制作其他艺术字，效果如下图所示。

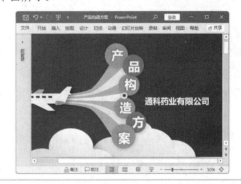

12.1.3　形状的使用

通过形状可以灵活排列幻灯片内容，使幻灯片展现的内容更形象。下面将通过形状来制作第 5 张幻灯片，具体操作如下：

1 ❶在打开的"产品构造方案"演示文稿中选择第 5 张幻灯片；❷单击"插入"选项卡"插图"组中的"形状"按钮；❸在弹出的下拉列表中选择"圆角矩形"选项，如下图所示。

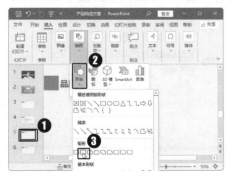

2 此时光标变成十形状，❶在幻灯片中拖动鼠标，即可绘制圆角矩形；❷选择绘制的圆角矩形，右击，在弹出的快捷菜单中选择"编辑文字"命令，如下图所示。

3 此时光标将定位到形状中，输入文本"通科药业"，将其字号设置为"54"，在"形状格式"选项卡"形状样式"组中的列表框中选择需要的形状样式，如下图所示。

4 ❶使用相同的方法在幻灯片中绘制 3 个箭头，并应用"彩色填充-灰色,强调颜色 3"形状样式；❷单击"形状样式"组中的"形状轮廓"按钮右侧的 按钮；❸在弹出的下拉列表中选择"无轮廓"选项，如下图所示。

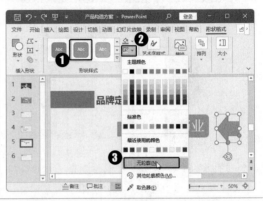

5 保持 3 个箭头的选择状态，❶单击"形状格式"组中的"形状填充"按钮右侧的 按钮；❷在弹出的下拉列表中选择"渐变"选项；❸在弹出的子列表中选择"从左上角"选项，如下图所示。

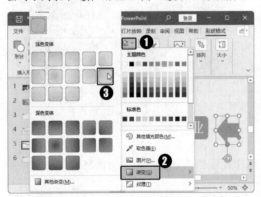

6 使用前面的方法绘制两个文本框形状，在文本框形状中输入相应的文本内容，并对其字体格式进行设置，效果如下图所示。

7 在幻灯片最下方绘制一个"流程图: 终止"形状，为其应用"半透明-灰色,强调颜色 3,无轮廓"形状样式，效果如下图所示。

8 在绘制的形状中输入相应的文本，并对其字号、加粗和字体颜色等字体格式进行相应的设置，效果如下图所示。

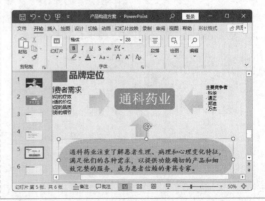

12.1.4　SmartArt 图形的使用

SmartArt 图形可以以最简单的方式、最美观的图形效果来体现某种思维逻辑，从而快速、轻松、有效地传递信息，在幻灯片中应用比较广泛。在幻灯片中使用 SmartArt 图形的具体操作如下：

1 ❶在打开的"产品构造方案"演示文稿中选择第 3 张幻灯片；❷单击"插入"选项卡"插图"组中的"SmartArt"按钮，如下图所示。

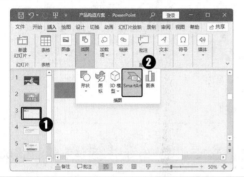

2 弹出"选择 SmartArt 图形"对话框，❶在左侧选择"循环"选项；❷在中间选择"分离射线"选项；❸单击 确定 按钮，如下图所示。

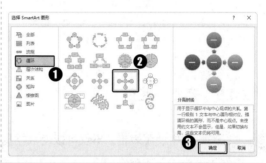

3 在幻灯片中插入 SmartArt 图形，然后在 SmartArt 图形的各个形状中输入相应的文本，效果如下图所示。

4 选择 SmartArt 图形，在"SmartArt 设计"选项卡"SmartArt 样式"组中的列表框中选择"优雅"选项，如下图所示。

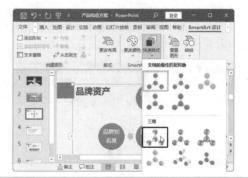

5 ❶在"SmartArt 样式"组中单击"更改颜色"按钮；❷在弹出的下拉列表中选择"彩色范围-个性色 5 至 6"选项，如下图所示。

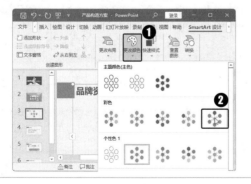

6 选择第 6 张幻灯片，在其中插入"聚合射线"关系图，并在 SmartArt 图形的各个形状中输入相应的文本，效果如下图所示。

7 选择 SmartArt 图形，❶在"版式"组中单击"更改布局"按钮 🔲；❷在弹出的下拉列表中选择"嵌套目标图"选项，如下图所示。

8 更改 SmartArt 图形布局，并为其应用"卡通"样式，❶然后单击"格式"选项卡"形状样式"组中的"形状填充"按钮 🔲 右侧的 ⌄ 按钮；❷在弹出的下拉列表中选择需要的颜色，如下图所示。

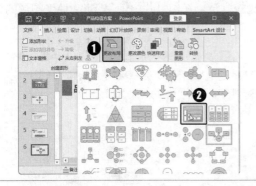

12.1.5 表格的使用

在幻灯片中使用表格，不仅可以使数据更加规范，还能提升幻灯片的整体效果。在幻灯片中使用表格的具体操作如下：

1 打开"素材文件\第 12 章\销售业绩报告.pptx"，❶选择第 2 张幻灯片；❷在内容占位符中单击"表格"图标 🔲；❸弹出"插入表格"对话框，在"列数"和"行数"数值框中设置表格的列数和行数；❹单击 确定 按钮，如下图所示。

2 在幻灯片中插入表格，将光标移动到表格下方中间的控制点上，按住鼠标左键向下拖动鼠标，调整表格高度，然后在表格的单元格中输入相应的数据，效果如下图所示。

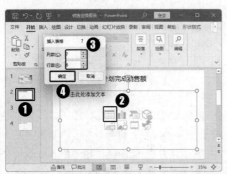

3 拖动鼠标选择整个表格，单击"布局"选项卡"对齐方式"组中的"居中"按钮 ≡ 和"垂直居中"按钮 ▤，使表格数据居中显示，如右图所示。

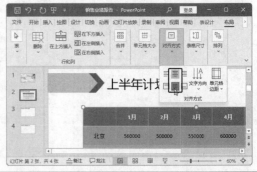

4 选择表格第一个单元格，将其对齐方式设置为"左对齐"，将光标定位到第一个单元格中，❶单击"表设计"选项卡"表格样式"组中的"边框"按钮田右侧的 ﹀ 按钮；❷在弹出的下拉列表中选择"斜下框线"选项，如下图所示。

5 即可在单元格中插入斜线，在单元格中输入"月份 地区"文本，然后通过按空格键对其位置进行调整，效果如下图所示。

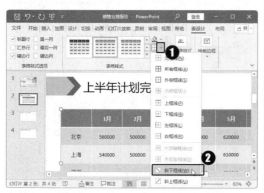

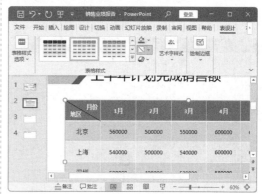

6 复制表格，将其粘贴到第 3 张幻灯片中，然后对表格中的数据进行修改，效果如下图所示。

7 选择表格，在"表格样式"组中的列表框中选择需要的表样式，如下图所示。

8 即可为幻灯片中的表格应用选择的样式，效果如右图所示。

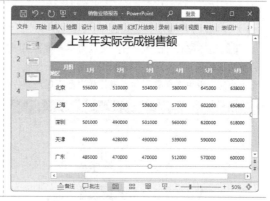

12.1.6　图表的使用

图表是数据的图形化显示方式，能更好地体现幻灯片中数据的关系，有利于对幻灯片中的数据进行比较。在幻灯片中使用图表的具体操作如下：

1 ❶在打开的"销售业绩报告"演示文稿中选择第 4 张幻灯片；❷在内容占位符中单击"图表"图标▊，如下图所示。

2 弹出"插入图表"对话框，❶在左侧选择"柱形图"选项；❷在右侧选择"三维簇状柱形图"选项；❸单击 确定 按钮，如下图所示。

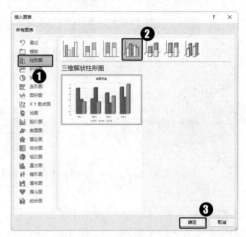

3 弹出"Microsoft PowerPoint 中的图表"对话框，❶在单元格中输入相应的图表数据；❷输入完成后单击"关闭"按钮▊，如下图所示。

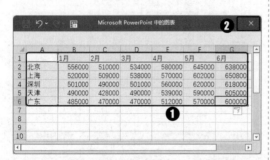

4 返回幻灯片中，即可查看到插入的图表，效果如下图所示。

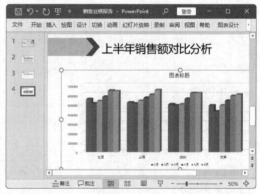

5 选择图表的标题，将其更改为"各地区实际完成销售额分析"，然后选择图表，在"图表样式"组中的列表框中选择需要的图表样式，如下图所示。

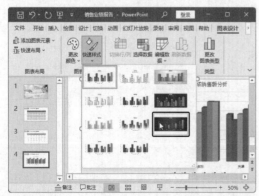

6 即可查看到应用图表样式后的效果，如下图所示。

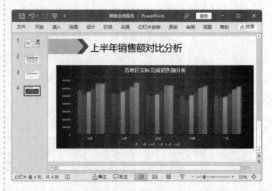

专家解疑难

问：如果图表中显示的数据不正确怎么办？

答：如果幻灯片中插入的图表数据不正确，可先选择图表，然后在"图表设计"选项卡"数据"组中单击"选择数据"按钮 或"编辑数据"按钮 ，弹出"Microsoft PowerPoint 中的图表"对话框，在其中对数据进行修改即可。

12.2 在幻灯片中插入多媒体

在幻灯片中除了可添加图形对象外，还可添加多媒体文件，如声音、视频和 Flash 动画等，使制作的幻灯片有声有色。

12.2.1 插入音频文件

在幻灯片中插入计算机中保存的音频文件的方法与插入图片的方法类似。下面将在标题页幻灯片中插入计算机中保存的音频文件。具体操作如下：

1 打开"素材文件\第 12 章\产品相册.pptx"演示文稿，选择第 1 张幻灯片，❶单击"插入"选项卡"媒体"组中的"音频"按钮 ；❷在弹出的下拉列表中选择"PC 上的音频"选项，如下图所示。

2 弹出"插入音频"对话框，❶在地址栏中设置插入音频保存的位置；❷选择需要插入的音频文件"安妮的仙境"；❸单击 按钮，如下图所示。

3 即可将选择的音频文件插入幻灯片中，如右图所示。

温馨小提示

插入音频文件后，在音频图标下方将出现播放控制条，单击其中的▶按钮，可播放音频；单击◀按钮，可向后移动 0.25 秒；单击▶按钮，可向前移动 0.25 秒；单击 按钮可调整播放的声音大小。

12.2.2 设置音频属性

在幻灯片中插入音频文件后，用户还可通过"音频格式"选项卡对音频文件的属性进行设置。设置音频属性的具体操作方法如下：

1 在打开的演示文稿中选择声音图标，单击"音频格式"选项卡"预览"组中的"播放"按钮▷，即可开始对声音进行试听，如下图所示。

2 选择声音图标，❶单击"音频格式"选项卡"音频选项"组中的"音量"按钮◁ɪ；❷在弹出的下拉列表中选择声音大小选项，如选择"中等"选项，如下图所示。

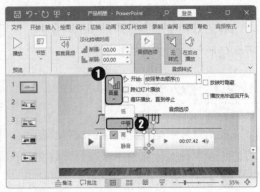

3 ❶在"音频选项"组中的"开始"下拉列表中选择播放方式，如选择"自动"选项；❷选中☑放映时隐藏复选框，如下图所示。

4 按 F5 键进入放映模式后，将自动播放录制的声音，并隐藏声音图标，效果如下图所示。

> **💡温馨小提示**
>
> 在"音频选项"组中选中☑跨幻灯片播放复选框，可跨幻灯片播放音频文件，也就是说在播放其他幻灯片时，也会播放音频；选中☑循环播放，直到停止复选框，会循环播放音频文件；选中☑播放完毕返回开头复选框，表示音频文件播放完后，将返回幻灯片中。

12.2.3 插入视频文件

在 PowerPoint 2021 中，还可将从网上下载的视频或自己制作的视频插入幻灯片中，使幻灯片展示的内容更形象生动。在幻灯片中插入视频的具体操作方法如下：

1 打开"素材文件\第 12 章\景点宣传.pptx"，❶选择第 3 张幻灯片；❷在内容占位符中单击"插入视频文件"图标，如下图所示。

2 弹出"插入视频文件"对话框，❶在地址栏中选择插入视频文件的保存位置；❷选择需要插入的视频文件"九寨沟"；❸单击 插入(S) 按钮，如下图所示。

3 即可将选择的视频文件插入幻灯片中，❶单击"视频格式"选项卡中的"视频样式"按钮；❷在打开的菜单中选择一种视频样式，如下图所示。

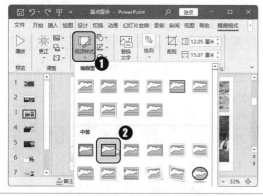

4 拖动视频四周的控制点，调整视频的大小即可，效果如下图所示。

> 🔔**温馨小提示**
>
> 　　在幻灯片中添加视频后，在出现的"视频格式"选项卡中，可通过设置音频的方法对视频的属性进行设置。

12.3　超链接的使用

　　PowerPoint 2021 提供了超链接功能，通过它为对象创建链接后，放映时，单击对象即可快速跳转到链接的内容。下面将对超链接的使用方法进行讲解。

12.3.1　添加超链接

在幻灯片中，既可为文本创建超链接，也可为图片创建超链接，其创建的方法都相同。创建超链接的具体操作如下：

1 打开"素材文件\第 12 章\产品构造方案 1.pptx"演示文稿，❶选择第 2 张幻灯片中的"品牌资产"文本；❷单击"插入"选项卡"链接"组中的"链接"按钮🔗，如下图所示。

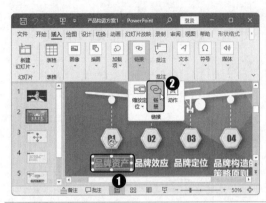

2 弹出"插入超链接"对话框，❶在"链接到"列表框中选择链接位置，如选择"本文档中的位置"选项；❷在"请选择文档中的位置"列表框中选择要链接到的幻灯片，如选择"幻灯片 3"，即选择第 3 张幻灯片，❸单击 确定 按钮，如下图所示。

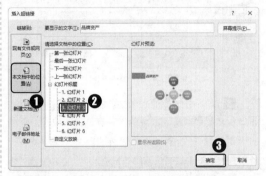

3 返回幻灯片编辑区，即可看到设置超链接的文本颜色已发生变化，使用相同的方法为该张幻灯片中的其他文本添加对应的超链接，如右图所示。

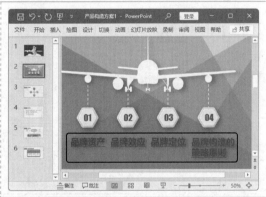

4 按 F5 键放映幻灯片，单击添加超级链接的文本，如下图所示。

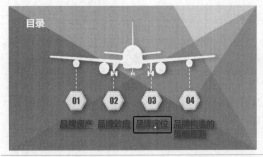

5 即可快速调整到对应的幻灯片进行放映，如下图所示。

专家解疑难

问： 为幻灯片文本对象添加超链接后，发现链接位置不正确，能不能对其进行修改？

答： 为对象添加超链接后，如果发现链接位置或内容不正确，可对其进行修改。其方法是：在幻灯片中选择添加超链接的文本，单击"链接"按钮 ⌒，弹出"编辑超链接"对话框，在其中对链接位置和链接内容进行修改，修改完成后单击 ⌐确定⌐ 按钮即可。

12.3.2　删除超链接

当创建的超链接无用或不再需要使用超链接时，可以将其删除。删除超链接的具体操作如下：

1 在打开的"产品构造方案 1"演示文稿中选择添加超链接的对象，在其上右击，在弹出的快捷菜单中选择"删除链接"命令，如下图所示。

2 即可取消所选对象的超级链接，效果如下图所示。

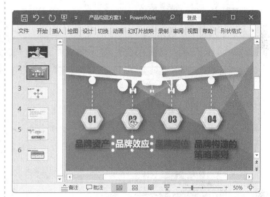

温馨小提示

选择需删除的超链接后，弹出"编辑超链接"对话框，单击 ⌐删除链接(R)⌐ 按钮，也可删除所选择的超链接。

12.3.3　添加动作按钮

动作按钮是一些被理解为用于转到下一张、上一张、最后一张等的按钮，通过为这些按钮添加超链接，也可实现幻灯片之间的跳转。添加动作按钮的具体操作如下：

1 打开"素材文件\第 12 章\产品构造方案 1.pptx"演示文稿，选择第 1 张幻灯片，❶单击"插入"选项卡"插图"组中的"形状"按钮🖼️；❷在弹出的下拉列表中选择"动作按钮"栏中的动作按钮："前进或下一项"选项，如下图所示。

2 此时光标将变成十形状，❶在幻灯片中拖动鼠标绘制动作按钮；❷绘制完成后释放鼠标，弹出"操作设置"对话框，对链接位置进行设置，这里保持默认设置，单击 确定 按钮，如下图所示。

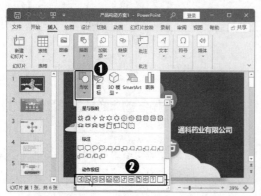

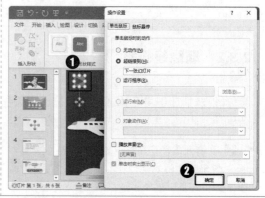

3 使用相同的方法，在幻灯片中绘制一个"动作按钮：转到结尾"按钮，并保持"操作设置"对话框的默认设置不变，如下图所示。

4 复制动作按钮，将其粘贴到第 2～第 5 张幻灯片中，效果如下图所示。

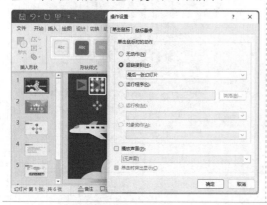

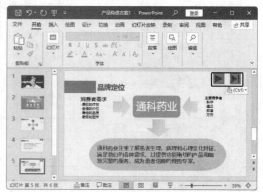

> 💡**温馨小提示**
>
> 如果需要为演示文稿的每张幻灯片添加相同的动作按钮，可通过幻灯片母版进行设置。其方法是：进入幻灯片母版，选择母版中的第 1 张幻灯片，然后绘制相应的动作按钮，并对其动作进行设置，完成后退出幻灯片母版即可。若要想删除通过幻灯片母版添加的动作按钮，就必须进入幻灯片母版中进行删除。

12.4　案例制作——制作"公司年终会议"幻灯片

案例介绍

公司召开年终会议的主要目的首先是对当年的工作进行总结，制订下年的工作计划；其次是提高员工的工作积极性，拉近员工与各领导之间的距离，树立公司在员工心目中的形象。

本例将通过各对象的使用，制作"公司年终会议"幻灯片。

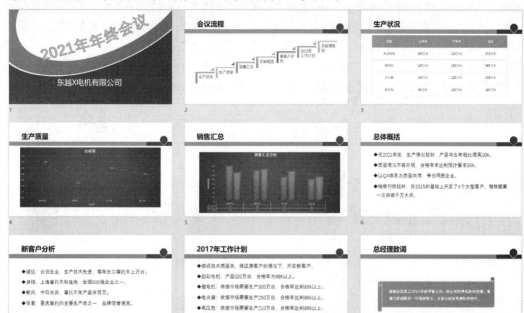

视频教学

教学文件：教学文件\第 12 章\制作"公司年终会议"幻灯片.mp4

步骤详解

本实例的具体制作步骤如下：

1 打开"素材文件\第 12 章\公司年终会议.pptx"演示文稿，❶删除标题占位符，在副标题占位符中输入公司名称"东越 X 电机有限公司"；❷单击"插入"选项卡"文本"组中的"艺术字"按钮 ❹，❸在弹出的下拉列表中选择需要的艺术字，如右图所示。

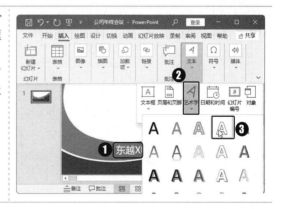

2 在艺术字文本框中输入艺术字，将其字号设置为"88"，选择艺术字，❶单击"形状格式"选项卡"艺术字样式"组中的"文本填充"按钮 A 右侧的 ❤ 按钮；❷在弹出的下拉列表中选择"橙色"选项，如下图所示。

3 ❶选择艺术字，单击"艺术字样式"组中的"文字效果"按钮 A；❷在弹出的下拉列表中选择"转换"选项；❸在弹出的子列表中选择"正 V 形"选项，如下图所示。

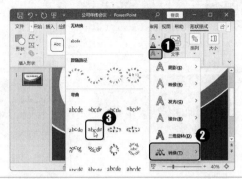

4 将艺术字移动到合适的位置，然后将光标移动到 ◎ 控制点上，按住鼠标左键不放拖动，调整艺术字的旋转角度，效果如下图所示。

5 按 Enter 键新建一张幻灯片，❶在标题占位符中输入"会议流程"文本；❷单击内容占位符中的"插入 SmartArt 图形"图标 📊，如下图所示。

6 弹出"选择 SmartArt 图形"对话框，❶在左侧选择"流程"选项；❷在中间选择"步骤上移流程"选项；❸单击 确定 按钮，如下图所示。

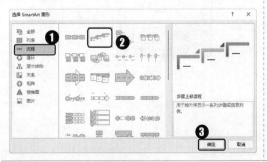

7 在 SmartArt 图形中输入相应的内容，❶选择第 3 个形状；❷单击"SmartArt 设计"选项卡"创建图形"组中的"添加形状"按钮 □；❸在弹出的下拉列表中选择"在后面添加形状"选项，如下图所示。

8 即可在形状后添加一个形状，然后使用相同的方法再添加 3 个形状，❶在"创建图形"组中单击"文本窗格"按钮▥；❷打开"在此处键入文字"文本窗格，在其中输入相应的内容，效果如下图所示。

9 在 "SmartArt 设计"选项卡 "SmartArt 样式"组中的"快速样式"列表框中选择一种图形样式，如下图所示。

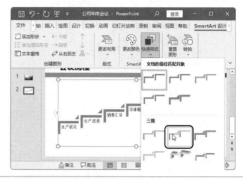

10 ❶在 "SmartArt 样式"组中单击"更改颜色"按钮🎨；❷在弹出的下拉列表中选择"彩色范围-个性色"选项，如下图所示。

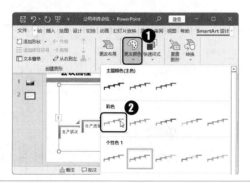

11 按 Enter 键新建一张幻灯片，在标题占位符中输入文本，❶单击"插入"选项卡"表格"组中的"表格"按钮▦；❷在弹出的下拉列表中拖动鼠标选择"4×5"选项，如下图所示。

12 选择表格，将其调整到合适大小，并在单元格中输入相应的数据，然后单击"布局"选项卡"对齐方式"组中的"居中"按钮☰和"垂直居中"按钮▤，使表格数据居中显示，如下图所示。

13 选择表格，在"表设计"选项卡"表格样式"组中的列表框中选择需要的表样式，即可为表格应用相应的样式，如下图所示。

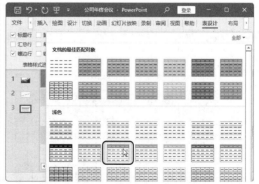

14 新建一张幻灯片，在标题占位符中输入文本，单击内容占位符中的"图表"图标，弹出"插入图表"对话框，❶在左侧选择"折线图"选项；❷在右侧选择"带数据标记的折线图"选项；❸单击 确定 按钮，如下图所示。

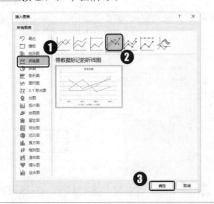

15 弹出"Microsoft PowerPoint 中的图表"对话框，❶在单元格中输入相应的图表数据；❷输入完成后单击"关闭"按钮，如下图所示。

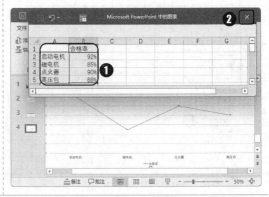

16 选择图表，❶在"图表设计"选项卡"图表布局"组中单击"快速布局"按钮；❷在弹出的下拉列表中选择"布局9"选项，如下图所示。

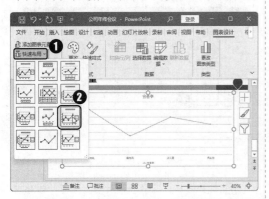

17 选择图表，在"图表样式"组中的列表框中选择需要的图表样式，如下图所示。

18 使用前面制作幻灯片和图表的方法，制作第5张幻灯片，效果如下图所示。

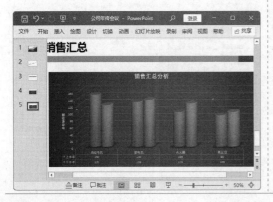

19 然后制作6、7、8、9张幻灯片，删除第9张幻灯片中的内容占位符，❶单击"插入"选项卡"插图"组中的"形状"按钮；❷在弹出的下拉列表中选择"横卷形"选项，如下图所示。

20 此时光标变成十形状，在幻灯片中拖动鼠标，绘制形状，绘制完成后，在形状中输入相应的文本，效果如下图所示。

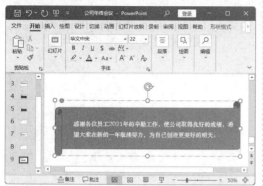

21 选择形状，在"形状格式"选项卡"形状样式"组中的列表框中选择需要的形状样式，完成本例的制作，如下图所示。

本章小结

　　本章的重点在于图形对象的使用、音频和视频文件的插入、超链接的使用等知识点。通过本章的学习，希望大家能够灵活运用本章的知识和前面所学的内容，快速制作出有声有色的幻灯片，使制作的演示文稿内容更加丰富多彩。

第13章

PowerPoint 2021 幻灯片的动画设置与放映输出

↳本章导读

PowerPoint 最重要的功能是动画，通过为幻灯片或幻灯片对象添加动画，可以使静止的幻灯片动起来。合理的动画效果，可以增加幻灯片的趣味性和生动性，使演示文稿传递的信息更容易被记忆。本章将对幻灯片的动画设置、放映和输出等内容进行讲解，使用户掌握制作演示文稿的整个过程。

↳知识要点

❖ 为幻灯片添加切换动画　　　　❖ 幻灯片放映设置

❖ 添加动画效果　　　　　　　　❖ 使用排练计时

❖ 添加路径动画　　　　　　　　❖ 导出演示文稿

↳案例展示

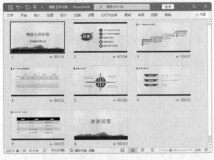

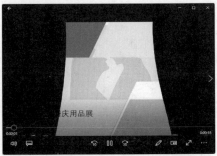

13.1　为幻灯片添加切换动画

幻灯片切换动画是指在放映幻灯片时，进入屏幕或离开屏幕时幻灯片的切换动画效果，添加切换动画可以使幻灯片之间的播放衔接更加自然、生动。

13.1.1　添加幻灯片切换动画

PowerPoint 2021 提供了很多幻灯片切换动画，用户可以将需要的动画添加到幻灯片中，使幻灯片之间的播放更流畅。添加切换动画的具体操作如下：

1 打开"素材文件\第 13 章\景点宣传.pptx"演示文稿，选择第 1 张幻灯片，❶单击"切换"选项卡"切换到此张幻灯片"组中的"切换效果"按钮；❷在弹出的下拉列表中选择需要的切换动画，如选择"擦除"选项，如下图所示。

2 即可为选择的幻灯片添加切换效果，效果如下图所示。

3 使用相同的方法，为演示文稿中的其他幻灯片添加需要的切换效果，如右图所示。

> **温馨小提示**
>
> 如果要为演示文稿中的所有幻灯片添加相同的切换动画，可为第 1 张幻灯片添加切换动画后，单击"切换"选项卡"计时"组中的"应用到全部"按钮即可。

13.1.2　设置切换动画效果选项

不同的切换效果提供了不同的切换效果选项，用户可以根据实际情况对切换动画的效果选项进行设置。设置切换效果选项的具体操作如下：

1 ❶在打开的"景点宣传"演示文稿中选择第 1 张幻灯片；❷单击"切换"选项卡"切换到此张幻灯片"组中的"效果选项"按钮；❸在弹出的下拉列表中选择需要的效果选项，如选择"自左侧"选项，如下图所示。

2 此时，幻灯片的切换效果将发生变化，效果如下图所示。

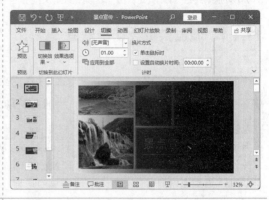

3 ❶选择第 3 张幻灯片；❷单击"切换到此张幻灯片"组中的"效果选项"按钮；❸在弹出的下拉列表中选择"菱形"选项，如下图所示。

4 此时，幻灯片的切换效果由"圆形"变成了"菱形"，效果如下图所示。

13.1.3　设置切换动画计时

为幻灯片添加切换动画后，还可为切换动画的播放时间和切换方式等进行设置。设置切换动画计时的具体操作如下：

1 ❶在打开的"景点宣传"演示文稿中选择第 1 张幻灯片；❷在"切换"选项卡"计时"组中的"持续时间"数值框中输入切换动画播放的时间，如输入"01.50"；❸在"换片方式"栏中设置幻灯片切换的方式，如选中 ☑ 设置自动换片时间: 复选框；❹在其后的数值框中输入换片时间，如输入"00:03.00"，如下图所示。

2 使用相同的方法为每张幻灯片设置不同的播放时间和换片时间，如下图所示。

> **温馨小提示**
>
> 如果要为幻灯片切换动画设置相同的播放时间和换片方式，单击"应用到全部"按钮即可。

13.2　设置幻灯片动画效果

在 PowerPoint 2021 中，用户可根据实际需要为幻灯片中的内容添加动画，让幻灯片"动"起来，增加幻灯片的趣味性，提高读者的阅读性。

13.2.1　添加动画效果

PowerPoint 2021 中提供了进入、强调和退出三种类型的动画效果，用户可根据需要为幻灯片对象添加相应的动画效果。添加动画效果的具体操作如下：

1 打开"素材文件\第 13 章\电话礼仪培训.pptx"演示文稿，选择第 1 张幻灯片中的标题占位符，❶单击"动画"选项卡"动画"组中的"动画样式"按钮✍；❷在弹出的下拉列表中选择需要的动画效果，如选择"进入"栏中的"翻转式由远及近"选项，如下图所示。

2 即可为选择的标题占位符添加相应的动画，添加后将自动对播放效果进行预览，效果如下图所示。

3 选择第1张幻灯片中的副标题占位符，❶单击"动画"选项卡"高级动画"组中的"添加动画"按钮☆；❷在弹出的下拉列表中选择需要的动画效果，如选择"强调"栏中的"放大/缩小"选项，如下图所示。

4 使用相同的方法为演示文稿其他幻灯片中的对象添加相应的动画效果，如下图所示。

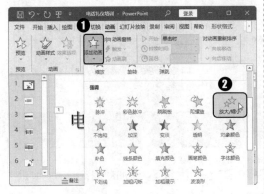

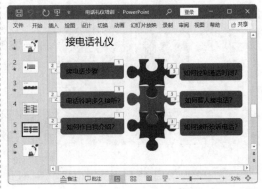

（💡温馨小提示）

如果"动画样式"下拉列表中没有需要的动画效果，可选择"更多进入效果"/"更多强调效果"/"更多退出效果"选项，在弹出的对话框中提供了更多的动画效果，在其中选择需要的动画效果，单击 确定 按钮即可。

13.2.2 添加路径动画

路径动画是指幻灯片对象沿着指定的线路进行移动。在 PowerPoint 2021 中，既内置了一些路径动画，也可根据实际需要自定义动画的动作路径。添加路径动画的具体操作如下：

1 在"电话礼仪培训"演示文稿中选择第 2 张幻灯片中的"目录"占位符，❶单击"动画"组中的"动画样式"按钮☆；❷在弹出的下拉列表中选择"动作路径"栏中的"循环"选项，如下图所示。

2 即可为选择的对象添加"循环"路径动画，并在幻灯片中显示动画运动轨迹，如下图所示。

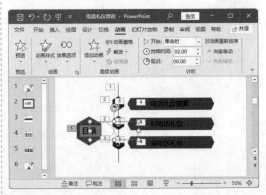

3 选择"目录"占位符下的形状，在"动画样式"下拉列表中选择"自定义路径"选项，此时光标将变成"+"字形状，然后拖动鼠标在幻灯片中绘制形状的运动路径，如下图所示。

4 绘制完路径后，双击，退出动作路径的绘制，并在幻灯片中显示绘制的路径，效果如下图所示。

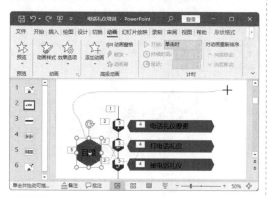

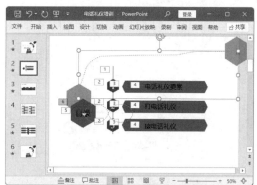

专家解疑难

问：可不可以对幻灯片中所有的动画效果进行有序预览？

答：为幻灯片对象添加动画后，会自动预览刚添加动画的效果。如果要对某张幻灯片中添加的所有动画按顺序进行预览，可单击"动画"选项卡"预览"组中的"预览"按钮★，即可按动画添加的先后顺序依次进行预览。

13.2.3　设置动画效果

与切换动画一样，为幻灯片对象添加动画效果后，还可根据实际情况对动画效果进行设置。设置动画效果的具体操作如下：

1 在打开的"电话礼仪培训"演示文稿中选择第 2 张幻灯片中的"目录"占位符，❶单击"动画"组中的"效果选项"按钮∞；❷在弹出的下拉列表中选择"垂直数字 8"选项，如下图所示。

2 此时，路径动画运动轨迹将发生变化，效果如下图所示。

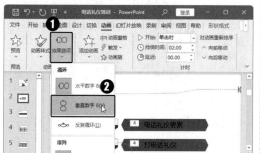

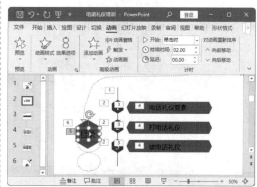

3 选择第 2 张幻灯片中的 3 个长六边形，❶ 单击"动画"组中的"效果选项"按钮↑；❷在弹出的下拉列表中选择"自左侧"选项，如下图所示。

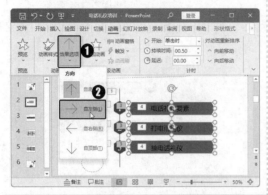

4 选择第 2 张幻灯片右侧的 3 个文本占位符，❶单击"动画"组中的"效果选项"按钮↑；❷在弹出的下拉列表中选择"自右侧"选项，如下图所示。

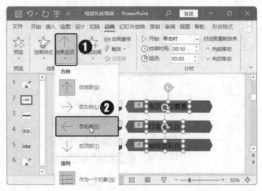

13.3 幻灯片放映设置与放映

制作演示文稿的目的就是通过对幻灯片的放映，将幻灯片中的内容展示出来，传递给其他读者。在放映演示文稿之前，还需要进行一些放映设置。下面就对幻灯片放映设置与放映相关的知识进行讲解。

13.3.1 设置幻灯片放映类型

PowerPoint 2021 提供了演讲者放映（全屏幕）、观众自行浏览（窗口）和在展台浏览（全屏幕）三种放映类型，用户可根据放映场合来选择相应的放映类型。设置幻灯片放映类型的具体操作如下：

1 打开"素材文件\第 13 章\销售工作计划.pptx"演示文稿，在"幻灯片放映"选项卡"设置"组中单击"设置幻灯片放映"按钮，如下图所示。

2 弹出"设置放映方式"对话框，❶在"放映类型"栏中选择需要的放映类型，如选中 ⊙ 观众自行浏览(窗口)(B) 单选按钮；❷单击 确定 按钮，如下图所示。

3 放映幻灯片时，即可以窗口形式放映幻灯片，效果如右图所示。

专家解疑难

问：怎么选择合适的放映类型呢？

答：需要以全屏幕的状态放映幻灯片，且想演讲者有完全的控制权，如放映过程中单击切换幻灯片、动画效果、标注重点内容等，就可选择演讲者放映（全屏幕）放映类型；当需要以窗口形式放映幻灯片，且不需要单击控制放映过程时，就可选择观众自行浏览（窗口）放映类型；当需要以全屏幕形式自动循环放映幻灯片，且不需要单击进行切换，但需要单击超链接或动作按钮进行切换时，可选择在展台放映（全屏幕）放映类型。

13.3.2　使用排练计时

使用 PowerPoint 2021 提供的排练计时功能，可模拟演示文稿的放映过程，自动记录每张幻灯片的放映时间，从而实现自动播放演示文稿的效果。使用排练计时的具体操作如下：

1 打开"素材文件\第 13 章\销售工作计划.pptx"演示文稿，在"幻灯片放映"选项卡"设置"组中单击"排练计时"按钮，如下图所示。

2 进入幻灯片放映状态，并打开"录制"窗格记录第 1 张幻灯片的播放时间，如下图所示。

3 第 1 张录制完成后，单击，进入第 2 张幻灯片进行录制，直至录制完最后一张幻灯片的播放时间后，按 Esc 键，打开提示对话框，显示了录制的时间，单击 是(Y) 按钮进行保存，如下图所示。

4 进入幻灯片浏览视图，在每张幻灯片下方将显示录制的时间，如下图所示。

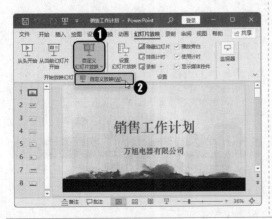

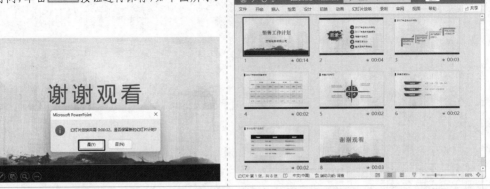

┌─ 🔆 **温馨小提示** ─┐

　　若在排练计时过程中出现差错，可以单击录制窗格中的"重复"按钮 ↺，以便重新开始当前幻灯片的排练计时；单击"暂停"按钮 ‖，可以暂停当前的排练计时。

13.3.3　放映幻灯片

　　放映幻灯片分为直接放映或自定义放映，直接放映非常简单，单击"从头开始放映"按钮 ⌨ 或"从当前幻灯片开始"按钮 ⌨ 即可，而自定义放映则需要进行设置。下面将讲解自定义放映幻灯片的方法，其具体操作如下：

1 打开"素材文件\第 13 章\销售工作计划.pptx"演示文稿，❶ 单击"幻灯片放映"选项卡"开始放映幻灯片"组中的"自定义幻灯片放映"按钮 ⌨；❷ 在弹出的下拉列表中选择"自定义放映"选项，如下图所示。

2 弹出"自定义放映"对话框，单击 新建(N)... 按钮，弹出"定义自定义放映"对话框，❶ 在"幻灯片放映名称"文本框中输入放映名称"销售计划"；❷ 在"在演示文稿中的幻灯片"列表框中选择需要放映的幻灯片，单击 添加(A) 按钮；❸ 即可将选择的幻灯片添加到"在自定义放映中的幻灯片"列表框中，单击 确定 按钮，如下图所示。

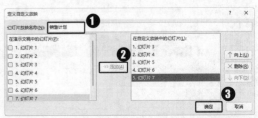

3 返回"自定义放映"对话框，在其中显示了自定义放映幻灯片的名称，单击 放映(S) 按钮，如下图所示。

4 即可对定义的幻灯片进行放映，效果如下图所示。

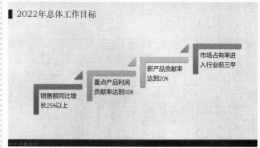

温馨小提示

如果需要对自定义放映的幻灯片进行修改，可弹出"自定义放映"对话框，选择需修改的自定义放映名称，然后在其中单击 编辑(E)... 按钮，在弹出的"定义自定义放映"对话框中进行编辑即可。

13.4　导出演示文稿

制作好的演示文稿经常需要在不同的情况下进行查看或放映，因此，需要根据不同的使用情况，将演示文稿导出为不同的文件。在 PowerPoint 2021 中，用户可以将制作好的演示文稿输出为多种形式，如图片文件、视频文件、讲义和打包成 CD 等。

13.4.1　将演示文稿导出为图片文件

在 PowerPoint 2021 中，用户可以将演示文稿中的幻灯片输出为多种图片格式的文件，如 GIF、JPEG、PNG、TIFF 等。将演示文稿导出为图片文件的具体操作如下：

1 打开"素材文件\第 13 章\销售工作计划.pptx"演示文稿，单击 文件 按钮，❶在打开的界面左侧选择"导出"选项；❷在中间选择"更改文件类型"选项；❸在右侧选择"JPEG 文件交换格式"选项；❹单击"另存为"按钮，如下图所示。

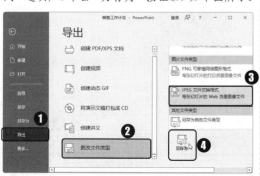

2 弹出"另存为"对话框，❶在地址栏中设置导出的图片文件保存的位置；❷其他保持默认设置，单击 保存(S) 按钮，如下图所示。

3 在弹出的提示信息对话框中设置导出的幻灯片，这里单击 所有幻灯片(A) 按钮，如下图所示。

4 在弹出的提示信息对话框中单击 确定 按钮，开始导出幻灯片，导出完成后在保存位置即可查看到导出为图片的效果，如下图所示。

> **温馨小提示**
>
> 在导出界面只提供了两种图片格式，用户可在"另存为"对话框中的"保存类型"下拉列表中选择更多的图片格式进行保存。

13.4.2 导出为视频文件

如果需要在视频播放器上播放演示文稿，或在没有安装 PowerPoint 2021 软件的计算机上播放，可以将演示文稿导出为视频文件，这样既可播放幻灯片中的动画效果，还可保护幻灯片中的内容不被他人利用。将演示文稿导出为视频的具体操作如下：

1 打开"素材文件\第 13 章\销售工作计划.pptx"演示文稿，单击 文件 按钮，❶在打开的界面左侧选择"导出"选项；❷在中间选择"创建视频"选项；❸在右侧单击"创建视频"按钮，如下图所示。

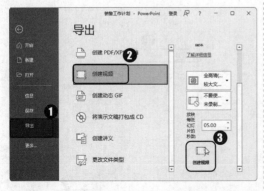

2 弹出"另存为"对话框，❶在地址栏中设置导出的视频文件保存的位置；❷其他保持默认设置，单击 保存(S) 按钮，如下图所示。

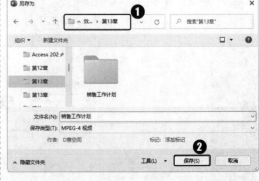

3 开始制作视频，并在 PowerPoint 2021 工作界面的状态栏中显示视频导出进度，效果如下图所示。

4 导出完成后，即可使用视频播放器将其打开，预览演示文稿的播放效果，如下图所示。

> **温馨小提示**
>
> 　　在默认情况下，导出视频后，每张幻灯片的播放时间是 5 秒，如果不能满足需要，就在导出视频之前，在导出界面右侧的"放映每张幻灯片的秒数"数值框中根据需要进行设置。

13.4.3　打包演示文稿

　　打包演示文稿是共享演示文稿的一个非常实用的功能，通过打包演示文稿，程序会自动创建一个文件夹，包括演示文稿和一些必要的数据文件（如链接文件），以供在没有安装 PowerPoint 的计算机中观看。打包演示文稿的具体操作如下：

1 打开"素材文件\第 13 章\销售工作计划.pptx"演示文稿，单击 文件 按钮，❶在打开的界面左侧选择"导出"选项；❷在中间选择"将演示文稿打包成 CD"选项；❸在右侧单击"打包成 CD"按钮⊛，如下图所示。

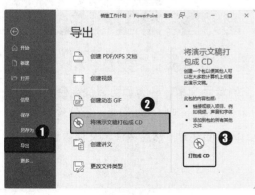

2 弹出"打包成 CD"对话框；❶在"将 CD 命名为"右侧文本框中输入文件夹名称，如输入"2022 年销售工作计划"；❷单击 复制到文件夹(F)... 按钮，如下图所示。

3 弹出"复制到文件夹"对话框，单击 浏览(B)... 按钮，如下图所示。

4 弹出"选择位置"对话框，❶在地址栏中设置打包保存位置；❷单击 选择(E) 按钮，效果如下图所示。

5 返回"复制到文件夹"对话框，单击 确定 按钮，弹出提示信息对话框，提示用户是否选择打包演示文稿中的所有链接文件，这里单击 是(Y) 按钮，如下图所示。

6 开始打包幻灯片，打包完成后将自动打开保存文件夹，在其中可查看到打包的文件，效果如下图所示。

💡 温馨小提示

如果电脑安装有刻录机，还可将演示文稿打包到 CD 中。其方法是：准备一张空白光盘，弹出"打包成 CD"对话框，单击 复制到 CD(C) 按钮即可。

13.5 案例制作——制作"婚庆用品展"幻灯片

案例介绍

婚庆用品展是婚庆公司为了宣传企业而制作的演示文稿，一方面可以提高企业的知名度，另一方面还可以宣传企业的产品，提高产品在消费者心目中的购买欲。本例将对制作好的"婚庆用品展"幻灯片添加动画效果，使宣传的内容更生动，然后将演示文稿导出为视频，以方便播放。

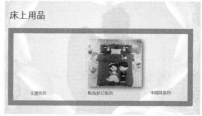

 视频教学

教学文件： 教学文件\第 13 章\制作 "婚庆用品展" 幻灯片.mp4

步骤详解

本实例的具体制作步骤如下：

1 打开"素材文件\第13章\婚庆用品展.pptx"演示文稿，❶选择第1张幻灯片，单击"切换"选项卡"切换到此张幻灯片"组中的"切换效果"按钮▭；❷在弹出的下拉列表中选择"帘式"选项，如右图所示。

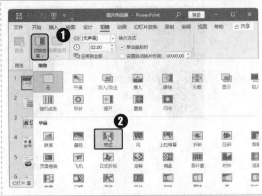

2 ❶在"切换"选项卡"计时"组中的"持续时间"数值框中输入"03.00"；❷单击"应用到全部"按钮▭，为所有幻灯片应用相同的切换动画效果，如下图所示。

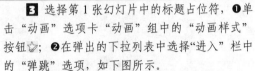

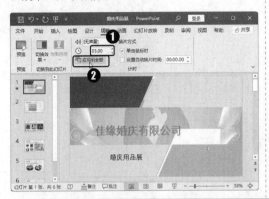

3 选择第1张幻灯片中的标题占位符，❶单击"动画"选项卡"动画"组中的"动画样式"按钮☆；❷在弹出的下拉列表中选择"进入"栏中的"弹跳"选项，如下图所示。

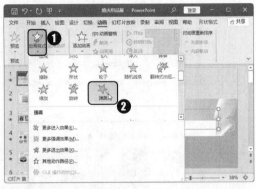

4 选择副标题占位符，在"动画样式"下拉列表中选择"动作路径"栏中的"弧形"选项，如下图所示。

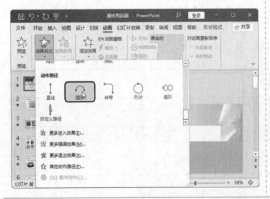

5 将光标移动到动作路径中红色箭头对应的○控制点上，当光标变成双向箭头时，按住鼠标左键不放向右进行拖动，可调整动作路径长短，如下图所示。

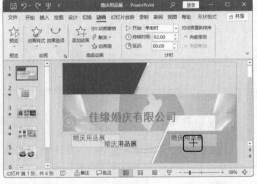

6 选择动作路径，将光标移动到◎控制点上，按住鼠标左键不放向左拖动并旋转 180°，即调整动作路径的起始位置，如下图所示。

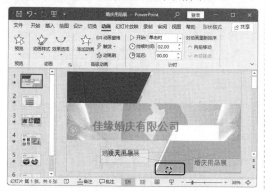

7 调整到合适位置后释放鼠标，保持动作路径的选择状态，在"计时"组中的"开始"下拉列表中选择"上一动画之后"选项，如下图所示。

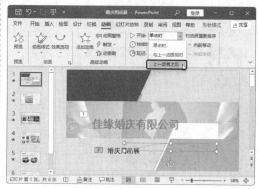

8 选择第 2 张幻灯片中的标题占位符，在"动画样式"下拉列表中选择"更多进入效果"选项，❶弹出"更改进入效果"对话框，选择"伸展"动画选项；❷单击 确定 按钮，如下图所示。

9 ❶单击"动画"选项卡"动画"组中的"效果选项"按钮☆；❷在弹出的下拉列表中选择"自左侧"选项，如下图所示。

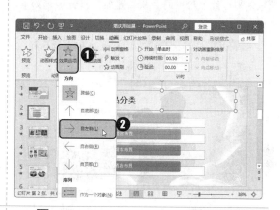

10 为 SmartArt 图形添加"浮入"进入动画，❶将动画"开始"设置为"上一动画之后"；❷在"效果选项"下拉列表中选择"逐个"选项，如下图所示。

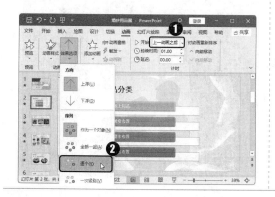

11 ❶选择第 3 张幻灯片，为标题占位符添加"伸展"进入动画，为 3 张图片添加"飞入"进入动画，并将"效果选项"设置为"自右侧"选项；❷选择紫色文本的 3 个占位符，为其添加"擦除"退出动画，如下图所示。

12 单击"高级动画"组中的"动画窗格"按钮，打开动画窗格，❶选择"卡通系列"的文本占位符动画选项；❷按住鼠标左键不放将其移动到"图片3"动画选项下，出现的红色横线表示移动的位置，如下图所示。

13 使用相同的方法将其他两个文本占位符移动到对应的图片下，❶选择除标题外的所有动画选项；❷在"计时"组中将"开始"设置为"上一动画之后"；❸将持续时间设置为"01.00"；❹将延迟时间设置为"00.50"，如下图所示。

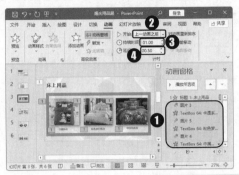

14 使用前面添加动画的方法为演示文稿中其他幻灯片中的对象添加相应的动画，并对其进行设置，然后单击"幻灯片放映"选项卡"开始放映幻灯片"组中的"从头开始"按钮，如下图所示。

15 开始放映幻灯片，放映结束后，按 Esc 键退出幻灯片放映，确认无误后单击文件按钮，❶在打开的界面左侧选择"导出"选项；❷在中间选择"创建视频"选项；❸单击"创建视频"按钮，如下图所示。

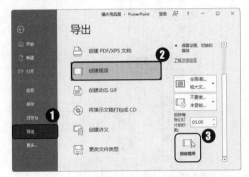

16 弹出"另存为"对话框，❶在地址栏中设置导出的视频文件保存的位置；❷其他保持默认设置，单击 保存(S) 按钮，如下图所示。

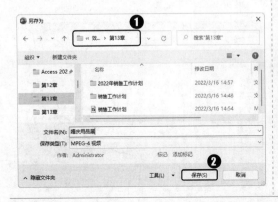

17 开始制作视频，并在 PowerPoint 2021 工作界面的状态栏中显示视频导出进度，导出完成后，即可使用视频播放器将其打开，预览演示文稿的播放效果，如下图所示。

本章小结

　　本章的重点在于幻灯片切换动画的添加、动画效果的设置、幻灯片放映设置、导出幻灯片等知识点。通过本章的学习，希望大家能够灵活运用提供的动画效果和动作路径，快速制作出活泼、生动的幻灯片，使制作的演示文稿更炫目。

第 14 章

Word 2021 商务办公应用技巧速查

Word 是目前使用最广泛的文字处理与编辑软件，使用它可以轻松地编排各种办公文档。为了使用户全面掌握 Word 的使用方法，快速制作出需要的办公文档。本章将对 Word 的一些实用技巧进行讲解，以使用户提高制作文档的效率。

技巧 001：自动定时保存文档

说明

为了避免未及时保存文档而导致文档丢失。在制作与编辑 Word 文档时，用户可设置自定定时保存文档，这样就可避免丢失正在编辑与制作的文档内容。

方法

例如，将 Word 自动保存时间设置为 5 分钟，具体操作方法如下：

❶ 在 Word 文档中单击文件按钮，在弹出的下拉列表中选择"选项"选项，如下图所示。

❷ ❶弹出"Word 选项"对话框，在左侧选择"保存"选项卡；❷在右侧"保存"文档栏中选中 ☑ 保存自动恢复信息时间间隔(A) 复选框，在其后的数值框中输入自动定时保存的间隔时间，如输入"5"；❸单击 确定 按钮，操作如下图所示。

温馨小提示

设置自动保存的间隔时间时，也不能将间隔时间设置得太短，否则会占用计算机内存，导致计算机太卡或死机。

技巧 002：设置自动恢复文档的保存位置

说明

若未保存就关闭了文档，那么 Word 程序会保留最后一次自动保存的文档。且默认保存在 C:\Users\Administrator\AppData\Roaming\Microsoft\Word\中，如果用户不方便查找，可自行设置一个保存位置，以方便记忆和查找。

方法

例如，将 Word 最后一次自动保存的文档位置更改为"D: \文档自动恢复保存位置"，具体操作方法如下：

❶ 在弹出的"Word 选项"对话框"保存"选项卡右侧的"自动恢复文件位置"文本框后单击 浏览(B)... 按钮，弹出"修改位置"对话框，❶选择需要设置自动保存的文件夹；❷单击 确定 按钮，操作如下图所示。

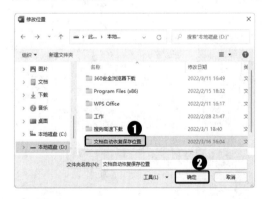

❷ ❶返回"Word 选项"对话框，在"自动恢复文件位置"文本框中显示了设置的位置；❷单击 确定 按钮，操作如下图所示。

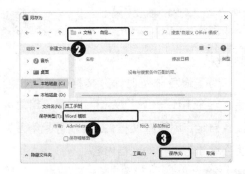

技巧 003：将 Word 文档保存为模板文件

说明

在 Word 2021 中，可以将制作好的文档保存为模板文件，保存后，该文档中的文本格式、段落格式、样式和图形对象等都将被保存在该模板中。这样，方便以后制作格式相同或内容相似的文档，提高工作效率。

方法

例如，将"员工手册"文档保存为模板文件，具体操作方法如下：

1 打开"素材文件\第 14 章\员工手册.docx"文档，❶单击文件按钮，在弹出的下拉列表中选择"另存为"选项；❷在界面中间选择"浏览"选项，操作如下图所示。

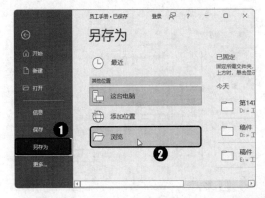

2 ❶弹出"另存为"对话框，在"保存类型"下拉列表中选择"Word 模板"选项；❷在地址栏中设置保存位置；❸单击 保存(S) 按钮，操作如下图所示。

温馨小提示

在"另存为"对话框中若先设置保存位置，后设置模板保存类型，则在选择"Word模板"选项后，将自动保存在默认保存位置"D:\Documents\自定义 Office 模板\"中。

技巧 004：如何在文档中输入上、下标

说明

在制作数学、化学等办公文档时，经常需要输入上、下标。在 Word 2021 中通过提供的上、下标功能可快速输入 X^2、H_2 等文档内容。

方法

例如，在新建的空白文档中输入数学公式 "$x^2+y^2=z^2$" 和化学公式 "$2H_2S+SO_2\!=\!=\!2H_2O+3S$"，具体操作方法如下：

1 在新建的空白文档中输入数学公式和化学公式，❶选择数学公式中的"2"；❷单击"开始"选项卡"字体"组中的"上标"按钮 x^2，操作如下图所示。

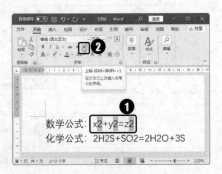

2 ❶选择化学公式中的第二、第三和第五个"2"；❷单击"开始"选项卡"字体"组中的"下标"按钮 x_2 即可，如下图所示。

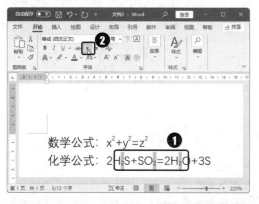

数学公式：$x^2 + y^2 = z^2$ ❶

化学公式：$2H_2S + SO_2 = 2H_2O + 3S$

技巧 005：如何输入带圈字符

说明

在制作某些办公文档时，经常要用到一些带圈文字或数字，用户可以通过 Word 2021 提供的带圈字符功能插入。

方法

例如，在"办公室文书岗位职责"文档中添加带圈字符，具体操作方法如下：

1 打开"素材文件\第 14 章\办公室文书岗位职责.docx"文档，❶将光标定位到"公文办理"前；❷单击"开始"选项卡"字体"组的带圈字符按钮 ⓐ；❸弹出"带圈字符"对话框，在"样式"栏中选择带圈字符样式，如选择"增大圈号"选项；❹在"圈号"栏"文字"文本框中输入字符，如输入"1"；❺单击 确定 按钮，如下图所示。

2 即可将设置的带圈字符插入到光标处，

❶将光标定位到"印章管理和使用"文本前，在"开始"选项卡"字体"组的"带圈字符"按钮 ⓐ，弹出"带圈字符"对话框，在"样式"栏中选择"增大圈号"选项；❷在"圈号"栏"文字"文本框中输入字符"2"；❸单击 确定 按钮，操作如下图所示。

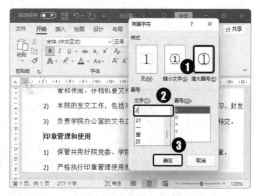

3 使用相同的方法在文档相应位置输入带圈字符，效果如下图所示。

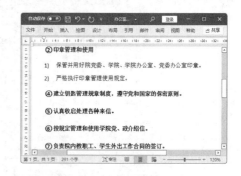

技巧 006：使用替换功能快速删除多余的空行

说明

当 Word 文档中的空行较多且需要全部删除时，可使用替换功能快速删除文档中的所有空行。

方法

例如，使用替换功能删除"培训通知"文档中的所有空行，具体操作方法如下：

1 打开"素材文件\第 14 章\培训通知.docx"文档，单击"开始"选项卡编辑组中的"替换"按钮 ，如下图所示。

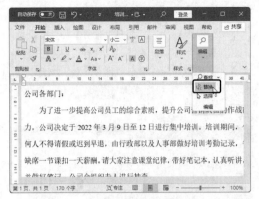

2 弹出"查找和替换"对话框，默认选择"替换"选项卡，单击 更多(M) >> 按钮，展开对话框，❶将光标定位在"查找内容"文本框中；❷单击"替换"栏中的 特殊格式(E)▼ 按钮；❸在弹出的下拉列表中选择"段落标记"选项，操作如下图所示。

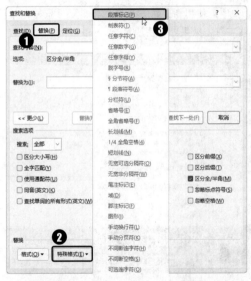

3 即可添加一个段落标记，❶使用相同的方法再在"查找内容"文本框中插入一个段落标记；❷然后在"替换为"文本框中插入一个段落标记；❸单击 << 更少(L) 按钮，如下图所示。

4 ❶缩小对话框，单击 全部替换(A) 按钮；❷在打开的提示信息对话框中显示了替换的个数，单击 确定 按钮，如下图所示。

5 即可将文档中单独的空行删除，若文档中有更多连续的空行，将只会删除一行空行，所以还需单击 全部替换(A) 按钮进行替换，操作如下图所示。

6 替换完成后，依次单击 确定 按钮和单击 关闭 按钮关闭对话框，返回文档编辑区，即可查看删除空行后的效果，如下图所示。

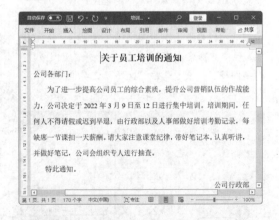

技巧 007：一次性删除文档中的所有空格

说明

从网页或其他文档中复制的文本内容

中经常会有一些空格,如果这些空格影响文档阅读和文档效果,可将其删除。当文档中的空格较多时,手动删除非常麻烦,这时可使用查找和替换功能一次性删除文档中的所有空格。

方法

例如,使用查找和替换功能一次性替换"招聘启事"文档中所有的空格,具体操作方法如下:

1 打开"素材文件\第 14 章\招聘启事.docx"文档,单击"开始"选项卡"编辑"组中的"替换"按钮,弹出"查找和替换"对话框,在"查找内容"文本框中输入一个空格,如下图所示。

2 ❶将光标定位在"替换为"文本框中,不输入任何内容,单击 全部替换(A) 按钮;❷打开提示信息对话框,提示全部完成替换,单击 确定 按钮,如下图所示。

3 关闭"查找和替换"对话框,返回文档编辑区,即可查看到替换空格后的效果如下图所示。

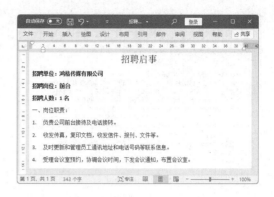

温馨小提示

在"替换为"文本框中不输入任何内容,就表示将搜索到的空格删除。

技巧 008:快速清除文档中的所有格式

说明

当需要清除文档中的所有格式时,可通过 Word 提供的清除功能快速清除文档中文本的所有格式,如字体、段落、样式等。

方法

例如,清除"公司简介"文档中文本内容的所有格式,具体操作方法如下:

1 打开"素材文件\第 14 章\公司简介.docx"文档,选择所有文本,单击"清除所有格式"按钮,如下图所示。

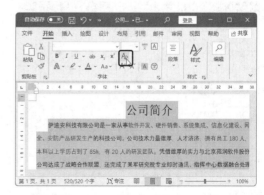

2 即可清除文档中文本的所有格式,效果如下图所示。

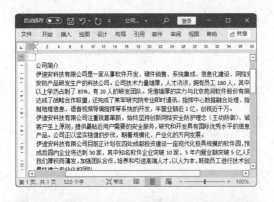

技巧 009：将图片设置为项目符号

说明

为文档段落添加项目符号时，如果 Word 提供的项目符号没有很好的选择，也可将计算机中保存的图片设置为项目符号，提升文档的阅读性和美观性。

方法

例如，在"办公室文书岗位职责"文档中为段落文本添加"办公图片"项目符号，具体操作方法如下：

1 打开"素材文件\第 14 章\办公室文书岗位职责.docx"文档，❶将光标定位到"公文办理"段落前；❷单击"开始"选项卡"插入"组中的"项目符号"按钮右侧的 ▾ 按钮；❸在弹出的下拉列表中选择"定义新项目符号"选项，如下图所示。

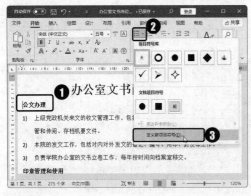

2 弹出"定义新项目符号"对话框，单击 [图片(P)...] 按钮，如下图所示。

3 在弹出的对话框中单击浏览 ▸ 按钮，弹出"插入图片"对话框，❶在地址栏中选择图片保存的位置；❷选择"办公图片"选项；❸单击 [插入(I)] 按钮，如下图所示。

4 返回"定义新项目符号"对话框，单击 [确定] 按钮，返回文档编辑区即可查看到添加的图片项目符号效果，然后使用相同的方法为文档中相应的段落添加相同的图片项目符号，效果如下图所示。

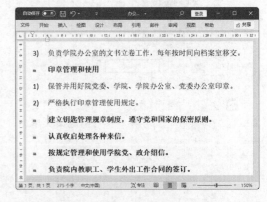

在插入图片后,图片项目符号会很小,不方便查看,可选择图片项目符号,对其字号进行设置。

如果在"起始编号"对话框中选中 ◉ 继续上一列表(C) 单选按钮,可设置连续的编号。

技巧 010:设置自动编号的起始值

说明

在默认情况下,设置的自动编号都是从 1 开始的。如果不想让段落的编号从 1 开始,可以在"起始编号"对话框中设置编号的起始值。

方法

例如,在"行政管理规范目录"文档中修改编号的起始值,具体操作方法如下:

1 打开"素材文件\第 14 章\行政管理规范目录.docx"文档,❶将光标定位到"(七)目的"段落中;❷右击,在弹出的快捷菜单中选择"设置编号值"命令,如下图所示。

2 ❶弹出"起始编号"对话框,在"值设置为"数值框中输入编号;❷单击 确定 按钮,如下图所示。

3 即可开始从一进行编号,在编号"六"上右击,在弹出的快捷菜单中选择"重新开始于一"命令,如下图所示。

4 也可重新开始编号,然后使用相同的方法对文档中其他段落的编号进行更改,效果如下图所示。

技巧 011:使用格式刷快速复制格式

说明

在设置文档格式时,如果需要为不同位置的文本或段落应用相同的格式,可以使用 Word 2021 提供的格式刷功能来快速复制格式。

方法

例如，通过格式刷设置段末的文本格式，具体操作方法如下：

1 打开"素材文件\第 14 章\邀请函.docx"文档，❶选择第一段文本；❷单击"开始"选项卡"剪贴板"组中的"格式刷"按钮 ✍，如下图所示。

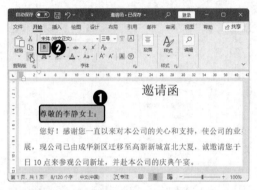

2 此时光标将变成 ▯ 形状，拖动鼠标选择要应用相同格式的段落，释放鼠标左键后，新选择的文本就会应用选择的格式，效果如下图所示。

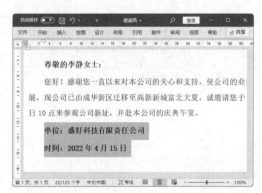

温馨小提示

复制格式既可在当前文档中进行，也可以将当前文档中的格式复制到其他文档中。不过，若单击"格式刷"按钮 ✍，就只能复制一次格式；若双击"格式刷"按钮 ✍，则可多次复制格式。

技巧 012：自由旋转图片

说明

默认插入文档的图片是水平排列的，但在编辑图片的过程中，有时需要对图片进行旋转，这时用户可通过 Word 2021 提供的旋转图片的功能对图片进行旋转。

方法

例如，将"宣传单"文档中的人物图片旋转 25°，具体操作方法如下：

1 打开"素材文件\第 14 章\宣传单.docx"文档，选择人物图片，❶单击"图片格式"选项卡"排列"组中的"旋转"按钮 ⟳；❷在弹出的下拉列表中选择旋转选项，这里选择"其他旋转选项"选项，如下图所示。

2 弹出"布局"对话框，❶在"大小"选项卡"旋转"栏中的"旋转"数值框中输入旋转角度"25"；❷单击 确定 按钮，操作如下图所示。

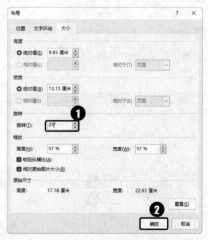

温馨小提示

选择图片，将光标移动到图片 ⊙ 控制点上，按住鼠标左键不放，可自由旋转图片。

3 返回文档编辑区，即可查看到图片旋转 25° 后的效果，如下图所示。

技巧 013：快速删除图片背景

说明

将图片设置为透明色只能针对纯色背景的图片，如果要将不是纯色背景图片的背景设置为透明色，这时就需要使用 Word 2021 提供的删除图片背景的功能快速将图片背景删除。

方法

例如，将空白文档中插入的手机产品图片的背景删除，具体操作方法如下：

1 在新建的空白文档中插入手机产品图片，选择该图片，单击"图片格式"选项卡"调整"组中的"删除背景"按钮 ，如下图所示。

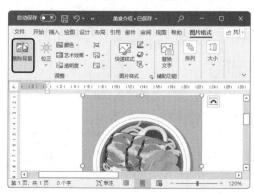

2 此时，要删除的背景变为紫色，图框为选中的区域，用户可以适当调整一下图中的边框，如果边框中的图片中有未选中的区域，可以单击"背景消除"选项卡"优化"组中的"标记要保留的区域"按钮 ，然后在未选中的地方单击进行标记，如下图所示。

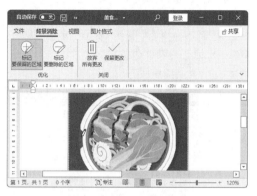

3 修正完要删除背景的范围后，在文档其他区域单击即可删除背景，效果如下图所示。

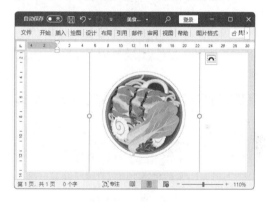

温馨小提示

如果图片中有过度选中的区域，可以单击"背景消除"选项卡"优化"组中的"标记要删除的区域"按钮 ；如果有标记错误的地方，可以单击"删除标记"按钮 。

技巧 014：将图片裁剪为任意形状

说明

通过 Word 2021 提供的裁剪功能还可

将图片裁剪为任意形状，使图片效果多样化。

方法

例如，将文档中的图片裁剪为椭圆形标注，具体操作方法如下：

1 在文档中选择图片，❶单击"图片格式""大小"组中的"裁剪"按钮下方的 ∨ 按钮；❷在弹出的下拉列表中选择"裁剪为形状"选项；❸在弹出的子列表中选择需要的形状，如下图所示。

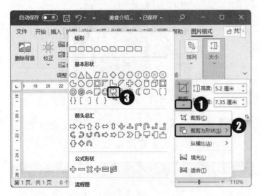

2 即可将图片裁剪为所选择的形状，效果如下图所示。

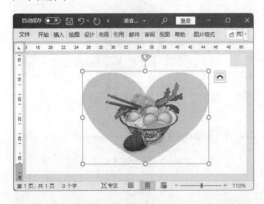

技巧 015：使多个图片对象快速对齐

说明

当文档中插入多张图片，且需要使这几张图片按照一定规律进行排列时，可使用 Word 2021 提供的对齐功能快速对齐图片。

方法

例如，使 Word 中的多张图片顶端对齐，

具体操作方法如下：

1 ❶在文档中选择多张图片，单击"图片格式"选项卡"排列"组中的"对齐"按钮；❷在弹出的下拉列表中选择"顶端对齐"选项，如下图所示。

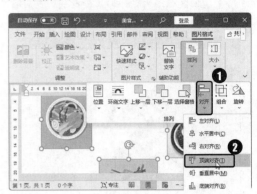

2 即可使选择的多张图片的顶端在同一水平线上，效果如下图所示。

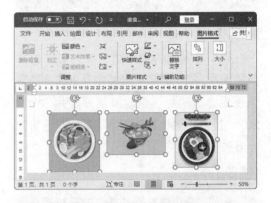

技巧 016：将多个对象组合为一个对象

说明

当需要对多张图片进行相同的多次操作时，可先将这几张图片组合为一个对象，这样方便对图片进行操作。

方法

例如，将文档中的多张图片组合为一张图片，具体操作方法如下：

1 ❶在文档中选择多张图片，单击"图片格式"选项卡"排列"组中的"组合"按钮；❷在弹出的下拉列表中选择"组合"选项，如下图所示。

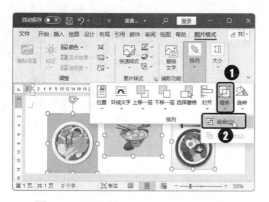

2 即可将选择的多张图片组合为一张图片，效果如下图所示。

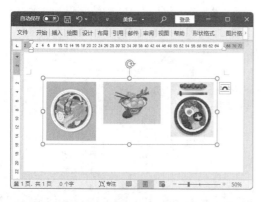

技巧 017：通过编辑节点快速更改形状外观

说明

当需要在文档中插入 Word 没有的形状时，可以通过编辑形状节点快速更改形状的外观，使其符合需要。

方法

例如，在"顾客退货流程图"文档中通过编辑形状节点，调整"顾客"形状的外观，具体操作方法如下：

1 打开"素材文件\第 14 章\顾客退货流程图.docx"文档，❶选择"顾客"形状；❷单击"形状格式"选项卡"插入形状"组中的"编辑形状"按钮右侧的按钮；❸在弹出的下拉列表中选择"编辑顶点"选项，如下图所示。

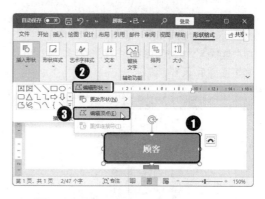

2 形状上将显示多个黑色的小顶点，按住鼠标左键拖动各个小顶点，可调整形状的外形，如下图所示。

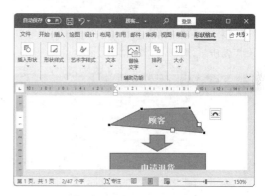

> **温馨小提示**
>
> 在形状上选择顶点后右击，在弹出的快捷菜单中选择相应的命令，可对顶点进行相应的操作。

技巧 018：如何将一个表格拆分为多个表格

说明

当需要将一个表格拆分为多个表格时，可使用 Word 2021 提供的拆分表格功能快速对表格进行拆分。

方法

例如，将"员工通讯录"文档中的表格拆分为两个表格，具体操作方法如下：

1 打开"素材文件\第14章\员工通讯录.docx"文档，❶拖动鼠标选择"编辑部"行；❷单击"布局"选项卡"合并"组中的"拆分表格"按钮⊞，如下图所示。

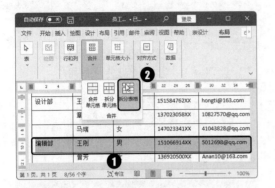

2 即可将表格从选择的行开始拆分，效果如下图所示。

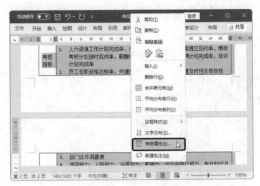

技巧 019：如何防止表格跨页断行

说明

在制作的表格中输入内容后，有时会出现表格的部分行及内容移到下一页的情况，这样既不方便用户查看也影响美观，用户可以通过设置使表格跨页不断行。

方法

例如，在"岗位说明书"文档中设置表格跨页时不断行，具体操作方法如下：

1 打开"素材文件\第14章\岗位说明书.docx"文档，可以看到"考核指标"对应行中的内容部分移至下一页，选择表格，右击，在弹出的快捷菜单中选择"表格属性"命令，如下图所示。

2 弹出"表格属性"对话框，❶选择"行"选项卡；❷在"尺寸"栏中取消选中□指定高度(S)复选框；❸在"选项"栏中取消选中□允许跨页断行(K)复选框；❹单击 确定 按钮，如下图所示。

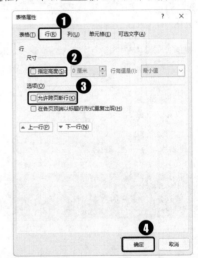

3 此时，表格各行将被调整到合适的高度，同一行的内容将显示在同一个页面中，效果如下图所示。

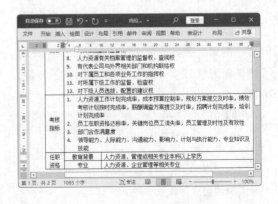

技巧 020：设置表格跨页时标题行自动重复

说明

当文档中表格数据较多且需要换页时，如果标题行不显示在第 2 页开始处，会影响表格内容的查看，这时可通过重复标题行功能使表格跨页时自动重复显示标题行。

方法

例如，设置"岗位说明书"文档表格跨页时自动显示标题行，具体操作方法如下：

1 在打开的"岗位说明书"文档中选择表格跨页时自动重复显示的标题行，单击"布局"选项卡"数据"组中的"重复标题行"按钮，如下图所示。

温馨小提示

选择表格标题行，在"表格属性"对话框的"行"选项卡中选中☑在各页顶端以标题行形式重复出现(H)单选按钮，也可设置表格跨页时标题行自动重复。

2 即可看到在下一页自动出现选择的标题行，效果如下图所示。

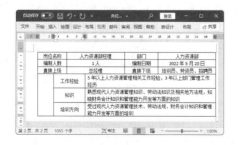

技巧 021：如何实现一次性插入多行或多列

说明

在 Word 中制作表格时，经常需要插入多行或多列单元格，如果一次一列或一行地插入，会耽搁时间，为了提高工作效率，可以一次性就插入需要的多行或多列单元格。

方法

例如，在 Word 表格中一次插入 3 行单元格，具体操作方法如下：

1 ❶在 Word 文档中插入一个 5 行 6 列的表格，在表格中选择任意连续的 3 行；❷单击"布局"选项卡"行和列"组中的"在下方插入行"按钮，操作如下图所示。

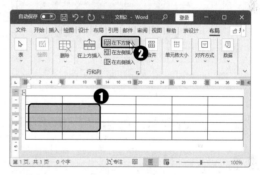

2 此时，即可在选择的 3 行的下方插入 3 行空白行，操作如下图所示。

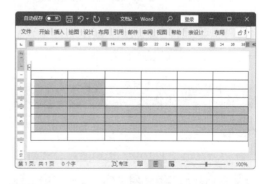

技巧 022：根据表格模板快速创建表格

说明

Word 2021 中预置了一些表格模板，通过这些表格模板可快速创建出具有相应格式的表格。

方法

例如，在 Word 文档中根据表格模板创建表格，具体操作方法如下：

1 ❶在 Word 文档中单击"插入"选项卡"表格"组中的"表格"按钮；❷在弹出的下拉列表中选择"快速表格"选项；❸在弹出的子列表中选择需要的表格模板样式，如下图所示。

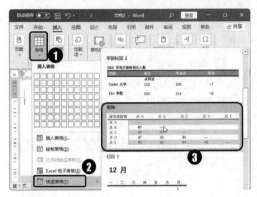

2 即可在文档光标处根据选择的模板创建一个表格，如下图所示。

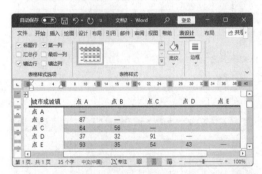

技巧 023：对表格数据进行简单计算

说明

在 Word 2021 中，也可通过公式对表格进行简单的计算，如乘积、求和、求平均值等。

方法

例如，使用公式对"产品库存表"文档

中产品的总价进行计算，具体操作方法如下：

1 打开"素材文件\第 14 章\产品库存表.docx"文档，❶将光标定位到需要计算的单元格中；❷单击"布局"选项卡"数据"组中的"公式"按钮 fx，如下图所示。

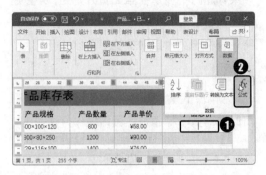

2 弹出"公式"对话框，❶删除"公式"文本框中的公式，重新输入公式"=58*800"；❷单击 确定 按钮，如下图所示。

3 返回文档编辑区，即可查看到计算的结果，然后使用相同的方法计算其他需要计算的单元格，效果如下图所示。

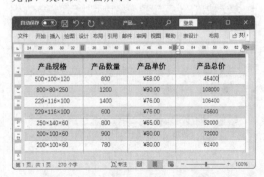

　　若需要使用函数对表格中的数据进行计算，在"公式"对话框的"粘贴函数"下拉列表框中提供的一些常用的函数，如 SUM() 函数、AVERAGE 函数，选择需要的函数进行计算即可。

技巧 024：快速对表格数据进行排序

说 明

　　在 Word 2021 中还可通过排序功能对文档中的表格进行排序，使表格数据按一定规则进行排列。

方 法

　　例如，将"产品库存表"文档表格中的数据按降序进行排序，具体操作方法如下：

　❶ 在打开的"产品库存表"文档中选择表格第 3 行至最后一行，单击"数据"组中的"排序"按钮↓↑，弹出"排序"对话框，❶在"主要关键字"下的列表框中选择"列 6"选项；❷在"类型"列表框中选择"数字"选项；❸选中其后的 ◉降序(D) 单选按钮；❹然后单击 确定 按钮，操作如下图所示。

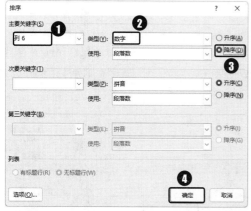

　❷ 即可根据产品总价进行降序排列，效果如下图所示。

　　如果需要根据多个关键字进行排序，可在"排序"对话框中对主要关键字、次要关键字和第三关键字进行设置。

技巧 025：为常用的样式设置快捷键

说 明

　　对于常用的样式，用户可为其指定一个快捷键，这样在为文档段落应用该样式时，直接按指定的快捷键即可。

方 法

　　例如，为"标题"样式设置指定的快捷键 Ctrl+D，具体操作方法如下：

　❶ 将光标移动到 Word 文档"开始"选项卡"样式"列表框中的"标题"样式上，右击，在弹出的快捷菜单中选择 "修改"命令，如下图所示。

2 在弹出的"修改样式"对话框中单击 格式(Q)▼ 按钮，在弹出的列表框中选择"快捷键"选项，弹出"自定义键盘"对话框，**❶**将光标定位到"请按新快捷键"文本框中，按 Ctrl+D 组合键；**❷**单击 指定(A) 按钮即可，操作如下图所示。

技巧 026：应用主题快速设置文档整体效果

说明

Word 2021 提供了一些主题样式，通过应用主题样式可快速设置文档的整体效果，如颜色、字体等。

方法

例如，应用主题样式更改"员工手册封面"文档的整体效果，具体操作方法如下：

1 打开"素材文件\第 14 章\员工手册封面.docx"文档，**❶**单击"开始"选项卡"文档格式"组中的"主题"按钮；**❷**在弹出的下拉列表中选择"回顾"选项，操作如下图所示。

2 返回文档编辑区，即可查看到应用主题后的效果，如下图所示。

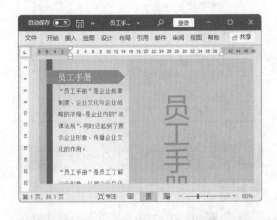

技巧 027：将新建的主题保存到主题列表中

说明

为文档设置好一个自定义的主题后，用户还可将其保存到 Word 主题列表中，方便以后将该主题直接应用于其他文档中。

方法

例如，将制作好的主题保存到 Word 主题列表中，具体操作方法如下：

在制作好主题的文档中单击"文档格式"组中的"主题"按钮，在弹出的下拉列表中选择"保存当前主题"选项，弹出"保存当前主题"对话框，**❶**在"文件名"文本框中输入保存的主题名称，如输入"对外商务主题"；**❷**其他保持默认设置，单击 保存(S) 按钮，操作如下图所示。

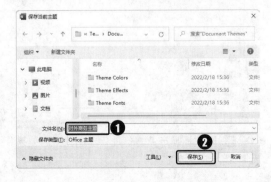

技巧 028：制作首页不同的页眉页脚

说 明

为文档设置页眉页脚效果时，有时为了突出首页内容的不同，需要为首页设置与其他页不同的页眉页脚效果。

方 法

例如，为文档首页设置不同的页眉页脚效果，具体操作方法如下：

在文档页眉页脚处单击，进入页眉页脚编辑状态，在"页眉和页脚"选项卡"选项"组中选中"首页不同"复选框，如下图所示，然后再分别设置首页与其他页的页眉页脚即可。

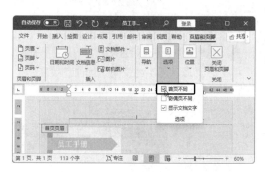

💡 温馨小提示

若同时选中☑首页不同 和☑奇偶页不同复选框，可分别为首页、奇数页和偶数页设置不同的页眉页脚。

技巧 029：如何删除页眉页脚中的横线

说 明

进入页眉页脚编辑状态后，默认会在页眉中添加一条页眉分隔线，用于区分页眉与正文区域。如果用户不需要这条分隔线，可将其删除。

方 法

例如，通过清除所有格式的方法删除页眉分隔线，具体操作方法如下：

1 进入页眉页脚编辑状态，单击"开始"选项卡"字体"组中的"清除所有格式"按钮，如下图所示。

2 即可将页眉分隔线删除，如下图所示。

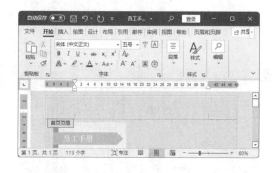

技巧 030：怎么设置首字下沉效果

说 明

在使用 Word 制作特殊文档时，需要将段落的第一个字或词组放大显示，并占据多行文本的位置，以突出文档内容，这时可使用 Word 提供的首字下沉功能进行设置。

方 法

例如，为"公司简介"文档第一段行首中的"伊迪安"词组设置首字下沉效果，具体操作方法如下：

1 打开"素材文件\第 14 章\公司简介.docx"文档，❶选择第一段行首中的"伊迪安"词组；❷单击"插入"选项卡"文本"组中的"首字下沉"按钮；❸在弹出的下拉列表中选择"首字下沉选项"选项即可，如下图所示。

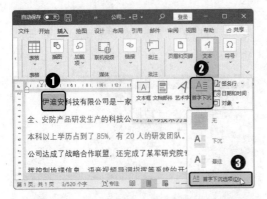

2 弹出"首字下沉"对话框，❶在"位置"栏中选择"下沉"选项；❷在"字体"下拉列表中选择首字下沉词组的字体，如选择"黑体"选项；❸在"下沉行数"数值框中输入"2"；❹单击 确定 按钮，如下图所示。

3 返回文档编辑区，即可查看到设置首字下沉后的效果，如下图所示。

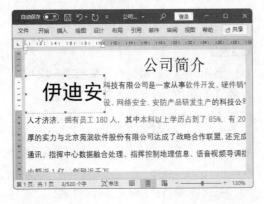

温馨小提示

在"首字下沉"对话框中的"悬挂"选项，可设置词组的悬挂效果。

技巧 031：快速将文档内容分为多栏

说明

Word 2021 提供了分栏功能，可以快速将文档内容分为多栏，便于文档的排版和查看。

方法

例如，将"公司简介 1"文档内容分为三栏显示，具体操作方法如下：

1 打开"素材文件\第 14 章\公司简介 1.docx"文档，❶选择需要分栏的正文内容，单击"布局"选项卡"页面设置"组中的"分栏"按钮；❷在弹出的下拉列表中选择"三栏"选项，如下图所示。

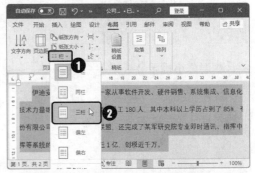

2 返回文档编辑区，即可查看到分栏后的效果，如下图所示。

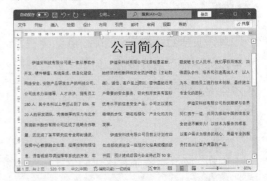

技巧 032：如何快速分页

说明

在通常情况下，用户编排的文档或图形排满一页时会自动插入一个分页符进行分页。但如果用户有某种特殊需要，也可进行强制分页。

方法

例如，对"员工手册"文档的第二页末尾的内容进行强制分页，具体操作方法如下：

1 打开"素材文件\第 14 章\员工手册.docx"文档，❶将光标定位到第 2 页的"3、工作纪律"文本前；❷单击"布局"选项卡"页面设置"组中的"分隔符"按钮；❸在弹出的下拉列表中选择"分页符"选项，如下图所示。

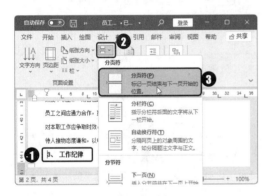

2 即可对文档进行强制分页，效果如下图所示。

技巧 033：快速实现双行合一效果

说明

在 Word 中，如果需要将多个字符以上下两行显示，并且与其他字符水平方向保持一致，可使用双行合一的功能来实现。

方法

例如，使用双行合一功能制作红头文件标题，具体操作方法如下：

1 ❶在 Word 文档中输入红头文件的标题，选择需要双行合一显示的文字；❷单击"开始"选项卡"段落"组中的"中文版式"按钮；❸在弹出的下拉列表中选择"双行合一"选项，操作如下图所示。

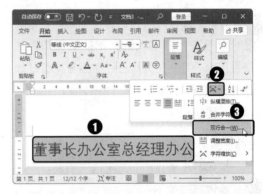

2 弹出"双行合一"对话框，❶选中带括号(E):复选框；❷在"括号样式"下拉列表框中选择需要的样式；❸单击　确定　按钮，操作如下图所示。

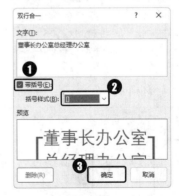

3 返回文档编辑区，即可查看到设置的双行合一效果，如下图所示。

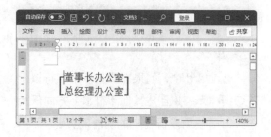

技巧 034：如何关闭语法错误功能

说明

　　Word 具有拼写和语法检查功能，该功能可以检查用户输入的文本的拼写和语法是否正确。但是在页面上经常会看见红红绿绿的波浪线，会影响视觉效果，此时用户可以关闭语法错误功能。

方法

　　例如，在 Word 中关闭语法错误功能的具体操作方法如下：

　　在 Word 文档中单击文件按钮，在弹出的下拉列表中选择"选项"选项，打开"Word 选项"对话框，❶选择"校对"选项卡；❷在右侧的"在 Word 中更正拼写和语法时"栏中取消 □键入时检查拼写(P)、□键入时标记语法错误(M)、□经常混淆的单词(N)、□随拼写检查语法(H)复选框的选择；❸单击 确定 按钮，如下图所示。

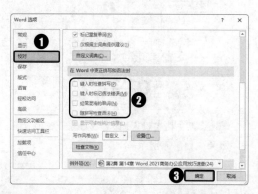

技巧 035：如何更改页面的页边距

说明

　　新建的空白文档其页边距都是默认的，如果用户制作的文档对页边距有要求，用户可根据需要自定义页边距距离。

方法

　　例如，自定义文档的页边距，具体操作方法如下：

　　1️⃣ ❶在空白文档中单击"布局"选项卡"页面设置"组中的"页边距"按钮；❷在弹出的下拉列表中选择"自定义页边距"选项，操作如下图所示。

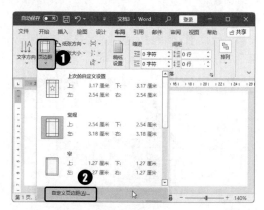

　　2️⃣ 弹出"页面设置"对话框，默认选择"页边距"选项卡，❶在"页边距"栏中的"上""下""左""右"分别输入边距值；❷然后单击 确定 按钮即可，如下图所示。

技巧 036：快速设置文档中文字的方向

说明

在默认情况下，在 Word 文档中输入的文字都是水平显示的。如果需要输入的文字以其他方向显示，可对其进行设置。

方法

例如，将"公司简介"文档中文字的方向设置为"垂直"，具体操作方法如下：

1 打开"素材文件\第 14 章\公司简介.docx"文档，❶单击"布局"选项卡"页面设置"组中的"文字方向"按钮；❷在弹出的下拉列表中选择"垂直"选项，如下图所示。

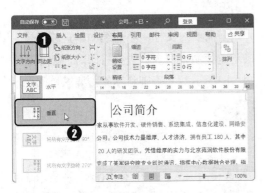

2 即可将文档中的文字以垂直方向显示，效果如下图所示。

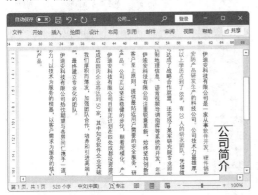

技巧 037：渐变填充页面效果

说明

在设置页面颜色时，除了可使用纯色进行填充外，还可对其进行渐变填充，使页面效果更具层次感。

方法

例如，对"员工手册"文档页面进行渐变填充，具体操作方法如下：

1 打开"素材文件\第 14 章\员工手册.docx"文档，❶单击"设计"选项卡"页面背景"组中的"页面颜色"按钮；❷在弹出的下拉列表中选择"填充效果"选项，如下图所示。

2 弹出"填充效果"对话框，默认选择"渐变"选项卡，❶在"颜色"栏中选中 ◎ 双色(T)单选按钮；❷在"颜色 1"和"颜色 2"列表框中分别选择填充颜色；❸单击 确定 按钮，操作如下图所示。

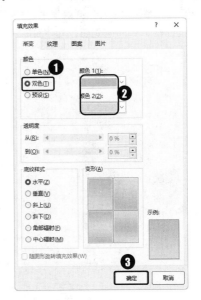

③ 返回文档编辑区，即可查看到渐变填充页面后的效果，如下图所示。

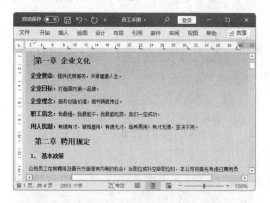

② 返回文档编辑区，即可查看到纹理填充页面后的效果，如下图所示。

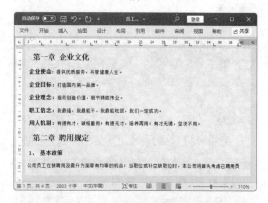

技巧 038：纹理填充页面效果

说明

Word 2016 中提供了很多纹理效果，通过它可快速为文档页面填充合适的页面效果。

方法

例如，对"员工手册"文档页面进行纹理填充，具体操作方法如下：

❶ 打开"素材文件\第 14 章\员工手册.docx"文档，在前述"填充效果"对话框中，❶选择"纹理"选项卡；❷在"纹理"列表框中选择需要的纹理样式；❸单击 确定 按钮，如下图所示。

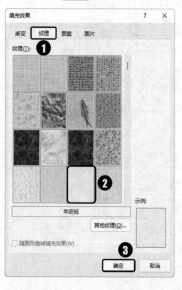

技巧 039：打印文档中指定的页数

说明

当需要对文档中不连续的单页或多页，以及连续的多页内容进行打印时，就需要指定打印的页数，否则将不能按要求打印。

方法

例如，打印文档中的第 1、第 3 和第 4 页，具体操作方法如下：

在文档中单击文件按钮，❶在打开的界面左侧选择"打印"选项；❷在弹出的"打印"对话框中的"页数"数值框中输入"1,3-4"；❸再单击"打印"按钮🖨即可，如下图所示。

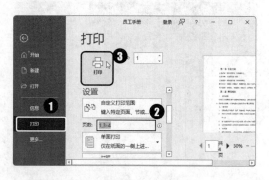

> **温馨小提示**
>
> 输入的打印页数之间需要用英文状态下的逗号隔开。

技巧 040：怎么设置文档的自动双面打印

说明

使用双面打印功能，不仅可以满足工作上的特殊需要，还可以节省纸张。

方法

例如，设置奇偶页双面打印，具体操作方法如下：

1 在文档中单击 文件 按钮，❶在打开的界面左侧选择"打印"选项；❷在弹出的"打印"对话框中单击"打印所有页"列表框；❸在弹出的下拉列表中选择"仅打印奇数页"选项，如下图所示。

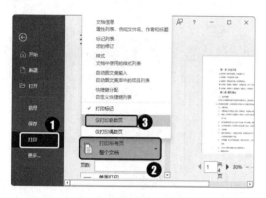

2 单击"打印"按钮🖨对奇数页进行打印，在打印完成后，在打印界面中的"打印所有页"下拉列表中选择"仅打印偶数页"选项，❶然后打开"Word 选项"对话框，选择"高级"选项卡；❷在右侧的"打印"栏中选中 ☑ 逆序打印页面(R) 复选框；❸再单击 确定 按钮，然后再执行打印操作即可，如下图所示。

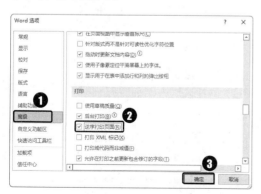

技巧 041：如何将多页文档打印到一张纸上

说明

为了节省纸张或携带方便，有时用户需要将文档的多个页面缩至一页。

方法

例如，将 4 页文档内容打印到一张纸上，具体操作方法如下：

在文档中单击 文件 按钮，❶在打开的界面左侧选择"打印"选项；❷单击"每版打印 1 页"列表框；❸在弹出的下拉列表中选择"每版打印 4 页"选项，再单击"打印"按钮🖨即可，操作如下图所示。

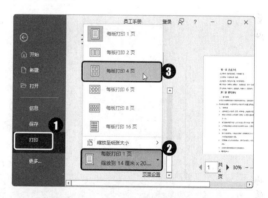

技巧 042：如何打印出文档的背景色和图像

说明

在默认情况下，不会将设置的文档背景效果打印出来，如果用户需要在打印文档时打印出文档的背景效果，也需要对打印选项进行设置。

方法

例如，打印设置的文档页面效果，具体操作方法如下：

1 ❶打开"Word 选项"对话框,选择"显示"选项卡;❷在右侧的"打印选项"栏中选中☑打印背景色和图像(B)复选框;❸单击 确定 按钮,操作如下图所示。

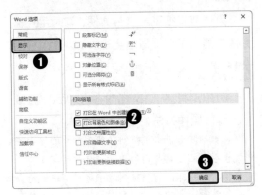

2 单击 文件 按钮,在打开的界面左侧选择"打印"选项,在右侧的预览栏中可预览页面效果,再单击"打印"按钮🖨即可,操作如下图所示。

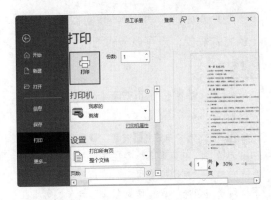

第15章

Excel 2021 商务办公应用技巧速查

由于使用 Excel 2021 不仅可以制作各种类型的表格，还可对表格数据进行计算和分析，所以被广泛应用于财务、统计等方面。本章将对 Excel 的一些实用技巧进行讲解，以帮助用户提高制作表格的效率。

技巧 043：如何设置工作表标签颜色

说 明

当工作簿中包含的工作表太多，除了可以用名称进行区别外，还可以对工作表标签设置不同的颜色来以示区别。

方 法

例如，将"Sheet1"工作表的标签颜色设置为"红色"，具体操作方法如下：

❶在"Sheet1"工作表标签上右击，在弹出的快捷菜单中选择"工作表标签颜色"命令；❷在弹出的子菜单中选择需要的颜色即可，如下图所示。

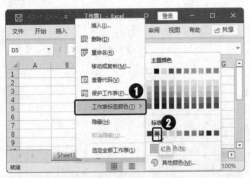

技巧 044：如何将工作表移动到其他工作簿中

说 明

在制作表格的过程中，如果需要将一个工作簿中的工作表移动到另一工作簿中，可以通过移动功能来实现。

方 法

例如，将"销售业绩奖金表"工作簿中的"销售业绩"工作表移动到"销售业绩表"工作簿中，具体操作方法如下：

1 打开"素材文件\第 15 章\销售业绩奖金表.xlsx、销售业绩表.xlsx"工作簿，切换到"销售业绩奖金表"工作簿中，选择"销售业绩"工作表，右击，在弹出的快捷菜单中选择"移动或复制"命令，如下图所示。

2 ❶弹出"移动或复制"对话框，在"工作簿"下拉列表框中选择"销售业绩表.xlsx"选项；❷在"下列选定工作表之前"列表框中选择"Sheet1"选项；❸单击 确定 按钮，如下图所示。

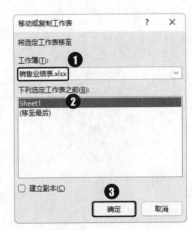

3 即可将"销售业绩"工作表移动到"销售业绩表"工作簿中的"Sheet1"工作表前面，效果如下图所示。

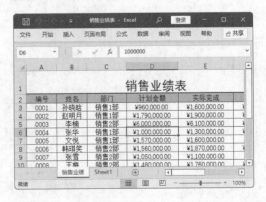

技巧 045：同时对工作簿中的多个工作表进行查看

说明

当要对工作簿中两个工作表的数据进行查看比较时，若通过切换工作表的方式进行查看，会显得非常烦琐。若能将两个工作表进行并排查看对比，会大大提高工作效率。

方法

例如，对"商品进货月报表"工作簿中的两个工作表进行并排查看，具体操作方法如下：

1 打开"素材文件\第 15 章\商品进货月报表.xlsx"工作簿，单击"视图"选项卡"窗口"组中的"新建窗口"按钮 🗔，如下图所示。

2 ❶自动新建一个副本窗口，单击"窗口"组中的"全部重排"按钮 ☰；❷弹出"重排窗口"对话框，设置排列方式，如选中 垂直并排(V)⊙ 单选按钮；❸单击 确定 按钮，如下图所示。

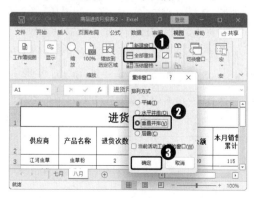

3 原始工作簿窗口和副本窗口即可以垂直并排的方式进行显示，此时便可对两个工作表的数据同时进行查看，效果如下图所示。

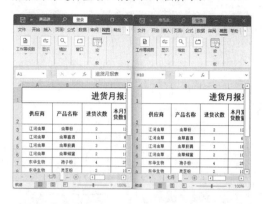

技巧 046：如何让工作表中的标题行在滚动时始终显示

说明

当工作表中的数据较多时，为了保证在拖动工作表滚动条时，能始终看到工作表中的标题，可以通过 Excel 2021 提供的冻结窗格功能来实现。

方法

例如，冻结"销售业绩奖金表"工作簿"业绩奖金"工作表中的标题行，具体操作方法如下：

1 打开"素材文件\第 15 章\销售业绩奖金表.xlsx"工作簿，❶选择标题行，单击"视图"选项卡"窗口"组中的"冻结窗格"按钮 🔲；❷在弹出的下拉列表中选择"冻结首行"选项，操作如下图所示。

2 此时，标题行被冻结起来，这时拖动工作表滚动条查看表中的数据，被冻结的标题行始终保持不变，效果如下图所示。

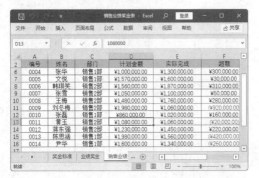

> **温馨小提示**
>
> 若工作表的行标题和列标题就在对应的首行和首列，则直接冻结首行和首列即可；若工作表的行标题和列标题不在首行和首列时，则需要先选择工作表的多行和多列。

技巧 047：如何编辑工作表的页眉页脚

说 明

在 Excel 电子表格中，页眉的作用在于显示每一页顶部的信息，通常包括表格名称等内容。而页脚则用来显示每一页底部的信息，通常包括页数、打印日期和时间等。

方 法

例如，在"商品进货月报表"页眉位置添加公司名称，在页脚位置添加制表日期信息，具体操作方法如下：

1 打开"素材文件\第 15 章\商品进货月报表.xlsx"工作簿，在"七月"工作表中单击"插入"选项卡"文本"组中的"页眉和页脚"按钮，如下图所示。

2 进入页眉和页脚编辑状态，❶在页眉框中输入页眉内容；❷单击"页眉和页脚"选项卡"导航"组中的"转至页脚"按钮，如下图所示。

3 切换到页脚编辑区，输入页脚信息即可，如下图所示。

> **温馨小提示**
>
> 进入页眉页脚编辑状态，单击"页眉和页脚"选项卡"页眉和页脚"组中的"页眉"按钮，在弹出的下拉列表中可直接选择需要的页眉样式；单击"页脚"按钮，在弹出的下拉列表中可直接选择需要的页脚样式。

技巧 048：设置打印页边距

说明

页边距是指打印在纸张上的内容距离纸张上、下、左、右边界的距离。打印工作表时，应该根据要打印表格的行、列数，以及纸张大小来设置页边距。

方法

如果要为工作表设置页边距，具体操作方法如下：

在工作表中单击"页面布局"选项卡"页面设置"组中的▣按钮，❶弹出"页面设置"对话框，选择"页边距"选项卡；❷通过在"上""下""左""右"数值框设置各页边距的值；❸单击 确定 按钮即可，如下图所示。

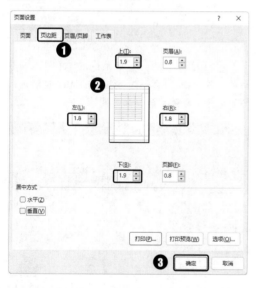

技巧 049：快速打印多张工作表

说明

当工作簿中有多张工作表，且需要都打印时，可通过设置打印项，快速对工作簿中的工作表进行打印。

方法

例如，快速打印多张工作表，具体操作

方法如下：

❶在工作表中单击 文件 按钮，在弹出的下拉列表中选择"打印"选项；❷在"设置"栏中的第一个下拉列表中选择"打印整个工作簿"选项；❸单击"打印" 🖶按钮，即可对工作簿中的多张工作表进行打印，如下图所示。

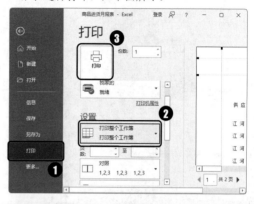

技巧 050：快速输入以"0"开头的数据

说明

在默认情况下，在单元格中输入以"0"开头的数字时，Excel 会将其识别成纯数字，从而直接省略掉"0"。如果要在单元格中输入"0"开头的数字，需要自定义数据的格式。

方法

例如，在"来访人员登记表.xlsx"中的单元格中输入以"0"开头的 4 位数编号，具体操作方法如下：

1 ❶在打开的"来访人员登记表.xlsx"工作簿中选择 A3:A10 单元格区域；❷在"开始"选项卡的"数字"组中单击▣按钮，如下图所示。

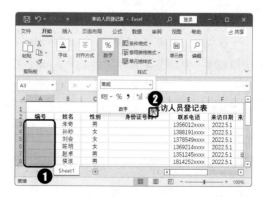

② 弹出"设置单元格格式"对话框，❶默认选择"数字"选项卡，在"分类"列表框中选择"自定义"选项；❷在右侧的"类型"文本框中输入"0000"；❸单击 确定 按钮，如下图所示。

③ 返回工作表，直接在 A3:A10 单元格区域中输入数字编号"1,2,…"，将自动在前面添加 3 个"0"，效果如下图所示。

技巧 051：巧妙输入位数较多的编号

说明

在编辑工作表的过程中，经常需要输入位数较多，且部分字符相同的编号，如员工编号、学号、证书编号等，这时可以通过自定义数据格式的方式快速输入。

方法

例如，在"来访人员登记表.xlsx"中

输入编号"KH2021-001"，具体操作方法如下：

❶ 打开"素材文件\第 15 章\来访人员登记表.xlsx"工作簿，选择 A3:A10 单元格区域；弹出"设置单元格格式"对话框，❶默认选择"数字"选项卡，在"分类"列表框中选择"自定义"选项；❷在右侧的"类型"文本框中输入""KH2021-"000"；❸单击 确定 按钮，如下图所示。

② 返回工作表，在单元格区域中输入编号后的序号，如"1,2,…"，然后按 Enter 键确认，即可显示完整的编号，如下图所示。

技巧 052：如何在多个不连续的单元格中输入相同的内容

说明

当需要在工作表中不连续的多个单元格中输入相同的内容时，除了可通过复制的方法来实现，还可直接选择多个不连续的单元格，直接输入，以提高输入速度。

方法

例如，在空白工作簿中的多个不连续的多个单元格中输入相同的数据"105"，具体操作方法如下：

1 在工作表中按住 Ctrl 键，单击选择多个不连续的单元格，在其中一个单元格中输入数据"105"，如下图所示。

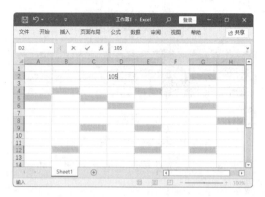

2 按 Ctrl+Enter 组合键，即可依次在多个单元格中输入相同的数据，如下图所示。

技巧 053：如何填充相差值较大的序列

说明

在默认情况下，通过控制柄填充的等差序列的差值为"1"，如果要填充等差值较大的序列时，则需要通过"序列"对话框中对步长值进行设置。

方法

例如，在空白工作表中输入等差值为

"5"的等差序列，具体操作方法如下：

1 ●在空白工作簿的工作表中的 A1 单元格中输入"5"，选择需要设置等差序列的单元格区域；❷单击"开始"选项卡"编辑"组中的"填充"按钮；❸在弹出的下拉列表中选择"序列"选项，如下图所示。

2 ●弹出"序列"对话框，在"类型"栏中选中●等差序列(L)单选按钮；❷在"步长值"数值框中输入等差值"5"；❸"终止值"数值框中输入等差结束值"50"；❹单击 确定 按钮，操作如下图所示。

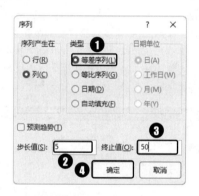

3 即可在所选择的单元格中输入等差值为"5"的数据，效果如下图所示。

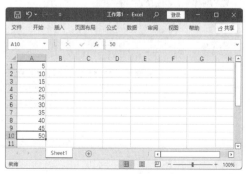

> **温馨小提示**
>
> 在连续的两个单元格中依次输入开始值和等差步长值，然后选择这两个单元格，将光标移动到第二个单元格右下角，当光标变成+形状时，按住鼠标右键不放并向下拖动，当拖动到目标单元格后释放鼠标，即可填充相应的序列数据。

技巧 054：清除单元格的所有格式

说明

如果需要重新对单元格的格式进行设置，也可先通过清除功能快速清除单元格原有的所有格式，然后再重新设置即可。

方法

例如，清除"商品进货月报表1"中除标题和表字段外的所有数据，具体操作方法如下：

❶ 打开"素材文件\第15章\商品进货月报表1.xlsx"工作簿，选择需要清除格式的单元格区域，单击"开始"选项卡"编辑"组中的"清除"按钮，在弹出的下拉列表中选择"清除格式"选项，如下图所示。

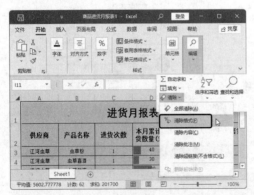

❷ 即可清除所选单元格的所有格式，效果如下图所示。

技巧 055：在粘贴数据时对数据进行目标运算

说明

在编辑工作表数据时，还可通过选择性粘贴的方式，对数据区域进行计算，如加、减运算等。

方法

例如，将"产品库存表"中的"产品单价"都提升 10 元，具体操作方法如下：

❶ 打开"素材文件\第15章\产品库存表.xlsx"工作簿，❶在 F2 单元格中输入"10"，按 Ctrl+C 组合键复制数据；❷选择要进行计算的目标单元格区域 E3:E20 单元格区域；❸单击"开始"选项卡"剪贴板"组中的"粘贴"按钮下方的 ˅ 按钮；❹在弹出的下拉列表中选择"选择性粘贴"选项，如下图所示。

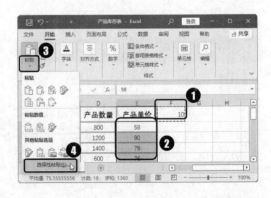

2 ❶弹出"选择性粘贴"对话框，在"运算"栏中选择计算方式，如选中 ⊙加(D)单选按钮；❷单击 确定 按钮，如下图所示。

3 此时，工作表中的产品单价都将加 10，效果如下图所示。

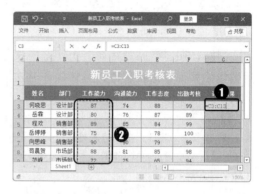

> **温馨小提示**
>
> 对单元格进行目标运算后，单元格中的格式将发生变化，需要重新对其格式进行设置。

技巧 056：在多个单元格中使用数组公式进行计算

说明

数组公式就是指对两组或多组参数进行多重计算，并返回一个或多个结果的一种计算公式。使用数组公式时，要求每个数组参数必须有相同数量的行和列。

方法

例如，在"新员工入职考核表"中利用

数组公式计算数据，具体操作方法如下：

1 打开"素材文件\第 15 章\新员工入职考核表.xlsx"工作簿，❶选择 G3:G13 单元格区域，输入"="；❷按住 Ctrl 键拖动鼠标选择第一个参与计算的数组 C3:C13 单元格区域，如下图所示。

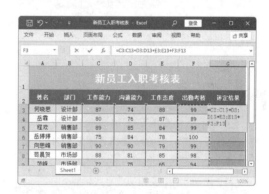

2 输入运算符"+"，然后按住 Ctrl 键拖动鼠标选择 D3:D13 单元格区域，使用相同的方法继续输入运算符和选择参与计算的单元格区域，操作如下图所示。

3 然后按 Ctrl+Shift+Enter 组合键，得出数组公式计算结果，操作如下图所示。

技巧 057：在单个单元格中使用数组公式进行计算

说明

在编辑工作表时，还可以在单个单元格中输入数组公式，以便完成多步计算。

方法

例如，在"产品销售表"工作簿中使用数组公式计算总销售额，具体操作方法如下。

1 打开"素材文件\第 15 章\产品销售表.xlsx"工作簿，对 E 列单元格的格式进行设置，在 E3 单元格中输入"=SUM()"，并将光标定位在括号内，如下图所示。

2 拖动鼠标选择 C3:C10 单元格区域，然后输入运算符"*"，再拖动鼠标选择 D3:D10 单元格区域，操作如下图所示。

3 然后按 Ctrl+Shift+Enter 组合键，得出数组公式计算结果，效果如下图所示。

技巧 058：使用 COUNT() 函数进行统计

说明

COUNT() 函数用于统计包含某个数值数据的单元格数以及参数列表中某类数据的个数。COUNT() 函数的语法为：=COUNT(value1,value2,...)。其中，value1,value2,…为要计数的 1~255 个参数。

方法

例如，使用 COUNT() 函数对"产品销售表"中的销售产品个数进行统计，具体操作方法如下：

打开"素材文件\第 15 章\产品销售表.xlsx"工作簿，在 A11:B11 单元格区域中输入相应的内容，然后在 B11 单元格中输入公式"=COUNT(C3:C10)"，按 Enter 键计算出结果，如下图所示。

> **温馨小提示**
>
> COUNT() 函数的参数必须是数值，所以本例参与计算的单元格区域是 C3:C10，而不是 B3:B10 单元格区域。

技巧 059：使用 PRODUCT()函数计算乘积

说明

PRODUCT()函数用于计算所有参数的乘积。PRODUCT()函数的语法结构为：=PRODUCT(number1,number2,...)。其中Number1,Number2,…表示要参与乘积计算的 1~255 个参数。

方法

例如，使用 PRODUCT()函数计算"产品销售表"中的销售额，具体操作方法如下：

1 打开"素材文件\第 15 章\产品销售表.xlsx"工作簿，在 C3 单元格中输入公式"=PRODUCT(C3:D3)"，如下图所示。

	A	B	C	D	E
1	产品销售表				
2	销售日期	产品名称	销售数量	产品单价	销售额
3	2022年5月1日	电风扇	168	¥549.0	=PRODUCT(C3:D3)
4	2022年5月1日	空调	150	¥4,569.0	
5	2022年5月1日	冰箱	160	¥2,458.0	
6	2022年5月1日	洗衣机	100	¥1,699.0	
7	2022年5月1日	热水器	170	¥358.0	
8	2022年5月1日	电视机	180	¥4,699.0	
9	2022年5月1日	微波炉	90	¥359.0	
10	2022年5月1日	电饭煲	99	¥468.0	

2 按 Enter 键计算出结果，然后复制该单元格中的公式，计算出其他产品的销售额，效果如下图所示。

	A	B	C	D	E
1	产品销售表				
2	销售日期	产品名称	销售数量	产品单价	销售额
3	2022年5月1日	电风扇	168	¥549.0	¥92,232.0
4	2022年5月1日	空调	150	¥4,569.0	¥685,350.0
5	2022年5月1日	冰箱	160	¥2,458.0	¥393,280.0
6	2022年5月1日	洗衣机	100	¥1,699.0	¥169,900.0
7	2022年5月1日	热水器	170	¥358.0	¥60,860.0
8	2022年5月1日	电视机	180	¥4,699.0	¥845,820.0
9	2022年5月1日	微波炉	90	¥359.0	¥32,310.0
10	2022年5月1日	电饭煲	99	¥468.0	¥46,332.0

技巧 060：使用 PV()函数计算投资的现值

说明

PV()函数用于返回投资的现值，现值为一系列未来付款当前值的累积和。其语法结构为：PV(Rate,Nper,Pmt,Fv,Type)。其中，Rate 为各期利率；Nper 为总投资期，即该项投资的付款期总数；Pmt 为各期所应支付的金额，其数值在整个年金期间保持不变；Fv 为未来值，或在最后一次支付后希望得到的现金余额；Type 为数字 0 或 1，用以指定各期的付款时间是在期初还是期末。

方法

例如，使用 PV()函数计算现值，具体操作方法如下：

1 打开"素材文件\第 15 章\PV 函数.xlsx"工作簿，❶选择 C5 单元格；❷单击"公式"选项卡"函数库"组中的"财务"按钮；❸在弹出的下拉列表中选择"PV"选项，如下图所示。

2 弹出"函数参数"对话框，❶在各个参数框中输入相应的参数；❷单击"确定"按钮，如下图所示。

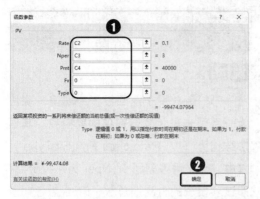

3 返回工作表中，即可查看到计算出的结果，如下图所示。

技巧 061：使用 FV()函数计算投资的期值

说明

FV()函数用于在基于固定利率及等额分期付款方式的情况下计算某项投资的未来值。其语法结构为：FV(rate,nper,pmt,[pv],[type])。其中，pv 参数表示为投资的现值，其余参数与 PV()函数的参数作用相同。

方法

例如，使用 FV()函数计算投资的期值，具体操作方法如下：

打开"素材文件\第 15 章\FV 函数.xlsx"工作簿，选择 C6 单元格，❶在编辑栏中输入公式"=FV(C2,C3*12,C4,C5)"；❷按 Enter 键计算出结果，如下图所示。

> **温馨小提示**
>
> 本例"C3*12"是 nper 参数，表示付款期数，若每月支付一次，则 3 年期为 3×12；若半年支付一次，则为 3×2。

技巧 062：使用 RATE()函数计算年金的各期利率

说明

RATE()函数用于返回年金的各期利率，其语法结构为：=RATE(nper,pmt,pv,fv,type,guess)。其中，fv 参数表示未来值；guess 参数表示预期利率。

方法

例如，使用 RATE()函数计算月投资利率和年投资利率，具体操作方法如下：

1 打开"素材文件\第 15 章\RATE 函数.xlsx"工作簿，选择 C5 单元格，❶在编辑栏中输入公式"=RATE(C4*12,C3,C2)"；❷按 Enter 键计算出结果，如下图所示。

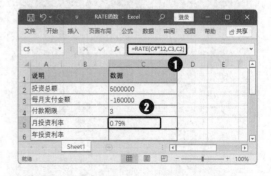

2 选择 C6 单元格，❶在编辑栏中输入公式"=RATE(C4*12,C3,C2)*12"；❷按 Enter 键计算出结果，如下图所示。

技巧 063：使用 PMT()函数计算月还款额

说明

PMT()函数可以基于固定利率及等额分期付款方式，计算贷款的每期付款额。其语法结构为：=PMT(rate,nper,pv,fv,type)。

方法

例如，计算每月需还款的金额，具体操作方法如下：

打开"素材文件\第 15 章\ PMT 函数.xlsx"工作簿，选择 C5 单元格，❶在编辑栏中输入公式"=PMT(C4/12,C3*12,C2)"；❷按 Enter 键计算出结果，如下图所示。

技巧 064：使用 DB()函数计算给定时间内的折旧值

说明

DB()函数使用固定余额递减法，计算指定期间内某项固定资产的折旧值。其语法结

构为：=DB(cost,salvage,life,period,month)。其中，cost 参数表示资产原值；salvage 参数表示资产在折旧期末的价值，也称为资产残值；life 参数表示折旧期限（有时也称作资产的使用寿命）；period 参数表示需要计算折旧值的期间，其必须使用与 life 参数相同的单位；month 参数表示第一年的月份数，若省略，则假设为"12"。

方法

例如，使用 DB()函数计算空调第 2 年 6 月内的折旧值和第 5 年的折旧值，具体操作方法如下：

1 打开"素材文件\第 15 章\DB 函数.xlsx"工作簿，选择 C5 单元格，❶在编辑栏中输入公式"=DB(C2,C3,C4,2,6)"；❷按 Enter 键计算出结果，如下图所示。

2 选择 C6 单元格，❶在编辑栏中输入公式"=DB(C2,C3,C4,5)"；❷按 Enter 键计算出结果，如下图所示。

技巧065：使用OR()函数判断指定的条件是否为真

说明

OR()函数中，若只要有任何一个值为真，则函数就返回TRUE，若有多个条件都为假时，则返回FALSE。其语法结构为：OR（logical1,logical2,…）。其中，logical1, logical2,…表示待检测的1~30个条件值，各条件值可为TRUE或FALSE。

方法

例如，使用OR()函数判断新员工考核是否合格，具体操作方法如下：

1 打开"素材文件\第15章\新员工入职考核表.xlsx"工作簿，选择G3单元格，输入公式"=IF(OR ((SUM(C3:F3)) >320),"合格","不合格")"，如下图所示。

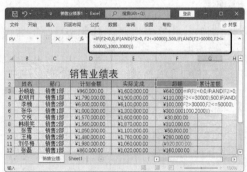

2 按Enter键计算出结果，然后复制该单元格的公式，计算出其他单元格的结果，如下图所示。

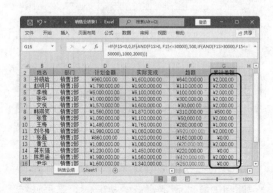

技巧066：使用AND()函数判断指定的多个条件是否同时成立

说明

AND()函数用于对多个判断结果取交集，即返回同时满足多个条件的结果。其语法结构为：AND（logical1,logical2,…），该函数各参数值与OR()函数参数值的含义相同。

方法

例如，使用AND()函数计算销售累进差额，具体操作方法如下：

1 打开"素材文件\第15章\销售业绩表1.xlsx"工作簿，在"超额"列后增加一列"累计差额"单元格；选择G3单元格，在编辑栏中输入公式"=IF(F2<0,0,IF(AND(F2>0,F2<=30000), 500,IF(AND(F2>30000,F2<=50000),1000,2000)))"，如下图所示。

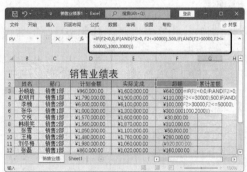

2 按Enter键计算出结果，然后复制该单元格的公式，计算出其他单元格的结果，如下图所示。

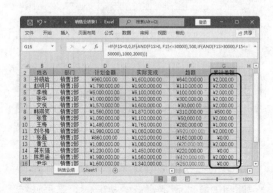

技巧 067：使用 YEAR() 函数返回日期对应年份

说明

YEAR() 函数用于返回日期的年份值，是介于 1900~9999 之间的数字。其语法结构为：=YEAR(serial_number)。其中，参数 serial_number 为指定的日期。

方法

例如，使用 YEAR() 函数计算员工入职年份，具体操作方法如下：

❶ 打开"素材文件\第 15 章\员工入职时间表.xlsx"工作簿，❶选择 C4 单元格；❷在编辑栏中输入公式"=YEAR(B4)"，操作如下图所示。

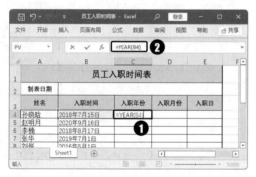

❷ 按 Enter 键计算出结果，然后复制该单元格的公式，计算出其他单元格的结果，如下图所示。

技巧 068：使用 MONTH() 函数返回日期对应的月份

说明

MONTH() 函数用于返回指定日期中的月份值，是介于 1~12 之间的数字。其语法结构为：=MONTH(serial_number)。其中，参数 serial_number 为指定的日期。

方法

例如，使用 MONTH() 函数计算员工入职月份，具体操作方法如下：

❶ ❶在打开的"员工入职时间表"中选择 D4 单元格；❷在编辑栏中输入公式"=MONTH(B4)"，如下图所示。

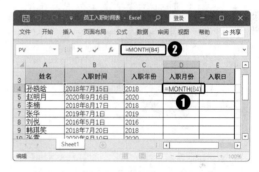

❷ 按 Enter 键计算出结果，然后复制该单元格的公式，计算出其他单元格的结果，如下图所示。

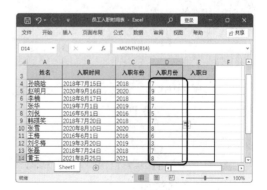

技巧 069：使用 DAY() 函数返回日期对应当月的天数

说明

DAY()函数用于返回一个月中的第几天的数值，是介于 1~31 之间的数字。其语法结构为：=DAY(serial_number)。其中，参数 serial_number 为指定的日期。

方法

例如，使用 DAY()函数计算员工入职日，具体操作方法如下：

在打开的"员工入职时间表"中选择 E4 单元格，在编辑栏中输入公式"=DAY(B4)"，按 Enter 键计算出结果，然后复制该单元格的公式，计算出其他单元格的结果，效果如下图所示。

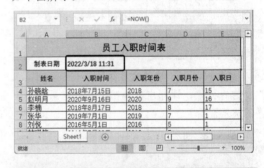

技巧 070：使用 TODAY() 函数返回当前日期

说明

TODAY()函数用于返回当前系统的日期。其语法结构为：TODAY()。

方法

例如，使用 TODAY()函数计算制表日期，具体操作方法如下：

在打开的"员工入职时间表"中选择 B2 单元格，在编辑栏中输入公式"=TODAY()"，按 Enter 键计算出结果，效果如下图所示。

技巧 071：使用 NOW() 函数返回当前的日期和时间

说明

NOW()函数用于返回当前系统的日期和时间。其语法结构为：NOW()。

方法

例如，使用 NOW()函数计算制表日期，具体操作方法如下：

在打开的"员工入职时间表"中选择 B2 单元格，删除其中的公式，然后在编辑栏中输入公式"=NOW()"，按 Enter 键计算出结果，效果如下图所示。

技巧 072：使用 DATE() 函数返回日期

说明

DATE 函数用于返回指定的日期，可以将记录在不同单元格中的年、月、日返回为一个连续的日期格式。其语法结构为：DATE(year,month,day)。其中，year 参数表示年份，包含 1~4 位数字；month 参数表示月份，表示一年中从 1 月至 12 月的各个月；day 参数表示天数。

方法

例如，使用 DATE()函数计算员工入职时间，具体操作方法如下：

1 打开"素材文件\第 15 章\DATE 函数.xlsx"工作簿，❶选择 E4 单元格；❷在编辑栏中输入公式"=DATE(B4,C4,D4)"，操作如下图所示。

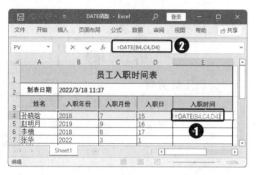

2 按 Enter 键计算出结果，然后复制该单元格的公式，计算出其他单元格的结果，如下图所示。

技巧 073：使用 COUNTIF()函数按条件统计单元格个数

说明

COUNTIF()函数用于统计某区域中满足给定条件的单元格数目。COUNTIF()函数的语法为：=COUNTIF(range,criteria)。其中，range 表示要统计单元格数目的区域；criteria 表示给定的条件，其形式可以是数字、文本等。

方法

例如，使用 COUNTIF()函数统计销售部人数，具体操作方法如下：

1 打开"素材文件\第 15 章\销售业绩表1.xlsx"工作簿，❶在 A18 和 A19 单元格中输入相应的内容，对 A18：C19 单元格区域的格式进行设置，然后选择 C18 单元格；❷在编辑栏中输入公式"=COUNTIF(C3:C16,"销售 1 部")"，按 Enter 键计算出结果，效果如下图所示。

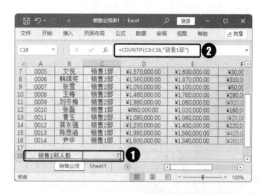

2 ❶选择 C19 单元格；❷在编辑栏中输入公式"=COUNTIF(C3:C16,"销售 2 部")"，按 Enter 键计算出结果，效果如下图所示。

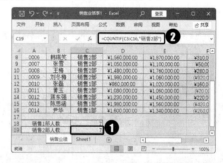

技巧 074：使用 SUMIF()函数按条件求和

说明

SUMIF()函数用于对满足条件的单元格进行求和运算。其语法结构为：=SUMIF(range, criteria,[sum_range])。其中，range 参数表示要进行计算的单元格区域；criteria 参数表示单元格求和的条件，其形式可以为数字、表达式或文本形式等；sum_range 参数表示求和运算的实际单元格，若省略，将使用区域中的单元格。

方法

例如，使用 SUMIF()函数计算销售 1 部和销售 2 部实际完成的总销售额，具体操作方法如下：

1 ❶在打开的"销售业绩表"中对 A18: C19 单元格区域中的内容进行修改，然后选择 C18 单元格；❷在编辑栏中输入公式"=SUMIF (C3:C16,"销售 1 部",E3:E16)"，按 Enter 键计算出结果，效果如下图所示。

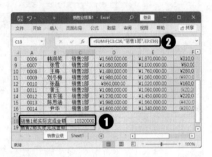

2 选择 C19 单元格，在编辑栏中输入公式"=SUMIF(C3:C16,"销售 2 部",E3:E16)"，按 Enter 键计算出结果，效果如下图所示。

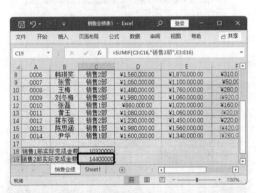

技巧 075：使用 LEFT()函数从文本左侧提取字符

说明

LEFT()函数是从一个文本字符串的第一个字符开始，返回指定个数的字符。其语法结构为：=LEFT(text,num_chars)。其中，text 参数表示需要提取字符的文本字符串；num_chars 参数表示指定需要提取的字符

数，如果忽略，就为 1。

方法

例如，使用 LEFT()函数提取员工住址所属区，具体操作方法如下：

1 打开"素材文件\第 15 章\员工资料表.xlsx"工作簿，❶选择 F3 单元格；❷在编辑栏中输入公式"=LEFT(E3,3)"，如下图所示。

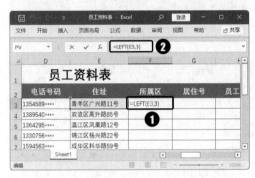

2 按 Enter 键计算出结果，然后复制该单元格的公式，计算出其他单元格的结果，如下图所示。

技巧 076：使用 RIGHT()函数从文本右侧提取字符

说明

RIGHT()函数是从一个文本字符串的最后一个字符开始，返回指定个数的字符。其语法结构为：=RIGHT(text,num_chars)，各参数的含义与 LEFT()函数参数相同。

方法

例如，使用 LEFT()函数提取员工住址

居住号，具体操作方法如下：

1 ❶在打开的"员工资料表.xlsx"中选择 G3 单元格；❷在编辑栏中输入公式"=RIGHT (E3,3)"，如下图所示。

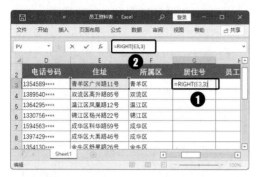

2 按 Enter 键计算出结果，然后复制该单元格的公式，计算出其他单元格的结果，效果如下图所示。

技巧 077：快速创建组合图表

说明

在使用图表分析表格数据的过程中，有时需要使用两种图表类型才能更好地体现表格数据，这时就需要运用到组合图表。

方法

例如，使用柱形图和折线图分析图表数据，具体操作方法如下：

1 打开"素材文件\第 15 章\销售业绩表 1.xlsx"工作簿，❶选择需创建图表的数据；❷单击"图表"组中的▫️按钮，操作如下图所示。

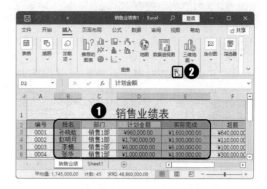

2 弹出"插入图表"对话框，❶选择"所有图表"选项卡；❷选择左侧的"组合图"选项；❸在"图表类型"下拉列表框中选择需要的图表；❹单击 确定 按钮，操作如下图所示。

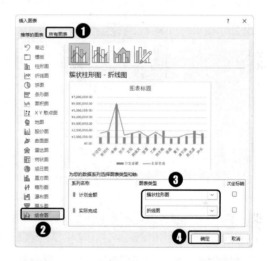

3 返回表格编辑区，即可查看到创建的组合图表，效果如下图所示。

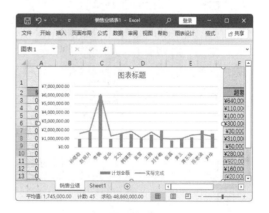

技巧 078：切换图表行列交换数据

说明

在 Excel 2021 中，用户可以根据需要对图表行或列的数据进行交换，以便查看和比较数据。

方法

例如，更改图表的行列数据，具体操作方法如下：

1 打开"素材文件\第 15 章\新员工入职考核表 1.xlsx"工作簿，选择图表，单击"图表设计"选项卡"数据"组中的"切换行/列"按钮，操作如下图所示。

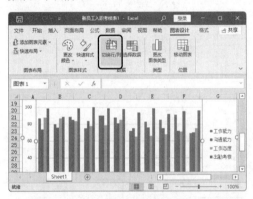

2 即可交换图表行和列的数据，效果如下图所示。

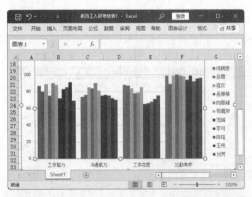

技巧 079：精确选择图表中的元素

说明

当图表内容过多时，通过单击鼠标的方式，可能会选择错误，要想精确选择图表某元素，可通过功能区实现。

方法

例如，精确选择图表中的某元素，具体操作方法如下：

1 打开"素材文件\第 15 章\新员工入职考核表 1.xlsx"工作簿，选择图表，在"格式"选项卡"当前所选内容"组中的"图表区"下拉列表中选择需要选择的图表元素，如选择"系列'沟通能力'"选项，如下图所示。

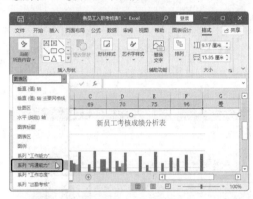

2 即可精确选择"沟通能力"数据系列，效果如下图所示。

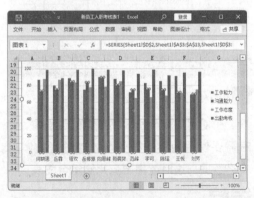

技巧 080：为图表添加趋势线

说明

创建图表后，为了能更加直观地对系列中的数据变化趋势进行分析与预测，可以为数据系列添加趋势线。

方法

例如，为"沟通能力"数据系列添加线性趋势线，具体操作方法如下：

1 打开"素材文件\第 15 章\新员工入职考核表 1.xlsx"工作簿，选择图表，**❶**单击"图表设计"选项卡"图表布局"组的"添加图表元素"按钮；**❷**在弹出的下拉列表中选择"趋势线"选项；**❸**在弹出的子列表中选择"线性"选项，如下图所示。

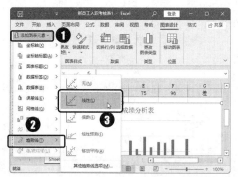

2 弹出"添加趋势线"对话框，**❶**在"添加基于系列的趋势线"列表框中选择"沟通能力"选项；**❷**单击 确定 按钮，如下图所示。

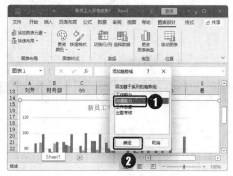

3 即可为"沟通能力"数据系列添加线性趋势线，效果如下图所示。

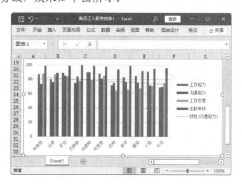

技巧 081：快速显示/隐藏图表元素

说明

在创建图表后，为了便于编辑图表，还可根据需要对图表元素进行显示/隐藏操作。

方法

例如，隐藏或显示图表中的元素，具体操作方法如下：

选择图表，单击右侧的"图表元素"按钮，弹出"图表元素"列表，选中某个复选框，便可在图表中显示对应的元素；反之，取消选中某个复选框，则会隐藏对应的元素，如下图所示。

技巧 082：如何更新数据透视表中的数据

说明

在创建数据透视表后，若对数据源中的数据进行了修改，则数据透视表中的数据不会自动更新，此时就需要手动更新。

方法

例如，对表格中的定量数据进行更改，然后切换到数据透视表中，对数据透视表中的数据进行更新，具体操作方法如下：

1 打开"素材文件\第 15 章\产品生产产量统计表.xlsx"工作簿，对表格中定量列中的数据进行更改，如下图所示。

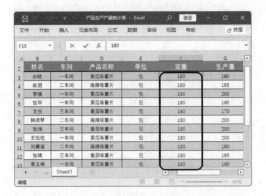

2 切换到数据透视表工作表中，可发现数据没有自动更改，这时需单击"数据透视表分析"选项卡"数据"组中的"刷新"按钮，如下图所示。

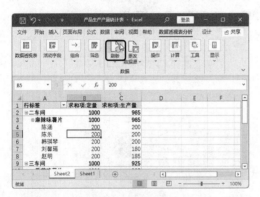

3 即可更新数据透视表中的数据，效果如下图所示。

技巧 083：在数据透视表中筛选数据

说明

在创建好数据透视表后，还可以通过筛选功能，筛选出需要查看的数据。

方法

例如，在"产品生产产量统计表.xlsx"的数据透视表中，通过筛选功能，只查看产品名称为"黄瓜味薯片"的生产情况，具体操作方法如下：

1 打开"素材文件\第 15 章\产品生产产量统计表.xlsx"工作簿，❶在数据透视表中单击"行标签"后的按钮；❷在弹出的列表中的"选择字段"下拉列表框中选择"产品名称"；❸在下方选中☑黄瓜味薯片复选框；❹单击确定按钮，如下图所示。

2 此时，数据透视表中将只显示产品名称为"黄瓜味薯片"的生产情况，效果如下图所示。

技巧 084：按笔画进行排序

说明

在对文字类关键字进行排序时，默认是按字母进行排序的，用户也可根据需要按笔画进行排序。

方法

例如，在"商品进货月报表 1"中按产品名称的笔画进行排序，具体操作方法如下：

1 打开"素材文件\第 15 章\商品进货月报表 1.xlsx"工作簿，将光标定位在表格中，单击"数据"选项卡"排序和筛选"组中的"排序"按钮，如下图所示。

2 弹出"排序"对话框，❶在"主要关键字"下拉列表框中选择"产品名称"选项；❷单击 选项(O)... 按钮；❸弹出"排序选项"对话框，选中 ❹笔划排序(R)单选按钮；❹单击 确定 按钮，如下图所示。

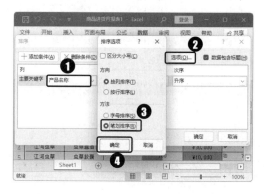

3 返回"排序"对话框，单击 确定 按钮，返回工作表中，即可查看到按笔画排序的效果，如下图所示。

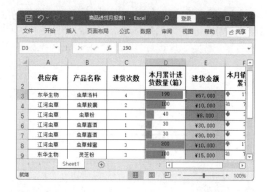

技巧 085：按单元格背景颜色进行排序

说明

编辑表格时，若设置了单元格背景颜色或字体颜色等格式，则还可以按照设置的格式进行排序。

方法

例如，在"商品进货月报表 1"中按进货金额列单元格的背景颜色进行排序，具体操作方法如下：

1 打开"素材文件\第 15 章\商品进货月报表 1.xlsx"工作簿，选择需要排序的单元格区域，单击"数据"选项卡"排序和筛选"组中的"排序"按钮，弹出"排序"对话框，❶在"主要关键字"下拉列表框中选择"进货金额"选项；❷在"排序依据"下拉列表框中选择"单元格颜色"选项；❸在"次序"下拉列表中选择"绿色"选项，如下图所示。

2 ❶单击 4 次 ┼添加条件(A) 按钮；❷添加 4 个"次要关键字"条件，然后对添加条件的排序条件进行设置；❸设置完成后单击 确定 按钮，操作如下图所示。

3 返回工作表中，即可查看到按单元格背景颜色排序的效果，如下图所示。

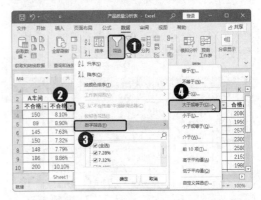

技巧 086：如何对双行标题的工作表进行筛选

说明

当工作表中的标题由两行组成，且有的单元格进行了合并处理，若选择数据区域中的任意单元格，再进入筛选状态，会发现无法正常筛选数据，此时就需要选择参与筛选的表字段后才能进行筛选。

方法

例如，对"产品质量分析表"工作簿中的数据进行筛选，具体操作方法如下：

1 打开"素材文件\第 15 章\产品质量分析表.xlsx"工作簿，选择第二行表字段，❶单击"数据"选项卡"排序和筛选"组中的"筛选"按钮；❷单击 D3 单元格中的 ▽ 按钮；❸在弹出的下拉列表中选择"数字筛选"选项；❹在弹出的子列表中选择"大于或等于"选项，如下图所示。

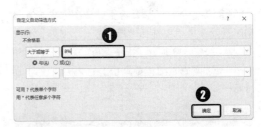

2 弹出"自定义自动筛选方式"对话框，❶在第二个下拉列表框中输入"8%"；❷单击 确定 按钮，如下图所示。

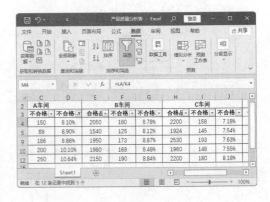

3 返回工作表中，即可查看到筛选结果，如下图所示。

第16章

PowerPoint 2021 商务办公应用技巧速查

PowerPoint 用于制作和播放多媒体演示文稿，以便更好地辅助演说或演讲。本章将对 PowerPoint 的一些实用技巧进行讲解，以帮助用户制作动静结合的演示文稿。

技巧087：将不需要显示的幻灯片隐藏

说明

如果用户不希望在放映幻灯片时将某张幻灯片放映出来，可以将其隐藏，这样，放映幻灯片时将不会放映隐藏的幻灯片。

方法

例如，隐藏演示文稿中的第 2 张幻灯片，具体操作方法如下：

1 打开"素材文件\第 16 章\销售业绩报告.pptx"演示文稿，❶选择第 2 张幻灯片；❷单击"幻灯片放映"选项卡"设置"组中的"隐藏幻灯片"按钮，如下图所示。

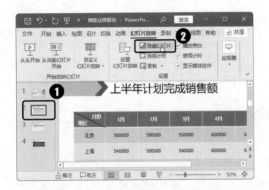

2 此时，幻灯片编号将变成形状，表示该张幻灯片已被隐藏，如下图所示。

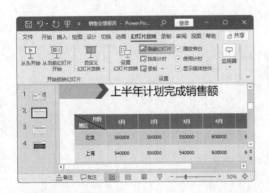

> **温馨小提示**
>
> 选择需要被隐藏的幻灯片，右击，在弹出的快捷菜单中选择"隐藏幻灯片"命令，也可将幻灯片隐藏。

技巧088：如何为幻灯片中的内容分栏

说明

PowerPoint 2021 提供了分栏功能，通过该功能可以将占位符中的文本分为多栏，并且可以调整栏与栏之间的间距，使占位符中的内容更便于阅读和查看。

方法

例如，将第 7 张幻灯片内容占位符中的内容分为两栏显示，并将栏间距调整为"2"厘米。具体操作方法如下：

1 打开"素材文件\第 16 章\公司年终会议.pptx"演示文稿，❶选择第 7 张幻灯片中的内容占位符，单击"开始"选项卡"段落"组中的"添加或删除栏"按钮；❷在弹出的下拉列表中选择"更多栏"选项，如下图所示。

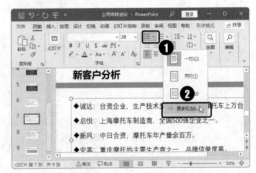

2 ❶弹出"分栏"对话框，在"数量"数值框中设置栏数"2"；❷在"间距"数值框中输入栏间距"2 厘米"；❸单击 确定 按钮，如下图所示。

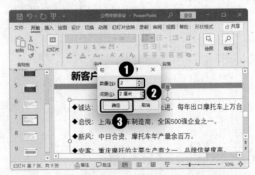

3 返回幻灯片中，对内容占位符大小进行调整，使两栏中显示内容的行数一致，效果如下

图所示。

技巧 089：如何将幻灯片中的文本内容转化为 SmartArt 图形

说明

PowerPoint 2021 提供了转化为 SmartArt 图形功能，通过该功能可快速将幻灯片中结构清晰的文本转化为 SmartArt 图形。

方法

例如，将第 3 张幻灯片内容占位符中的文本转化为 SmartArt 图形，具体操作方法如下：

1 打开"素材文件\第 16 章\产品构造方案.pptx"演示文稿，选择第 3 张幻灯片中的内容占位符，❶单击"开始"选项卡"段落"组中的"转化为 SmartArt 图形"按钮；❷在弹出的下拉列表中选择需要的 SmartArt 图形，如下图所示。

2 即可将所选占位符中的内容转化为 SmartArt 图形，效果如下图所示。

技巧 090：如何对幻灯片进行分组管理

说明

当制作演示文稿中的幻灯片较多时，为了理清幻灯片的整体结构，可以使用 PowerPoint 2021 提供的节功能对幻灯片进行分组管理。

方法

例如，对"商务礼仪培训"演示文稿中的幻灯片进行分节管理，具体操作方法如下：

1 打开"素材文件\第 16 章\商务礼仪培训.pptx"演示文稿，选择需要分节的幻灯片，右击，在弹出的快捷菜单中选择"新增节"命令，操作如下图所示。

2 此时，在所选幻灯片前面增加一个节，并打开"重命名节"对话框，❶在"节名称"文本框中输入新增节的名称，如输入"外在形象"；❷单击 重命名(R) 按钮，如下图所示。

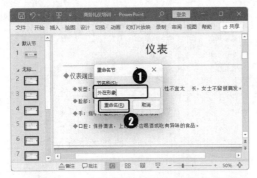

3 即可更改新增节的名称，使用相同的方法添加需要的节，并对其进行重命名节，效果如下图所示。

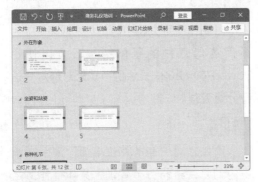

技巧 091：PowerPoint 中能不能对插入的音频文件进行剪辑

说明

在幻灯片中插入音频文件后，还可根据PowerPoint 2021 提供的剪裁音频功能对音频文件进行剪辑，但剪辑时不能随意剪辑，只能对前面和后面连续的音频进行剪辑。

方法

例如，对"产品相册"演示文稿中的音频文件进行剪辑，具体操作方法如下：

1 打开"素材文件\第 16 章\产品相册.pptx"演示文稿，❶选择第 1 张幻灯片中的音频图标；❷单击"播放"选项卡"编辑"组中的"剪裁音频"按钮，如下图所示。

2 弹出"剪裁音频"对话框，❶向右拖动滑块设置开始时间；❷向左拖动滑块设置结束时间；❸单击 确定 按钮即可，操作如下图所示。

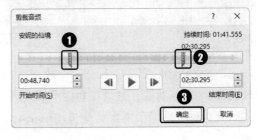

> **温馨小提示**
>
> 在"剪裁音频"对话框中对音频文件进行剪辑后，可先单击 ► 按钮进行试听，如果不合适，可再进行剪辑。

技巧 092：快速剪辑幻灯片中插入的视频

说明

在幻灯片中，也可对插入的视频进行剪辑，其剪辑方法与剪辑音频文件的方法类似。

方法

例如，剪辑幻灯片中的视频文件，具体操作方法如下：

打开"素材文件\第 16 章\产品相册.pptx"演示文稿，在幻灯片中选择需要剪辑的视频图标，单击"剪裁视频"按钮，在打开的"剪裁视频"对话框中进行剪辑即可，如下图所示。

技巧 093：如何让幻灯片中的内容链接到其他文件中

说明

为幻灯片对象添加超链接，不仅可链接到当前演示文稿的其他幻灯片中，还可链接到计算机中保存的文件中。

方法

例如，为幻灯片中的标题文本添加超链接，使其与计算机中的"佳缘婚庆公司简介"Word 文档链接，具体操作方法如下：

❶ 打开"素材文件\第 16 章\婚庆用品展.pptx"演示文稿，❶选择第 1 张幻灯片中的公司名称标题文本；❷单击"插入"选项卡"链接"按钮下的 ▼ 按钮，在弹出的列表中单击"链接"按钮 ，如下图所示。

❷ 弹出"插入超链接"对话框，❶在"链接到："栏中选择"现有文件或网页"选项；❷在"查找范围"下拉列表框中选择文件保存的位置；❸在下方的列表框中选择需要链接的文件"佳缘婚庆公司简介"选项；❹单击 确定 按钮，如下图所示。

❸ 返回幻灯片中，即可查看到添加超链接的文本颜色发生了变化，在放映该幻灯片时，单击公司标题文本，如下图所示。

❹ 即可打开链接的"佳缘婚庆公司简介"Word 文档，效果如下图所示。

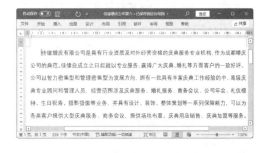

技巧 094：快速打开超链接内容进行查看

说明

通过 PowerPoint 2021 提供的打开超链接功能，就可以在不放映幻灯片的情况下，查看超链接内容，非常方便。

方法

例如，打开超链接内容进行查看，具体操作方法如下。

在打开的"婚庆用品展"演示文稿中定位鼠标光标到第 1 张幻灯片设置超链接的文本中，右击，在弹出的快捷菜单中选择"打开链接"命令，即可打开链接的内容，如下图所示。

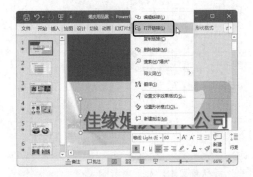

技巧 095：直接为幻灯片对象添加动作

说明

在幻灯片中，除了可通过绘制动作按钮添加动作外，还可直接为幻灯片中的某个对象添加动作，提高制作效率。

方法

例如，通过为演示文稿的第 4 张幻灯片的图表添加动作，使其链接到第 3 张幻灯片，具体操作方法如下：

1️⃣打开"素材文件\第 16 章\销售业绩报告.pptx"演示文稿，选择第 4 张幻灯片中的图表，单击"插入"选项卡"链接"组中的"动作"按钮，如下图所示。

2️⃣弹出"操作设置"对话框，❶选中"超链接到"超级链接；❷在其下拉列表框中选择"幻灯片"选项，如下图所示。

3️⃣弹出"超链接到幻灯片"对话框，❶在"幻灯片标题"列表框中选择链接的幻灯片"幻灯片 3"选项；❷依次单击"确定"按钮即可，如下图所示。

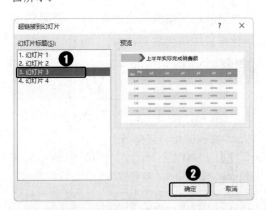

技巧 096：如何为切换动画添加声音

说明

在幻灯片中，还可根据需要为切换动画添加声音，这样，在幻灯片之间进行切换时，就会听到添加的切换声音。

方法

例如，为第 1 张幻灯片添加"风铃"的切换声音，具体操作方法如下：

打开"素材文件\第 16 章\婚庆用品展.pptx"演示文稿，❶选择第 1 张幻灯片；❷在"切换"选项卡的"计时"组中的"声音"下拉列表中选择需要的切换声音即可，如选择"风铃"，如下图所示。

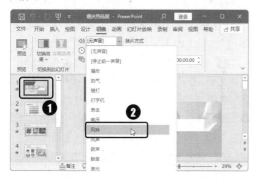

> **温馨小提示**
>
> 在"声音"下拉列表中选择"其他声音"选项，在打开的"音频"对话框中选择声音文件插入，可添加为幻灯片切换的声音。

技巧 097：能不能为同一对象添加多个动画

说明

为了让幻灯片中对象的动画效果丰富、自然，可对其添加多个动画效果，但需要通过添加动画功能来实现。

方法

例如，为幻灯片中的同一对象添加两个动画效果，具体操作方法如下：

❶ 打开"素材文件\第 16 章\宣传方案.pptx"演示文稿，❶选择幻灯片中的标题占位符，单击"动画"选项卡"动画"组的"动画样式"按钮☆；❷在弹出的下拉列表中选择"浮入"进入动画选项，如下图所示。

❷ 保持占位符的选择状态，❶单击"动画"选项卡"高级动画"组中的"添加动画"按钮☆；❷在弹出的下拉列表中选择"填充颜色"选项，如下图所示。

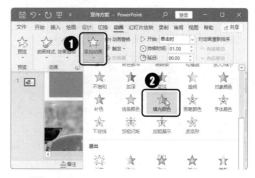

❸ 在动画窗格中，即可查看到为标题文本添加的两个动画效果，如下图所示。

技巧 098：使用动画刷快速复制动画

说明

如果要在幻灯片中的其他对象或其他幻灯片中的对象应用相同的动画效果，可通过动画刷复制动画，使对象快速拥有相同的动画效果。

方法

例如，使用动画刷复制动画应用于其他图片中，具体操作方法如下：

1 打开"素材文件\第 16 章\景点宣传.pptx"演示文稿，❶选择第 1 张幻灯片中的图片；❷为其添加"缩放"进入动画，将其持续时间设置为"01.00"；❸延迟时间设置为"00.25"；❹双击"高级动画"组中的"动画刷"按钮，如下图所示。

2 此时，光标将变成形状，然后依次在需要应用复制动画的对象上单击，即可为其应用相同的动画效果，如下图所示。

> **温馨小提示**
>
> 动画刷与格式刷的使用方法相似，双击可多次应用复制的格式；而单击则只能使用一次复制的格式。

技巧 099：利用触发器控制视频的播放

说明

在 PowerPoint 2021 中提供了触发器功能，通过单击触发对象可触发另一动作的发生，经常用于控制动画或视频等对象的播放。

方法

例如，利用触发器控制视频的播放，具体操作方法如下：

1 打开"素材文件\第 16 章\宣传视频.pptx"演示文稿，❶选择幻灯片中的视频图标，单击"动画"选项卡"动画"组中的"动画样式"按钮；❷在弹出的下拉列表中选择"媒体"栏中的"播放"选项，如下图所示。

2 保持视频图标的选择状态，❶单击"动画"选项卡"高级动画"组中的"触发"按钮；❷在弹出的下拉列表中选择"通过单击"选项；❸在弹出的子列表中选择需要触发的对象，如选择"圆角矩形 2"选项，如下图所示。

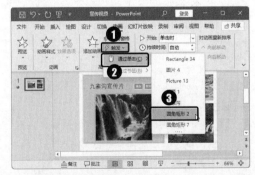

3 保持视频图标的选择状态，❶单击"动画"选项卡"高级动画"组中的"添加动画"按钮；❷在弹出的下拉列表中选择"媒体"栏中的"暂停"选项，如下图所示。

4 保持视频图标的选择状态，❶单击"动画"选项卡"高级动画"组中的"触发"按钮✨；❷在弹出的下拉列表中选择"通过单击"选项；❸在弹出的子列表中选择需要触发的对象，如选择"圆角矩形 7"选项，如下图所示。

5 进入幻灯片放映状态，单击 按钮可播放视频，单击 按钮可暂停视频播放，如下图所示。

技巧 100：如何设置放映幻灯片时不播放添加的动画效果

说明

在编辑幻灯片时，通常会根据需要添加一些动画效果。在放映幻灯片时，如果只需要观看幻灯片中的内容，就可以通过设置，

使在放映幻灯片时不播放动画效果。

方法

例如，设置在放映幻灯片时不播放动画效果，具体操作方法如下：

在演示文稿中单击"幻灯片放映"选项卡"设置"组中的"设置幻灯片放映"按钮，弹出"设置放映方式"对话框，❶选中"放映选项"栏中的 放映时不加动画 复选框；❷单击 确定 按钮即可，如下图所示。

技巧 101：只放映指定要放映的幻灯片

说明

对于大型的演示文稿，有时只需要放映演示文稿某部分连续的几张幻灯片，这时可以通过设置，只放映指定的幻灯片。

方法

例如，只放映指定的幻灯片，具体操作方法如下：

在演示文稿中单击"幻灯片放映"选项卡"设置"组中的"设置幻灯片放映"按钮，弹出"设置放映方式"对话框，❶选中"放映幻灯片"栏中的 从(F): 单选按钮；❷在其后的数值框中输入需要开始放映的幻灯片编号和结束幻灯片的编号；❸单击 确定 按钮即可，如下图所示。

2 将以缩略图的形式显示当前演示文稿中的所有幻灯片，单击第 3 张幻灯片缩略图，如下图所示。

3 即可切换到第 3 张幻灯片进行放映，效果如下图所示。

【温馨小提示】

　　通过该方式只能指定连续播放的幻灯片，如果要指定播放不连续的幻灯片，就需要通过自定义放映幻灯片的方法实现

【温馨小提示】

　　在右键快捷菜单中选择"上一张"或"下一张"命令，也可进行切换。

技巧 102：在放映过程中如何跳转到指定的幻灯片

说明

　　在放映过程中，通过右键快捷菜单，还可以快速跳转到指定要放映的幻灯片。

方法

　　例如，在放映过程中，从第 1 张幻灯片跳转到第 3 张幻灯片放映，具体操作方法如下：

　　1 打开"素材文件\第 16 章\婚庆用品展.pptx"演示文稿，从头开始放映幻灯片，在第 1 张幻灯片上右击，在弹出的快捷菜单中选择"查看所有幻灯片"命令，如下图所示。

技巧 103：如何取消单击切换幻灯片

说明

　　如果演示文稿使用了排练计时，那么可取消单击进入下一张幻灯片的功能，这样可减少放映过程中的错误，使演示更顺畅。

方法

　　例如，取消单击进入下一张幻灯片的功能，具体操作方法如下：

　　❶打开"素材文件\第 16 章\婚庆用品展.pptx"演示文稿，单击"切换"选项卡"计时"组中的取消选中□ 单击鼠标时复选框；❷单击"应用到全部"按钮，应用到当前演示文稿中的所有幻灯片中即可，如下图所示。

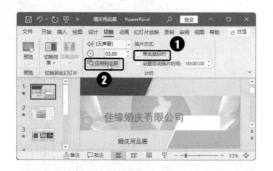

技巧 104：不打开演示文稿就能放映幻灯片

说明

　　要想快速对演示文稿进行放映，通过"显示"命令，不打开演示文稿就能直接对演示文稿进行放映。

方法

　　例如，不打开演示文稿直接进行放映，具体操作方法如下：

　　1 ❶在文件窗口中选择需要放映的演示文稿；❷右击，在弹出的快捷菜单中选择"显示"命令，如下图所示。

　　2 即可直接进入演示文稿的放映状态，效果如下图所示。

技巧 105：放映幻灯片时如何隐藏光标

说明

　　在放映幻灯片的过程中，如果不需要使用鼠标进行操作，则可以通过设置将光标隐藏起来。

方法

　　隐藏光标的具体操作方法如下：

　　在放映过程中，在幻灯片上右击，❶在弹出的快捷菜单中执行"指针选项"命令；❷在弹出的子菜单中执行"箭头选项"命令；❸在弹出的级联子菜单中执行"永远隐藏"命令，使"永远隐藏"命令呈选择状态即可，如下图所示。

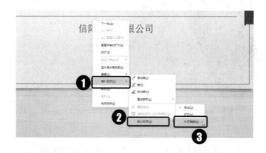

技巧 106：为幻灯片重要内容添加标注

说明

　　在放映演示文稿时，若想突出幻灯片中的重要内容，用户也可根据需要在屏幕上添加注释，勾画出重点内容或特殊内容。

方法

　　例如，使用笔将幻灯片中的部分内容画出来，具体操作方法如下：

　　1 打开"素材文件\第 16 章\景点宣传.pptx"演示文稿，对幻灯片进行放映，❶在第 4 张幻灯片上右击，在弹出的快捷菜单中选择"指针选项"命令；❷在弹出的子菜单中选择"笔"命令，如下图所示。

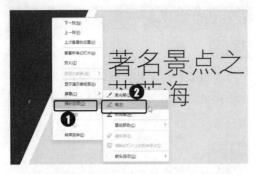

2 此时光标将变成 ● 形状，按住鼠标左键不放，将需要标注的内容圈出来，如下图所示。

3 使用相同的方法将其他幻灯片的景点名称圈出来，圈完后，按 Esc 键，打开提示对话框，提示"是否保留墨迹注释"信息，单击 保留(K) 按钮，如下图所示。

4 返回幻灯片中，即可查看到保留的标注，效果如下图所示。

温馨小提示

"指针选项"子菜单中还提供了荧光笔和激光指针两种选项，用户可根据需要选择笔进行标注。

技巧 107：通过墨迹书写功能快速添加标注

说明

除了可在放映幻灯片的过程中添加标注，还可在编辑幻灯片时通过墨迹书写功能将幻灯片中的重要内容标注出来。

方法

例如，通过墨迹书写功能为幻灯片中的重要内容添加标注，具体操作方法如下：

1 打开"素材文件\第 16 章\销售业绩报告.pptx"演示文稿，**❶**选择第 3 张幻灯片；**❷**单击"绘图"选项卡"绘图工具"组中的"笔"按钮；**❸**在弹出的菜单中选择笔的粗细和颜色，操作如下图所示。

2 激活"笔"选项，**❶**拖动光标标注重点内容；**❷**单击"绘图工具"组中的"荧光笔"按钮；**❸**在弹出的菜单中选择荧光笔的粗细和颜色，如下图所示。

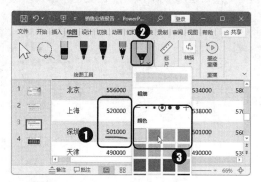
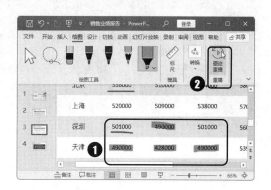

3 ❶拖动鼠标标注重点内容，然后按 Esc
键退出默认书写功能；❷单击"重播"组中的"墨
迹重播"按钮，查看墨迹轨迹，如下图所示。

温馨小提示

通过墨迹书写功能添加的标注，也会在
放映幻灯片时显示出来。

Word 2021 商务办公实战应用

⤵本章导读

本书前面讲解了使用 Word 2021 制作办公文档的相关知识，本章将通过讲解劳动合同和财产物资管理制度等文档的制作，来巩固学过的知识，使用户能灵活应用所学知识制作需要的办公文档。

⤵知识要点

❖ 制作"劳动合同"文档

❖ 制作"公司宣传"文档

❖ 制作"财产物资管理制度"文档

⤵案例展示

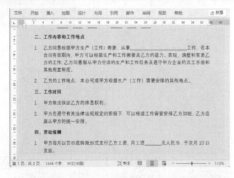

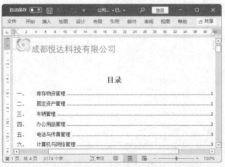

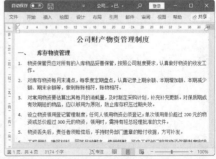

17.1　制作"劳动合同"文档

案例介绍

劳动合同是劳动者与用人单位之间确立劳动关系的一种协议,它具有法律约束力,当事人必须履行劳动合同规定的义务。劳动合同是公司、企业进行劳动资源合理配置的重要手段,员工进入公司后,都会与用人单位签订劳动合同,这样既可以保证员工自己的合法权益,也可保证公司的利益,促进公司的发展。

劳动合同是日常办公中使用最频繁的办公文档之一。本实例将制作一份劳动合同文档,首先将新建的文档保存为"劳动合同"文档,然后输入相应的信息,并对文档的格式进行设置,最后对文档进行打印。

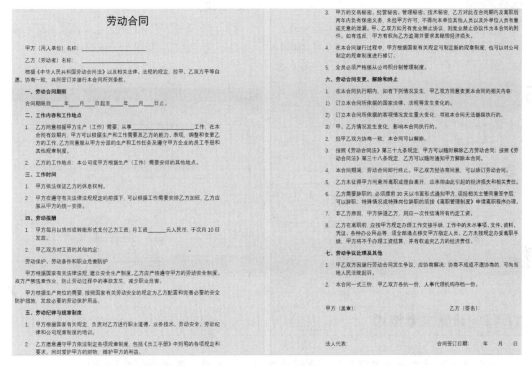

 视频教学

教学文件: 教学文件\第 17 章\制作"劳动合同"文档.mp4

17.1.1　新建"劳动合同"文档

下面将新建一个空白文档,并将其保存为"劳动合同"文档,然后在文档中输入相应的内容,具体操作如下:

1 在系统桌面双击 Word 2021 的快捷方式图标，启动 Word 2021，在打开的界面右侧选择"空白文档"选项，如下图所示。

2 新建一个空白文档，单击快速访问工具栏中的"另存为"按钮，在打开的界面中选择"浏览"选项，如下图所示。

3 ❶弹出"另存为"对话框，在导航窗格左侧选择需要保存的位置；❷在"文件名"文本框中输入保存的名称，如输入"劳动合同"；❸单击 保存(S) 按钮，如下图所示。

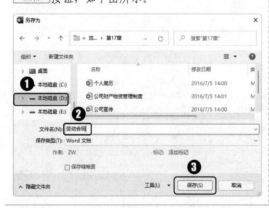

4 对文档进行保存，然后在文档编辑区中输入劳动合同的内容，效果如下图所示。

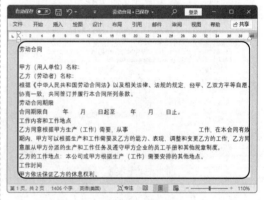

17.1.2　设置文本格式

下面将对文档中文本的字体格式和段落格式进行设置，具体操作如下：

1 选择"劳动合同"标题文本，❶在"开始"选项卡"字体"组中将字体设置为"黑体"；❷字号设置为"二号"；❸单击"段落"组中的"居中"按钮，居中对齐标题，如右图所示。

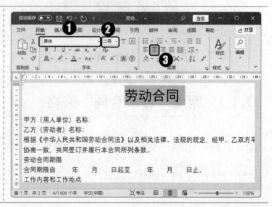

2 选择第一段冒号后的空白，单击"字体"组中的"下画线"按钮U，为其添加下画线，如下图所示。

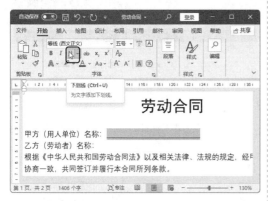

3 使用相同的方法为其他段落需要添加空白的区域添加下画线，如下图所示。

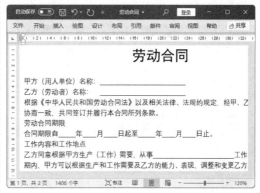

4 按 Ctrl+A 组合键选择文档中的所有文本，单击"开始"选项卡"段落"组右下角的 ⬕ 按钮，如下图所示。

5 弹出"段落"对话框，❶在"特殊"下拉列表框中选择"首行"选项；❷在"段前"数值框中输入"0.5"，如下图所示。

6 单击 确定 按钮，返回文档编辑区，选择需要添加编号的同级段落文本，❶单击"字体"组中的"加粗"按钮B加粗文本；❷然后单击"段落"组中的"编号"按钮 右侧的 ⌄ 按钮；❸在弹出的下拉列表中选择需要的编号样式，如右图所示。

7 选择"工作内容和工作地点"下的段落，❶单击"段落"组中的"编号"按钮☰右侧的 ▾ 按钮；❷在弹出的下拉列表中选择需要的编号样式，如下图所示。

8 使用相同的方法为同级段落添加相同的编号，效果如下图所示。

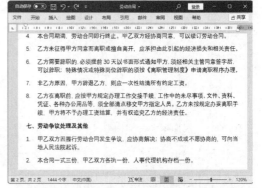

9 选择需要添加编号的段落，❶单击"段落"组中的"编号"按钮☰右侧的 ▾ 按钮；❷在弹出的下拉列表中选择需要的编号样式，如右图所示。

17.1.3 设置页面效果

下面先为文档添加需要的页面颜色，然后为文档添加内置的水印，具体操作如下：

1 ❶单击"设计"选项卡"页面背景"组中的"页面颜色"按钮☐；❷在弹出的下拉列表中选择需要的页面颜色，如右图所示。

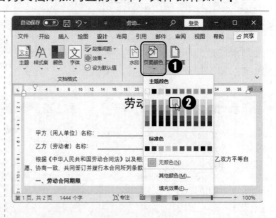

2 ❶单击"设计"选项卡"页面背景"组中的"水印"按钮；❷在弹出的下拉列表中选择"样本 1"选项，如下图所示。

3 返回文档编辑区，即可查看到添加水印后的效果，如下图所示。

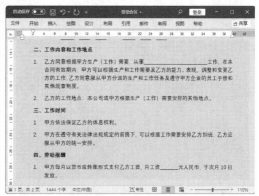

17.2　制作"公司宣传"文档

案例介绍

为了提高社会知名度，公司一般都会进行宣传，宣传的方式有很多种，不同的公司会采用不同的宣传方式。本例将使用 Word 制作公司宣传文档，通过该文档让读者了解公司，提高公司的知名度。本例将首先插入一张图片作为文档的背景，然后结合文本框、艺术字、形状和 SmartArt 图形等对象完成文档的制作。

🔘 视频教学

教学文件： 教学文件\第 17 章\制作"公司宣传"文档.mp4

17.2.1　插入并编辑图片

下面将新建一个名为"公司宣传"的文档，并对文档的页面格式进行设置，最后插入一张图片，将其作为文档的背景。具体操作如下：

1 新建一个空白文档，将其以"公司宣传"文件名保存，❶单击"布局"选项卡"页面设置"组中的"纸张方向"按钮🗋；❷在弹出的下拉列表中选择"横向"选项，如下图所示。

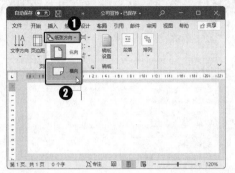

2 ❶单击"布局"选项卡"页面设置"组中的"纸张大小"按钮🗋；❷在弹出的下拉列表中选择"其他纸张大小"选项，如下图所示。

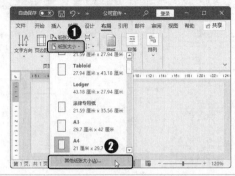

3 ❶弹出"页面设置"对话框，在"纸张大小"下拉列表框中选择"自定义大小"选项；❷在"宽度"数值框中输入"26厘米"；❸在"高度"数值框中输入"14厘米"，如下图所示。

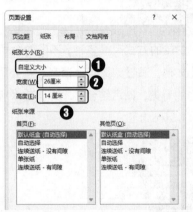

4 单击 保存(S) 按钮，返回文档编辑区，单击"插入"选项卡"插图"组中的"图片"按钮🖼，在弹出的下拉列表中选择"此设备"选项，如下图所示。

5 弹出"插入图片"对话框，❶在左侧导航窗格中选择图片保存的位置；❷在中间选择需要插入的图片"背景图片"选项；❸单击 插入(S) ▾ 按钮，如下图所示。

6 即可在文档中插入图片。选择图片，❶单击"图片格式"选项卡"排列"组中的"环绕文字"按钮⌒；❷在弹出的下拉列表中选择"浮于文字上方"选项，如下图所示。

7 选择图片，拖动鼠标将图片调整到合适的大小，使图片与文档页面重合，效果如下图所示。

8 选择图片，❶单击"图片格式"选项卡"调整"组中的"颜色"按钮🖼️；❷在弹出的下拉列表中选择"色温：11200K"选项，如下图所示。

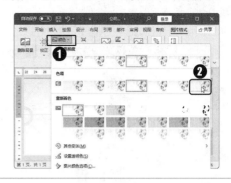

17.2.2　制作公司名称

下面将在"公司宣传"文档中通过形状和文本框的使用，制作公司名称效果，具体操作如下：

1 ❶单击"插入"选项卡"插图"组中的"形状"按钮🔲；❷在弹出的下拉列表中选择"椭圆"选项，如右图所示。

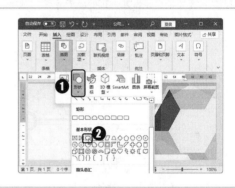

2 按住 Shift 键不放在文档右侧绘制一个正圆，然后使用相同的方法在正圆上绘制一个小一点的正圆，选择绘制的两个圆，❶单击"形状格式"选项卡"形状样式"组中的"形状填充"按钮🎨右侧的 ∨ 按钮；❷在弹出的下拉列表中选择"橙色，个性色 2,25%"选项，如下图所示。

3 选择小圆，❶单击"形状格式"选项卡"形状样式"组中的"形状轮廓"按钮✏️右侧的 ∨ 按钮；❷在弹出的下拉列表中选择"白色,背景 1"选项，如下图所示。

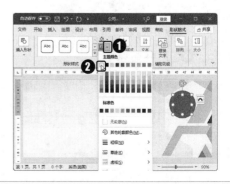

4 保持小圆的选择状态，❶单击"形状轮廓"按钮 🖉 右侧的 ⌄ 按钮；❷在弹出的下拉列表中选择"粗细"选项；❸在弹出的子列表中选择"6 磅"选项，如下图所示。

5 选择大圆，在"轮廓填充"下拉列表中选择"无"选项，取消大圆轮廓，❶单击"插入"选项卡"文本"组中的"文本框"按钮 🄰；❷在弹出的下拉列表中选择"绘制横排文本框"选项，如下图所示。

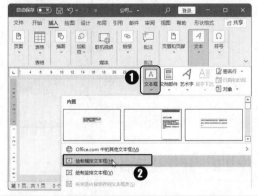

6 拖动鼠标，在形状上绘制一个文本框，❶选择文本框；❷单击"形状格式"选项卡"形状样式"组中的 ⌄ 按钮，在弹出的下拉列表中选择"预设"栏中的第一个选项，如右图所示。

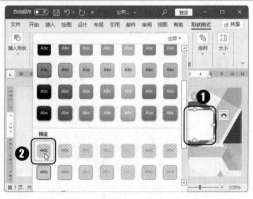

7 在文本框中输入"视"文本，选择文本，❶然后在"开始"选项卡"字体"组中将字体设置为"隶书"；❷将字号设置为"小初"；❸单击"加粗"按钮 **B** 加粗文本；❹将字体颜色设置为"白色"，如下图所示。

8 选择两个圆和文本框，对其进行复制，然后粘贴到文档中，并对圆的填充色和文本框中的文本进行修改，然后使用相同的方法再复制两个，并对其进行修改，效果如下图所示。

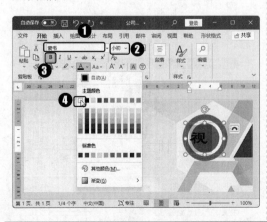

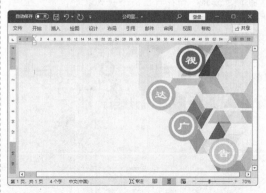

17.2.3　完善文档内容

下面将在"公司宣传"文档中通过文本框、SmartArt 图形和艺术字的使用完善文档内容，具体操作如下：

1 在文档页面上方绘制一个文本框，并输入相应的内容，然后选择文本框，单击"形状格式"选项卡"形状样式"组中的 ▽ 按钮，在弹出的下拉列表中选择"预设"栏中的第三个选项，如下图所示。

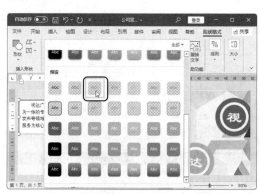

3 在文档中插入 SmartArt 图形，选择 SmartArt 图形，❶单击"格式"选项卡"排列"组中的"环绕文字"按钮 ⌒；❷在弹出的下拉列表中选择"浮于文字上方"选项，如下图所示。

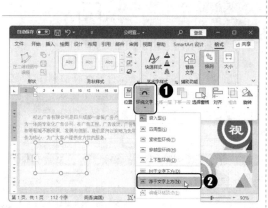

2 单击"插入"选项卡"插图"组中的"SmartArt"按钮 ，❶弹出"选择 SmartArt 图形"对话框，在左侧选择"循环"选项；❷在右侧选择"射线循环"选项；❸然后单击 确定 按钮，如下图所示。

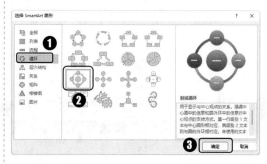

4 选择 SmartArt 图形，将其移动到相应的位置，然后在形状中输入相应的文本，❶单击"SmartArt 设计"选项卡"SmartArt 样式"组中的"快速样式"按钮 ；❷在弹出的下拉列表中选择"白色轮廓"选项，如下图所示。

5 保持 SmartArt 图形的选择状态，❶单击"SmartArt 设计"选项卡"SmartArt 样式"组中的"更改颜色"按钮⚙；❷在弹出的下拉列表中选择"彩色范围-个性色 3 至 4"选项，如下图所示。

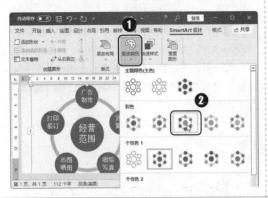

6 在 SmartArt 图形下方绘制两条直线，选择绘制的直线，单击"形状格式"选项卡"形状样式"组中的▽按钮，在弹出的下拉列表中选择"中等线-强调颜色 6"选项，如下图所示。

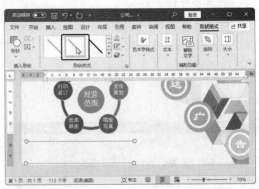

7 在两条直线之间绘制一个文本框，并在其中输入相应的内容，然后对文本框中文本的字体和字号进行设置，效果如下图所示。

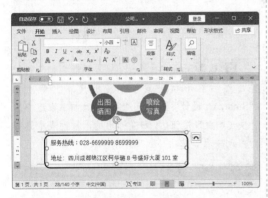

8 ❶单击"插入"选项卡"文本"组中的"艺术字"按钮𝒜；❷在弹出的下拉列表中选择需要的艺术字样式，如下图所示。

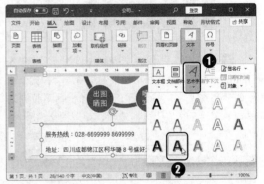

9 在文档中插入艺术字文本框，将艺术字更改为"业精于勤"，❶单击"形状格式"选项卡"文本"组中的"文字方向"按钮⫼；❷在弹出的下拉列表中选择"垂直"选项，如下图所示。

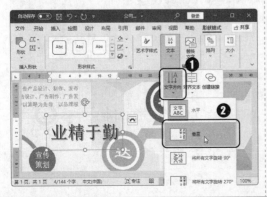

10 选择艺术字文本框，将光标移动到⟳控制点上，当光标变成⟳形状时，按住鼠标左键不放进行左右拖动，调整旋转角度，如下图所示。

⓫ 选择最后一个艺术字，❶单击"形状格式"选项卡"艺术字样式"组中的"文本填充"按钮🅰右侧的 ˅ 按钮；❷在弹出的下拉列表中选择"紫色"选项，如下图所示。

⓬ 复制艺术字文本框，将其中的文本更改为"艺精于品"，然后选择艺术字文本框中的"品"文本，❶单击"形状格式"选项卡"艺术字样式"组中的"文本填充"按钮🅰右侧的 ˅ 按钮；❷在弹出的下拉列表中选择"深红"选项，如下图所示。

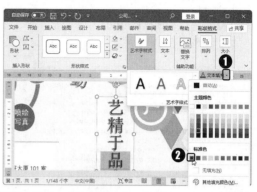

⓭ 选择"艺精于品"文本框，将光标移动到控制点上，当光标变成形状时，按住鼠标左键不放进行左右拖动，调整旋转角度，完成本例的制作，效果如右图所示。

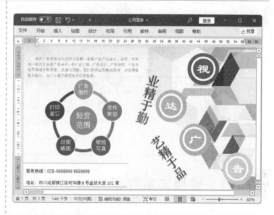

17.3 制作"财产物资管理制度"文档

案例介绍

公司为了加强财产物资核算和管理体系，防止浪费和损失，一般都会制订关于公司财产和物资的管理制度，以加强财产物资管理，约束员工爱护和保护公司财产，减少公司的损失，使公司利益最大化。本实例将制作一份财产物资管理制度文档，首先对文档内容进行替换，然后新建样式，并应用于段落中，最后为文档添加目录和页眉页脚。

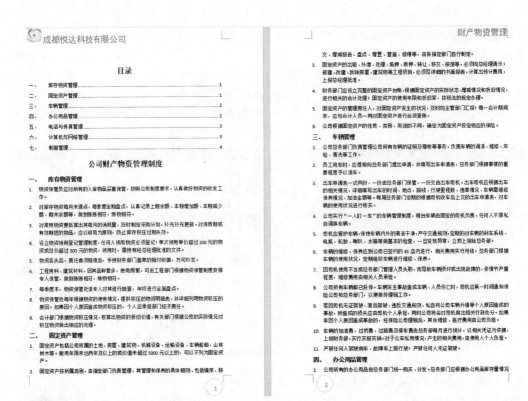

目录

一、 库存物资管理 1
二、 固定资产管理 1
三、 车辆管理 2
四、 办公用品管理 2
五、 电话与传真管理 3
六、 计算机与网络管理 3
七、 制服管理 4

视频教学

教学文件：教学文件\第 17 章\制作"公司财产物资管理制度"文档.mp4

17.3.1 替换文本内容

下面将文档中的"企业"文本替换为"公司"文本，具体操作如下：

1 打开"素材文件\第 17 章\公司财产物资管理制度.docx"文档，单击"开始"选项卡"编辑"组中的"替换"按钮，如下图所示。

2 弹出"查找和替换"对话框，默认选择"替换"选项卡，❶在"查找内容"文本框中输入"企业"；❷在"替换为"文本框中输入"公司"；❸单击 查找下一处(F) 按钮，如下图所示。

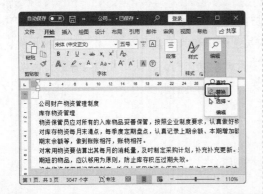

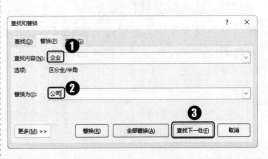

3 即可在文档中查找到需要查找的"企业"文本，单击 全部替换(A) 按钮，如下图所示。

4 开始对查找的内容进行替换，替换完成后，在弹出的提示信息对话框中单击 确定 按钮即可，如下图所示。

17.3.2　样式的新建与应用

下面将新建样式，并将新建的样式应用于文档相应的段落中。具体操作如下：

1 将光标定位到文档标题段落中，在"开始"选项卡"样式"组中的列表框中选择"标题"选项，如下图所示。

2 ❶将光标定位到正文第一段文本中；❷在"开始"选项卡"样式"组中的列表框中选择"创建样式"选项，如下图所示。

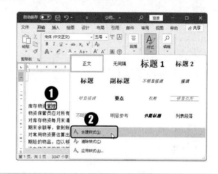

3 在弹出的对话框中单击 修改(M) 按钮，展开对话框，❶在"名称"文本框中输入"正文标题"；❷在"格式"栏中设置样式格式；❸单击 格式(O) 按钮；❹在弹出的下拉列表中选择"编号"选项，如下图所示。

4 弹出"编号和项目符号"对话框，❶在"编号库"列表框中选择需要的编号样式；❷单击 确定 按钮即可，如下图所示。

5 在返回的对话框中单击 确定 按钮，即可将新建的样式应用于光标所在的段落中，然后后为其他需要应用该样式的段落应用样式，效果如下图所示。

7 弹出"修改样式"对话框，❶单击 按钮增加段落间距；❷单击 格式(O)▼ 按钮；❸在弹出的下拉列表中选择"编号"选项，如下图所示。

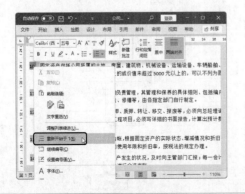

9 即可将修改的样式应用于段落中，然后在"固定资产"下的第一个编号上右击，在弹出的快捷菜单中选择"重新开始于1"命令，如下图所示。

6 将光标定位在正文第二段中，在"样式"列表框的"正文"样式上右击，在弹出的快捷菜单中选择"修改"选项，如下图所示。

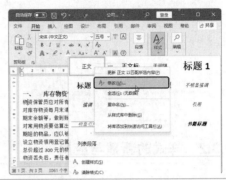

8 弹出"编号和项目符号"对话框，❶在"编号库"列表框中选择需要的编号样式；❷单击 确定 按钮即可，如下图所示。

10 即可将编号更改为"1"，然后使用相同的方法对其他正文标题下的编号起始值进行设置，效果如下图所示。

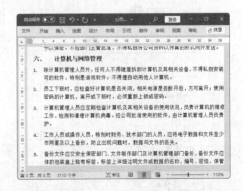

17.3.3　添加页眉页脚

下面将为文档奇数页和偶数页添加不同自定义的页眉页脚。具体操作如下：

1 在页眉页脚处双击，进入页眉页脚的编辑状态，选中"页眉和页脚"选项卡"选项"组中的 ☑奇偶页不同复选框，如下图所示。

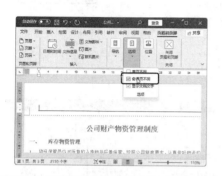

2 单击"字体"组中的"清除所有格式"按钮，清除页眉横线，❶然后按 Enter 键分段，将光标定位到第一段中；❷单击"页眉和页脚"选项卡"插入"组中的"图片"按钮，如下图所示。

3 弹出"插入图片"对话框，❶在左侧导航窗格中选择图片保存的位置；❷在中间选择需要插入的图片"公司 LOGO"选项；❸单击 插入(S) 按钮，如下图所示。

4 选择插入的图片，将其调整到合适大小，❶然后单击"图片格式"选项卡"调整"组中的"艺术效果"按钮；❷在弹出的下拉列表中选择"纹理化"选项，如下图所示。

5 在图片后面输入文本"成都悦达科技有限公司"，❶将其字体设置为"黑体"；❷字号设置为"小二"，如下图所示。

6 将光标定位到页脚处，❶单击"页眉和页脚"组中的"页码"按钮；❷在弹出的下拉列表中选择"页面底端"选项；❸在弹出的子列表中选择"轮廓圆 3"选项，如下图所示。

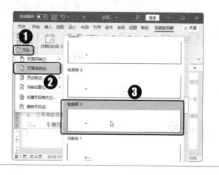

7 在页脚处插入页码样式，然后对页码样式的位置、页码数和页码的字体格式进行修改，效果如下图所示。

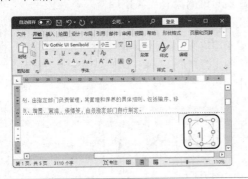

8 将光标定位到偶数页页眉处，输入相应的文本，并对文本的字体格式、段落格式进行设置，效果如下图所示。

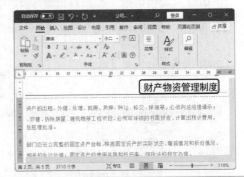

9 使用前面制作奇数页页码的方法制作偶数页的页码，效果如右图所示。

17.3.4　插入目录

下面将在文档最前面插入目录。具体操作如下：

1 复制文档标题，将其粘贴到第一页最前面，将其更改为"目录"，按 Enter 键分段，❶单击"引用"选项卡"目录"组中的"目录"按钮📄；❷在弹出的下拉列表中选择"自定义目录"选项，如下图所示。

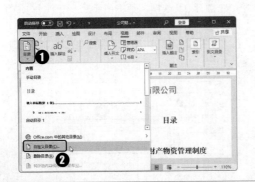

2 弹出"目录"对话框，❶在"常规"栏的"显示级别"数值框中输入"1"；❷单击 选项(O)... 按钮，如下图所示。

3 弹出"目录选项"对话框，❶删除"目录级别"文本框中的数字，在"正文标题"文本框中输入"1"；❷单击 [确定] 按钮，如下图所示。

4 返回文档编辑区，即可查看到添加的目录，效果如下图所示。

本章小结

本章综合运用前面所学的 Word 2021 的相关制作，制作了一些常用的办公文档，如劳动合同、公司宣传和财产物资管理文档，通过制作这些文档，以巩固前面所学的知识。

Excel 2021
商务办公实战应用

本章导读

本书前面讲解了使用 Excel 2021 制作办公表格的相关知识，本章将通过讲解办公用品领用登记表、员工工资表、销售统计表和公司费用支出明细表的制作，来巩固学过的知识，使大家能灵活应用所学知识制作需要的电子表格。

知识要点

❖ 制作"办公用品领用登记表"

❖ 计算与分析"销售统计表"

❖ 制作"员工工资表"

❖ 分析"公司费用支出明细表"

案例展示

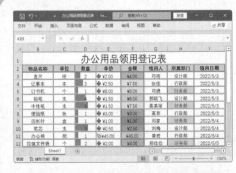

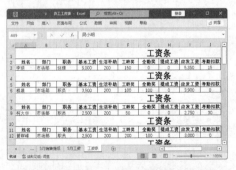

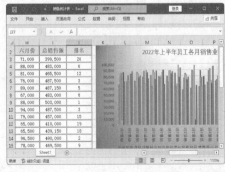

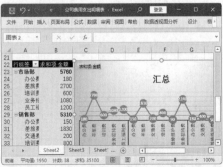

18.1　制作"办公用品领用登记表"

案例介绍

在行政管理工作中，常常需要通过编制办公用品领用登记表，对日常办公用品的领用情况进行登记，这样管理者便能清楚知道办公用品的去向，也便于对办公用品的管理。

本实例将制作办公用品领用登记表，首先在工作表中输入表内容，并对其字体格式、段落格式、数字格式等进行设置，最后对条件格式进行设置。

	A	B	C	D	E	F	G	H	I	J
1	办公用品领用登记表									
2	编号	物品名称	单位	数量	单价	金额	领用人	所属部门	领用日期	备注
3	1	直尺	把	2	¥2.00	¥4.00	邓明	设计部	2022/5/3	
4	2	记事本	本	3	¥2.50	¥7.50	张佳	行政部	2022/5/3	
5	3	订书机	个	1	¥8.00	¥8.00	邓婕	财务部	2022/5/3	
6	4	铅笔	支	4	¥1.50	¥6.00	郭晓飞	设计部	2022/5/3	
7	5	中性笔	支	5	¥1.50	¥7.50	高美丽	财务部	2022/5/3	
8	6	便贴纸	张	1	¥3.00	¥3.00	高菲	行政部	2022/5/4	
9	7	回形针	盒	1	¥1.00	¥1.00	邓家	财务部	2022/5/4	
10	8	笔芯	支	5	¥0.50	¥2.50	刘梅	设计部	2022/5/4	
11	9	办公椅	把	1	¥45.00	¥45.00	黄岩	行政部	2022/5/5	
12	10	拉链文件袋	个	2	¥2.00	¥4.00	郑佳佳	财务部	2022/5/5	
13	11	文件架	个	4	¥12.00	¥48.00	黄梅	行政部	2022/5/5	
14	12	A4复印纸	箱	1	¥145.00	¥145.00	王瑞	行政部	2022/5/5	
15	13	订书钉	盒	1	¥2.50	¥2.50	许飞	财务部	2022/5/5	
16	14	复印图纸A0	张	8	¥4.00	¥32.00	许丹	设计部	2022/5/6	
17	15	计算器	个	2	¥20.00	¥40.00	邓小燕	财务部	2022/5/6	
18	16	中性笔	支	5	¥1.50	¥7.50	高小林	设计部	2022/5/6	
19	17	总账本	本	1	¥10.00	¥10.00	邓琪	财务部	2022/5/6	
20	18	记事本	本	3	¥2.50	¥7.50	李航	设计部	2022/5/6	

视频教学

教学文件：教学文件\第 18 章\制作"办公用品领用登记表".mp4

18.1.1　录入表格数据

下面将新建的工作簿中通过输入、填充等方式完善表格内容，然后通过公式计算出金额。具体操作如下：

1 启动 Excel 2021，新建一个空白工作簿，将其保存为"办公用品领用登记表"，在 A1:J2 单元格中输入表名称和表字段，效果如下图所示。

2 在 A3 单元格中输入编号"1"，将光标移动到 A3 单元格右下角，当光标变成╋形状时，按住鼠标左键不放，向下拖动光标到 A20 单元格，如下图所示。

3 释放鼠标，❶单击出现的"自动填充选项"按钮▦；❷在弹出的列表中选择"填充序列"选项，如下图所示。

4 在其他需要输入数据的单元格中输入相应的数据，❶然后选择 H 列的单元格；❷单击"数据"选项卡"数据工具"组中的"数据验证"按钮▦，如下图所示。

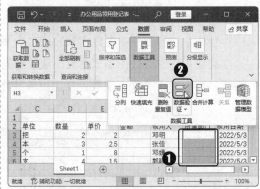

5 弹出"数据验证"对话框，默认选择"设置"选项卡，❶在"允许"下拉列表框中选择"序列"选项；❷在"来源"文本框中输入"行政部，设计部，财务部"；❸单击 确定 按钮，如下图所示。

6 选择 H3 单元格，在其后出现下拉按钮▾，❶单击下拉按钮▾；❷在弹出的下拉列表中显示了可填写的部门，选择"设计部"选项，如下图所示。

7 ❶使用相同的方法填写 H 列其他单元格中的数据；❷选择 F3 单元格，在编辑栏中输入公式"=E3*D3"，如下图所示。

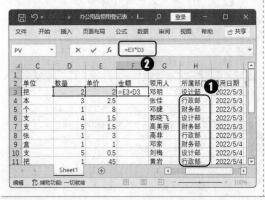

8 按 Enter 键计算出结果，将光标移动到 F3 单元格右下角，当光标变成✚形状时，按住鼠标左键不放，向下拖动鼠标，使光标到 F20 单元格，即可复制公式并计算出结果，效果如下图所示。

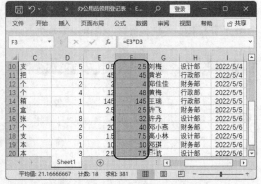

18.1.2　设置单元格格式

下面首先对工作表中数据的字体格式、段落格式和数字格式进行设置，然后对单元格行高和列宽进行设置。具体操作如下：

1 选择 A1:J1 单元格区域，❶单击"开始"选项卡"对齐方式"组中的"合并后居中"按钮🔲；❷然后在"字体"组中将字号设置为"24"，如下图所示。

2 选择 A2:J2 单元格区域，❶将其字号设置为"12"；❷单击"加粗"按钮**B**加粗文本；❸然后选择 A2:J20 单元格区域，单击"居中对齐"按钮三，效果如下图所示。

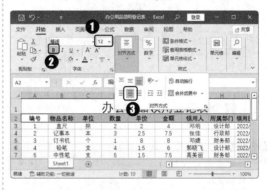

3 选择 E3:F20 单元格区域，❶单击"开始"选项卡"数字"组中的"常规"下拉列表框按钮⌄；❷在弹出的下拉列表中选择"货币"选项，如下图所示。

4 将光标移动到第 2 和第 3 行的分隔线上，当光标变成✛形状时，按住鼠标左键不放向下拖动，调整行高，然后选择 A3:J20 单元格区域，❶单击"开始"选项卡"单元格"组中的"格式"按钮🔳；❷在弹出的下拉列表中选择"行高"选项，如下图所示。

5 弹出"行高"对话框，❶在"行高"数值框中输入"18"；❷单击 确定 按钮，如下图所示。

6 将光标移动到 B 和 C 列的分隔线上，当光标变成╬形状时，按住鼠标左键不放向右拖动，调整列宽，使用相同的方法调整其他单元格的列宽，效果如下图所示。

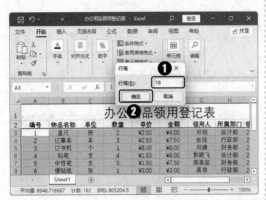

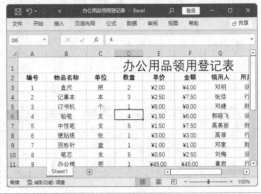

7 选择 A1:J20 单元格区域，单击"开始"选项卡"字体"组右下角的 按钮，❶弹出"设置单元格格式"对话框，选择"边框"选项卡；❷在"样式"列表框中选择"━━━━"选项；❸在"颜色"下拉列表框中选择"蓝色，个性色 1，深色 50%"选项；❹单击"外边框"按钮 和"内部"按钮 ；❺单击 确定 按钮，如下图所示。

8 选择 A2:J2 单元格区域，在"设置单元格格式"对话框中，❶选择"填充"选项卡；❷在"背景色"栏中选择"蓝色"选项；❸单击 确定 按钮，如下图所示。

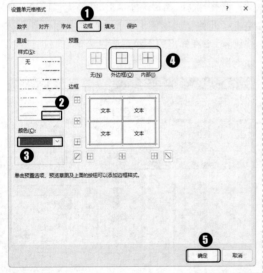

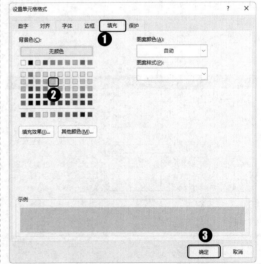

9 返回表格编辑区，即可查看到添加边框和底纹后的效果，如右图所示。

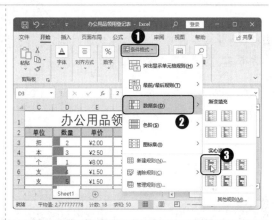

18.1.3 设置单元格条件格式

下面将为单元格设置相应的条件格式。具体操作如下：

1 选择 D3:D20 单元格区域，①单击"开始"选项卡"样式"组中的"条件格式"按钮；②在弹出的下拉列表中选择"数据条"选项；③在弹出的子列表中选择"蓝色数据条"选项，如右图所示。

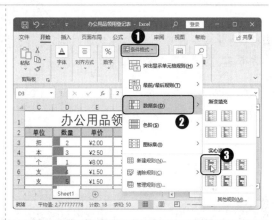

2 选择 E3:E20 单元格区域，①单击"样式"组中的"条件格式"按钮；②在弹出的下拉列表中选择"图标集"选项；③在弹出的子列表中选择"四向箭头（彩色）"选项，如下图所示。

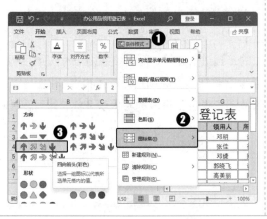

3 选择 F3:F20 单元格区域，①单击"样式"组中的"条件格式"按钮；②在弹出的下拉列表中选择"色阶"选项；③在弹出的子列表中选择"绿-黄-红色阶"选项，如下图所示。

4 选择 H3:H20 单元格区域，❶单击"样式"组中的"条件格式"按钮；❷在弹出的下拉列表中选择"突出显示单元格规则"选项；❸在弹出的子列表中选择"文本包含"选项，如下图所示。

5 弹出"文本中包含"对话框，❶在文本框中输入"财务部"；❷在"设置为"下拉列表框中选择"浅红填充色深红色文本"选项；❸单击 确定 按钮，如下图所示。

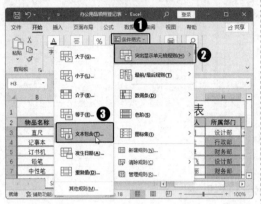

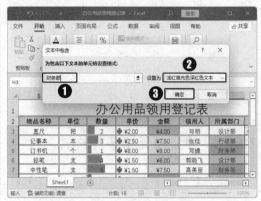

6 返回表格编辑区，即可查看到设置单元格条件格式后的效果，完成本例的制作，如右图所示。

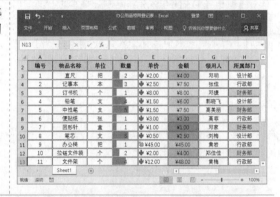

18.2 制作"员工工资表"

案例介绍

员工工资管理是现代化企业管理的一个重要部分，是保障企业正常运转的基础。规范的工资管理既可调动员工的积极性，也可提高企业的整体工作效率。员工工资管理一般包含工资表和工资条两部分，工资表是对公司所有员工的工资进行统计，而工资条则是反映员工每月工资总额，是发放到员工手中的一种依据，通过它可快速查看到自己的工资详细情况。

本例将制作员工工资表，首先通过公式和函数计算员工工资表的各板块金额，然后再通过函数制作员工工资条。

2022年5月员工工资表

姓名	部门	职务	基本工资	生活补助	工龄奖	全勤奖	提成工资	应发工资	考勤扣款	社保扣款	应扣工资	个人所得税	实发工资
李玥	市场部	经理	¥5,000	¥200	¥150	0	¥0	¥5,350	¥15	¥220	¥235	¥57	¥5,059
程晨	市场部	职员	¥3,500	¥200	¥100	100	¥0	¥3,900	¥0	¥220	¥220	¥5	¥3,675
柯大华	市场部	职员	¥2,500	¥200	¥50	0	¥0	¥2,750	¥30	¥220	¥250	¥0	¥2,500
曾群峰	市场部	职员	¥2,500	¥200	¥200	100	¥0	¥3,000	¥0	¥220	¥220	¥0	¥2,780
姚玲	市场部	职员	¥2,500	¥200	¥100	0	¥0	¥2,800	¥20	¥220	¥240	¥0	¥2,560
岳翎	销售部	经理	¥3,500	¥200	¥50	100	¥1,699	¥5,549	¥0	¥220	¥220	¥78	¥5,251
陈悦	销售部	主管	¥3,000	¥200	¥100	100	¥421	¥3,821	¥0	¥220	¥220	¥3	¥3,598
高琴	销售部	组长	¥2,500	¥200	¥150	100	¥353	¥3,303	¥0	¥220	¥220	¥0	¥3,083
向林	销售部	职员	¥2,000	¥200	¥0	0	¥1,274	¥3,474	¥30	¥220	¥250	¥0	¥3,224
付丽丽	销售部	职员	¥2,000	¥200	¥100	0	¥986	¥3,286	¥15	¥220	¥235	¥0	¥3,051
陈全	销售部	职员	¥2,000	¥200	¥50	0	¥540	¥2,790	¥60	¥220	¥280	¥0	¥2,510
温月月	销售部	组长	¥2,000	¥200	¥100	0	¥888	¥3,188	¥10	¥220	¥230	¥0	¥2,958
陈科	销售部	职员	¥2,000	¥200	¥100	100	¥561	¥2,961	¥0	¥220	¥220	¥0	¥2,741
方静	销售部	职员	¥2,000	¥200	¥200	100	¥659	¥3,159	¥0	¥220	¥220	¥0	¥2,939
冉情	销售部	职员	¥2,000	¥200	¥100	0	¥1,088	¥3,388	¥30	¥220	¥250	¥0	¥3,138
郑佳佳	销售部	职员	¥2,000	¥200	¥0	0	¥446	¥2,646	¥15	¥220	¥235	¥0	¥2,411
张雪	行政部	经理	¥4,000	¥200	¥250	100	¥0	¥4,550	¥0	¥220	¥220	¥25	¥4,305
徐月	行政部	行政文员	¥2,800	¥200	¥100	100	¥0	¥3,200	¥0	¥220	¥220	¥0	¥2,980
陈玉	行政部	行政文员	¥2,800	¥200	¥0	100	¥0	¥3,100	¥0	¥220	¥220	¥0	¥2,880
童静茹	行政部	行政文员	¥2,800	¥200	¥50	0	¥0	¥3,050	¥15	¥220	¥235	¥0	¥2,815
何慧	财务部	经理	¥5,000	¥200	¥150	0	¥0	¥5,350	¥30	¥220	¥250	¥55	¥5,045
李遥	财务部	会计	¥3,500	¥200	¥100	0	¥0	¥3,800	¥20	¥220	¥240	¥2	¥3,558
吴小明	财务部	会计	¥3,500	¥200	¥50	100	¥0	¥3,850	¥0	¥220	¥220	¥4	¥3,626

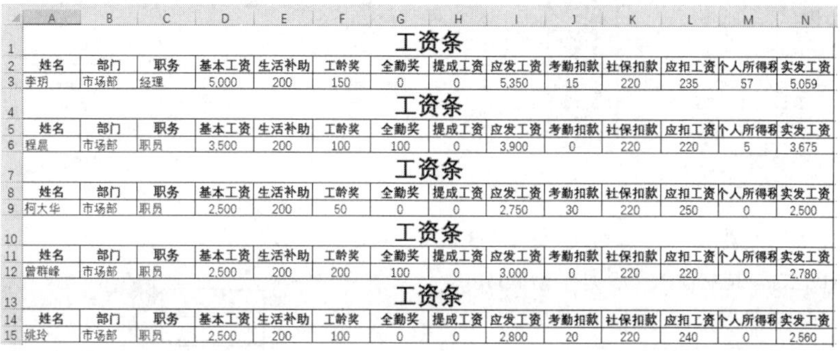

工资条

姓名	部门	职务	基本工资	生活补助	工龄奖	全勤奖	提成工资	应发工资	考勤扣款	社保扣款	应扣工资	个人所得税	实发工资
李玥	市场部	经理	5,000	200	150	0	0	5,350	15	220	235	57	5,059

工资条

姓名	部门	职务	基本工资	生活补助	工龄奖	全勤奖	提成工资	应发工资	考勤扣款	社保扣款	应扣工资	个人所得税	实发工资
程晨	市场部	职员	3,500	200	100	100	0	3,900	0	220	220	5	3,675

工资条

姓名	部门	职务	基本工资	生活补助	工龄奖	全勤奖	提成工资	应发工资	考勤扣款	社保扣款	应扣工资	个人所得税	实发工资
柯大华	市场部	职员	2,500	200	50	0	0	2,750	30	220	250	0	2,500

工资条

姓名	部门	职务	基本工资	生活补助	工龄奖	全勤奖	提成工资	应发工资	考勤扣款	社保扣款	应扣工资	个人所得税	实发工资
曾群峰	市场部	职员	2,500	200	200	100	0	3,000	0	220	220	0	2,780

工资条

姓名	部门	职务	基本工资	生活补助	工龄奖	全勤奖	提成工资	应发工资	考勤扣款	社保扣款	应扣工资	个人所得税	实发工资
姚玲	市场部	职员	2,500	200	100	0	0	2,800	20	220	240	0	2,560

视频教学

教学文件：教学文件\第 18 章\制作“员工工资表”.mp4

18.2.1　计算员工工资应发和扣款部分

下面通过引用单元格和公式计算员工工资应发部分和扣款部分。具体操作如下：

1 打开“素材文件\第 18 章\员工工资表.xlsx”工作簿，❶选择“5 月工资”工作表中的 F4 单元格，在其中输入“=”；❷单击“员工工龄”工作表标签，如下图所示。

2 切换到“员工工龄”工作表，选择 E4 单元格，如下图所示。

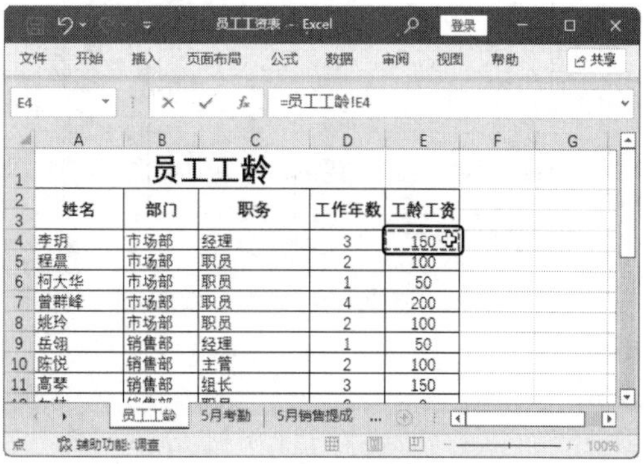

③ 按 Enter 键，切换到"5月工资"工作表，计算出员工工龄奖，将光标移动到 F4 单元格右下角，当光标变成 **＋** 形状时，按住鼠标左键不放，向下拖动光标到 F26 单元格，复制公式计算出数据，效果如下图所示。

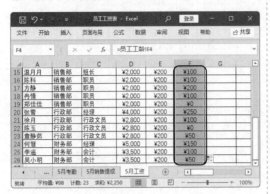

④ ❶在"5月工资"工作表中选择 G4 单元格；❷单击"公式"选项卡"函数库"组中的"最近使用的函数"按钮；❸在弹出的下拉列表中选择"IF"选项，如下图所示。

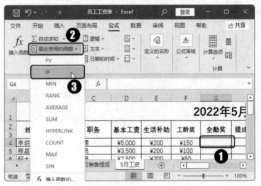

⑤ 弹出"函数参数"对话框，❶在"Logical_test"文本框中输入"'5月考勤'!G4>0"；❷在"Value_if_true"文本框中输入""0""；❸在"Value_if_false"文本框中输入"IF('5月考勤'!G4=0,"100",)"；❹单击 确定 按钮，如右图所示。

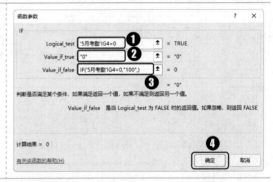

⑥ 计算出 G4 单元格，复制 G4 单元格中的公式，计算出 G5: G26 单元格区域中的数据，效果如下图所示。

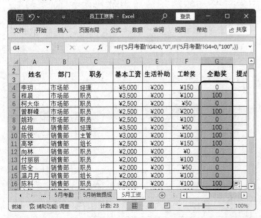

⑦ 在 H4 单元格中输入"="，切换到"5月销售提成"工作表中，选择 F4 单元格，如下图所示。

8 按 Enter 键计算出结果，复制单元格中的公式计算其他单元格，然后在 I4 单元格中输入公式 "=D4+E4+F4+G4+H4"，如下图所示。

9 按 Enter 键计算出结果，然后复制 I4 单元格中的公式计算出其他单元格，效果如下图所示。

10 使用前面的方法计算出"考勤扣款"列和"应扣工资"列的数据，"社保扣款"列中的数据是直接输入的，效果如右图所示。

18.2.2　计算个人所得税和实发工资

下面使用 IF()函数和公式计算工人所得税和实发工资。具体操作如下：

1 ❶选择 M4:M26 单元格区域；❷在编辑栏中输入公式=IF(I4-L4-3500<0,0,IF(I4-L4-3500<1500, (I4-L4-3500)*0.03,IF(I4-L4-3500<4500,(I4-L4-3500)*0.1-105,IF(I4-L4-3500<9000,(I4-L4-3500)*0.2-555,)))), 如下图所示。

2 按 Ctrl+Enter 组合键，即可快速计算出 M4:M26 单元格区域，效果如下图所示。

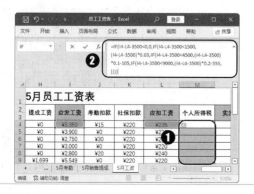

3 ❶选择 N4:N26 单元格区域；❷在编辑栏中输入公式=I4-L4-M4，如下图所示。

4 按 Ctrl+Enter 组合键，即可快速计算出 N4: N26 单元格区域，效果如下图所示。

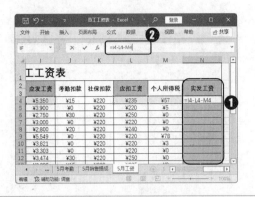

18.2.3　制作员工工资条

下面将新建一个名为"工资条"的工作表，然后使用 VLOOKUP()函数通过查找与引用工资数据，制作员工工资条。具体操作如下：

1 单击工作表标签中的"新工作表"按钮⊕，新建一个"Sheet1"工作表，在其上右击，在弹出的快捷菜单中选择"重命名"命令，如下图所示。

2 将工作表名称命名为"工资条"，然后在 A1:N3 单元格区域中输入相应的内容，效果如下图所示。

3 选择 B3 单元格，在编辑栏中输入公式"=VLOOKUP(A3,'5 月工资'!$A$4:$N$26,2,0)"，如下图所示。

4 ❶按 Enter 键计算出结果；❷然后选择 C3 单元格，在编辑栏中输入公式"= VLOOKUP(A3,'5 月工资'!$A$4:$N$26,3,0)"，如下图所示。

5 ❶按 Enter 键计算出结果；❷然后选择 D3 单元格，在编辑栏中输入公式"= VLOOKUP(A3,'5 月工资'!$A$4:$N$26,4,0)"，如下图所示。

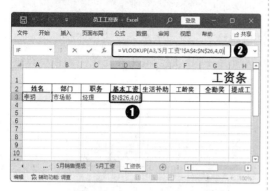

6 按 Enter 键计算出结果，然后使用相同的方法计算出其他单元格，效果如下图所示。

7 选择 A1:N3 单元格区域，将光标移动到 N3 单元格右下角，当光标变成╋形状时，按住鼠标左键不放向下拖动，如下图所示。

8 拖动至 N69 单元格后释放鼠标，即可复制相同的内容和格式，如下图所示。

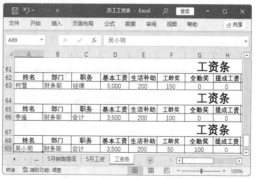

9 选择 A6 单元格，将员工姓名更改为"程晨"，按 Enter 键，该行所有的数据都将发生变化，效果如下图所示。

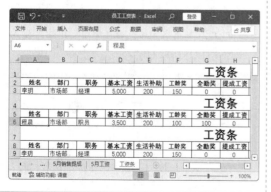

10 使用相同的方法对工资条中员工的姓名进行修改，修改时，员工姓名的顺序必须与"5 月工资"工作表中的排列顺序一样，效果如下图所示。

18.3 计算与分析"销售统计表"

案例介绍

　　销售统计表主要是对公司员工的销售业绩进行统计，一是为了掌握员工的工作情况，二是为了及时掌握公司的销售情况，及时分析与解决所存在的问题。本例首先使用函数计算销售统计表中的部分数据，然后通过图表对计算销售数据进行分析。

视频教学

　　教学文件：教学文件\第18章\计算与分析"销售统计表".mp4

18.3.1 使用函数计算数据

　　下面将使用 SUM()、RANK()、AVERAGE()、COUNTIF()、MAX()、MIN()、COUNTIF()和 SUMIF()函数计算表格数据。具体操作如下：

　　1 打开"素材文件\第18章\销售统计表.xlsx"工作簿，❶选择 I3:I22 单元格区域；❷在编辑栏中输入公式 "=SUM(C3:H3)"，如下图所示。

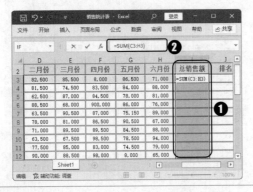

　　2 按 Ctrl+Enter 组合键计算出结果，❶然后选择 J3:J22 单元格区域；❷在编辑栏中输入公式 "=RANK(I3,I$3:I$22,0)"，如下图所示。

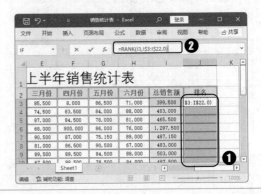

3 按 Ctrl+Enter 组合键计算出销售总排名，效果如下图所示。

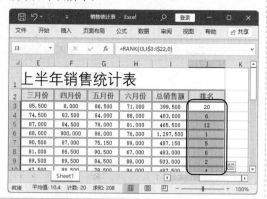

4 ❶选择 C24:H24 单元格区域；❷在编辑栏中输入公式 "=AVERAGE(C3:C22)"，如下图所示。

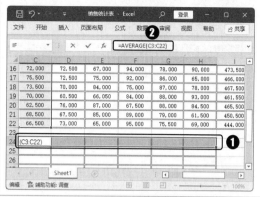

5 ❶按 Ctrl+Enter 组合键计算出结果；❷然后选择 C25:H25 单元格区域，在编辑栏中输入公式 "=COUNTIF(C3:C22,">=65000")/COUNTA(C3:C22)"，按 Ctrl+Enter 键计算出结果，如下图所示。

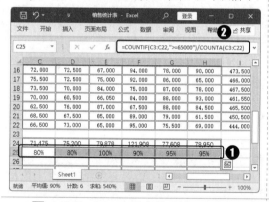

6 ❶选择 C26:H26 单元格区域，在编辑栏中输入公式 "=MAX(C3:C22)"；❷按 Ctrl+Enter 组合键计算出结果，如下图所示。

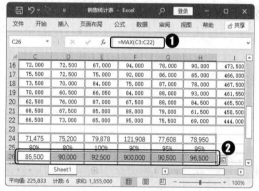

7 ❶选择 C27:H27 单元格区域，在编辑栏中输入公式 "=MIN(C3:C22)"；❷按 Ctrl+Enter 组合键计算出结果，如下图所示。

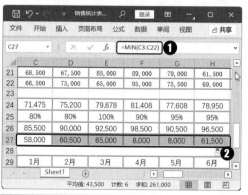

8 ❶选择 B30 单元格，在编辑栏中输入公式 "=COUNTIF(B3:B22,"销售 1 部")"；❷按 Enter 键计算出结果，如下图所示。

9 使用相同的方法计算其他部门的人数；❶ 选择 C30:H30 单元格区域；❷在编辑栏中输入公式 "=SUMIF($B$3:$B$22,"销售 1 部",C3:C22)"，如下图所示。

10 按 Ctrl+Enter 组合键计算出结果，然后使用相同的方法计算其他部门各月的总销售额，效果如下图所示。

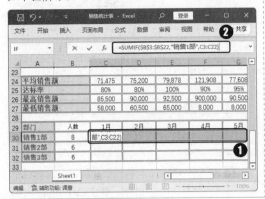

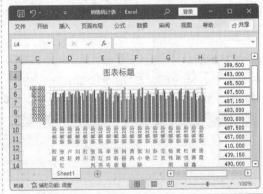

18.3.2　创建图表

下面通过表格中的数据创建柱形图和折线图，具体操作如下：

1 按住 Ctrl 键，拖动鼠标选择 A2:A22 单元格区域和C2:H22 单元格区域，❶单击"插入"选项卡"图表"组中的"插入柱形图或条形图"按钮；❷在弹出下拉列表中选择"三维簇状柱形图"选项，如下图所示。

2 即可在该工作表中插入选择的柱形图表，效果如下图所示。

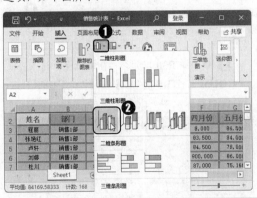

3 ●按住 Ctrl 键，拖动鼠标选择 A29:A32 单元格区域和 C29:H32 单元格区域；●单击"插入"选项卡"图表"组中的"推荐的图表"按钮，如下图所示。

4 弹出"插入图表"对话框，●选择"折线图"选项；●单击 确定 按钮，如下图所示。

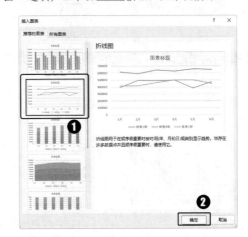

5 即可在该工作表中插入选择的柱形图表，效果如右图所示。

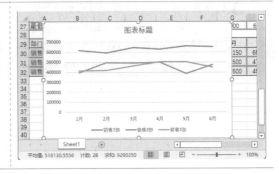

18.3.3　编辑和美化图表

下面将根据实际情况对插入的柱状图和折线图进行编辑和美化操作。具体操作如下：

1 选择柱形图表，将光标移动到图表上，然后按住鼠标左键不放，将其移动到表格数据右侧，然后将光标移动到右下角的控制点上，按住鼠标左键不放向右下拖动，如下图所示。

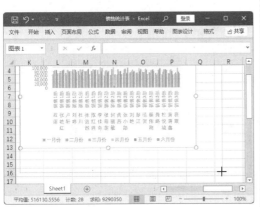

2 拖动到合适大小后释放鼠标，●选择图表标题，将其更改为"2022 年上半年员工各月销售业绩统计表"；●在图表区右击，在弹出的快捷菜单中选择"设置图表区域格式"命令，如下图所示。

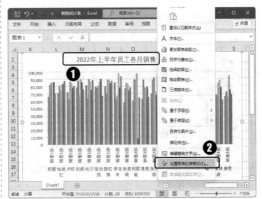

3 弹出"设置图表区格式"任务窗格，❶双击展开"填充"选项；❷选中 ● 渐变填充(G) 单选按钮，如下图所示。

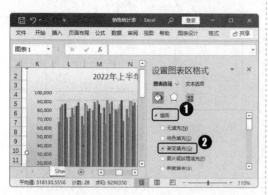

4 ❶单击"预设渐变"按钮，在弹出的下拉列表中选择"顶部聚光灯-个性色 5"选项；❷在"渐变光圈"栏中向左调整第 2 个光圈的位置，如下图所示。

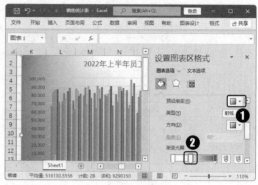

5 选择折线图表，将其移动到柱状图下方，并将其调整到合适的大小，然后选择图表标题，将其更改为"各部门销售分析表"，如下图所示。

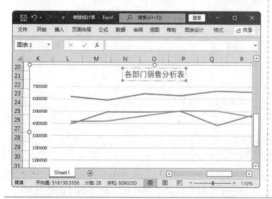

6 选择图表，在"图表设计"选项卡"图表样式"组中的"快速样式"列表框中选择"样式12"选项，如下图所示。

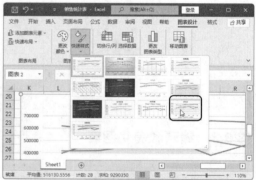

7 弹出"设置图表区格式"任务窗格，❶选中 ● 纯色填充(S) 单选按钮；❷单击"颜色"按钮 右侧的 ▼ 按钮；❸在弹出的下拉列表中选择"颜色，个性色 5，淡色 60%"选项，如下图所示。

8 返回工作表中即可查看效果，选择图例，❶单击"图表设计"组中的"添加图表元素"按钮；❷在弹出的下拉列表中选择"图例"选项；❸在弹出的子列表中选择"右侧"选项，完成本例制作，如下图所示。

18.4　分析"公司费用支出明细表"

案例介绍

公司费用支出明细表反映的是某一段时间内公司员工因工作需要而产生的各项经费及其构成情况的报表，它属于公司固定支出的一部分。不同的公司，在生产经营活动中所发生的各项经费会有所不同，而且对表格包含的内容也会有所区别。

本实例将对公司费用支出明细表进行分析，首先对表格中的数据按一定顺序进行排序，然后通过数据透视表对表格数据进行汇总，最后根据数据透视表中的内容创建数据透视图，以便于直观地分析表格数据。

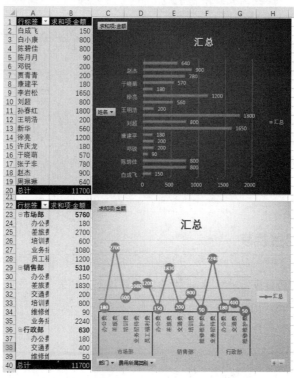

视频教学

教学文件：教学文件\第 18 章\分析 "公司费用支出明细表".mp4

18.4.1 对表格数据进行排序

下面将按部门对表格中的数据进行排序。具体操作如下：

1 打开 "素材文件\第 18 章\公司费用支出明细表.xlsx"，❶选择 A2:F22 单元格区域；❷单击 "数据" 选项卡 "排序和筛选" 组中的 "排序" 按钮，如下图所示。

2 弹出 "排序" 对话框，❶在 "主要关键字" 下拉列表框中选择 "部门" 选项；❷在 "次序" 下拉列表框中选择 "升序" 选项；❸单击 确定 按钮，如下图所示。

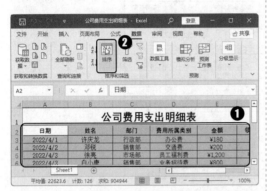

3 返回文档编辑区，即可查看到按部门进行排序后的效果，如右图所示。

18.4.2 创建数据透视表

下面根据姓名和费用所属类别主要关键字创建数据透视表。具体操作如下：

1 ❶选择 A2:F22 单元格区域；❷单击"插入"选项卡"表格"组中的"数据透视表"按钮，如下图所示。

2 弹出"创建数据透视表"对话框，在"表/区域"文本框中自动显示选择的单元格区域，❶在"选择放置数据透视表的位置"栏中选中 ⦿ 新工作表(N) 单选按钮；❷单击 确定 按钮，如下图所示。

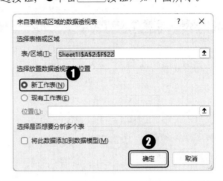

3 即可在新工作表中创建一个空白数据透视表，并弹出"数据透视表字段"任务窗格。在任务窗格中的"字段列表"列表框中依次选中 ☑ **姓名** 和 ☑ **金额** 复选框，效果如下图所示。

4 使用相同的方法根据部门、费用所属类别和金额 3 个关键字段来创建数据透视表，效果如下图所示。

18.4.3　编辑和美化数据透视表

下面对创建的数据透视表进行编辑和美化操作。具体操作如下：

1 将光标定位到第一个数据透视表中，单击"数据透视表分析"选项卡"操作"组中的"移动数据透视表"按钮，如右图所示。

2 弹出"移动数据透视表"对话框，❶在"位置"文本框中输入"Sheet2!$A$1"；❷单击 <u>确定</u> 按钮，如下图所示。

3 返回工作表中，即可将数据透视表移动到目标位置，然后使用相同的方法将第 2 张数据透视表移动到"Sheet2"工作表的 A22 单元格中，效果如下图所示。

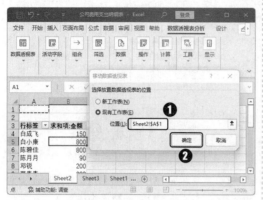

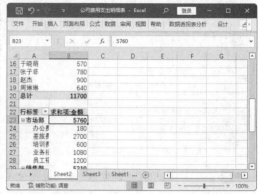

4 选择第 1 张数据透视表中的所有单元格，单击"设计"选项卡"数据透视表样式"组中的 ▽ 按钮，在弹出的下拉列表中选择"浅蓝，数据透视表样式中等深浅 20"选项，如下图所示。

5 即可查看到为第 1 张数据透视表应用样式后的效果，然后选择第 2 张数据透视表中的所有单元格，单击"设计"选项卡"数据透视表样式"组中的 ▽ 按钮，在弹出的下拉列表中选择"浅绿，数据透视表样式中等深浅 21"选项，如下图所示。

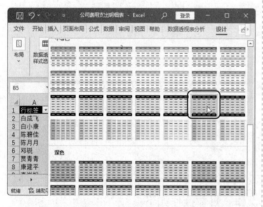

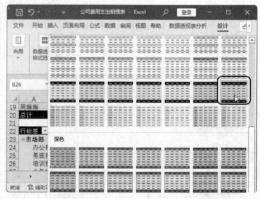

18.4.4　创建并编辑数据透视图

下面将根据数据透视表中的内容创建数据透视图，并对其进行相应的编辑。具体操作如下：

1 ❶选择第 1 张数据透视表中的所有单元格；❷单击"插入"选项卡"图表"组中的"数据透视图"按钮🔳，如下图所示。

2 弹出"插入图表"对话框，❶选择"条形图"选项卡；❷在右侧选择"三维簇状条形图"选项；❸单击 ▢确定 按钮，如下图所示。

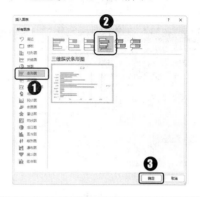

3 即可在工作表中插入数据透视图，选择数据透视图，将其移动到数据透视表右侧，并将其调整到合适的大小，然后选择"设计"选项卡"图表样式"组中的"其他"按钮▾，在弹出的下拉列表中选择"样式 9"选项，如下图所示。

4 即可为数据透视图应用选择的样式，选择数据透视图，❶单击"设计"选项卡"图表布局"组中的"添加图表元素"按钮📊；❷在弹出的下拉列表中选择"数据标签"选项；❸在弹出的子列表中选择"其他数据标签选项"选项，如下图所示。

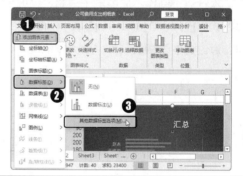

5 弹出"设置数据标签格式"任务窗格，在"标签选项"下选中 ☑ 值(V) 和 ☑ 显示引导线(H) 复选框即可，如下图所示。

6 选择第 2 张数据透视表中的所有单元格，单击"插入"选项卡"图表"组中的"数据透视图"按钮🔳，弹出"插入图表"对话框，❶选择"折线图"选项卡；❷在右侧选择"带数据标记的折线图"选项；❸单击 ▢确定 按钮，如下图所示。

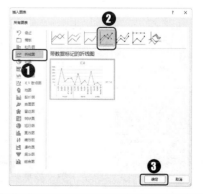

7 即可在工作表中插入数据透视图，选择数据透视图，将其调整到合适位置和大小，然后在"图表样式"下拉列表中选择"样式 2"选项，如下图所示。

8 即可为数据透视图应用选择的图表样式，效果如下图所示。

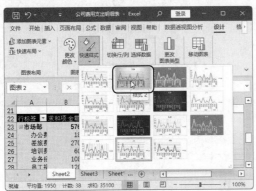
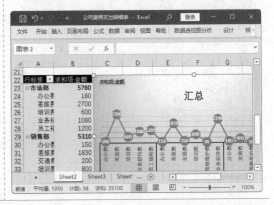

本章小结

　　本章通过制作不同的电子表格，以巩固前面所学的数据的录入、单元格格式的设置、条件格式的应用、公式和函数的使用、图表的使用，以及数据透视表和数据透视图的使用等知识，通过这些表格的制作，使大家能灵活运用所学的知识，制作所学的表格。

第 19 章

PowerPoint 2021 商务办公实战应用

本章导读

本书前面讲解了使用 PowerPoint 2021 制作幻灯片的相关知识。本章将通过制作"沟通技巧培训"幻灯片、制作"年终工作总结"幻灯片、动态展示"产品宣传画册"幻灯片等操作，巩固 PowerPoint 2021 的相关知识，使用户能灵活运用所学的知识。

知识要点

❖ 制作"沟通技巧培训"幻灯片
❖ 动态展示"产品宣传画册"幻灯片
❖ 制作"年终工作总结"幻灯片

案例展示

19.1 制作"沟通技巧培训"幻灯片

案例介绍

在企业中，管理层与管理层、管理层与员工、员工与员工之间都是靠沟通来掌握和传播信息、交流思想的，因此，有效沟通不仅可以解决矛盾、增进了解、融洽关系，还可以为决策者提供全面、准确、可靠的信息，保证工作质量，提高工作效率。所以，新员工进入公司后，一般都会先对其进行培训，使其掌握一定的技能，这样才能促进企业的有效发展。

本实例将制作"沟通技巧培训"幻灯片，首先根据模板新建演示文稿，并对其进行保存，然后添加文本、图片、SmartArt 图形等对象，最后对幻灯片中的对象进行编辑。

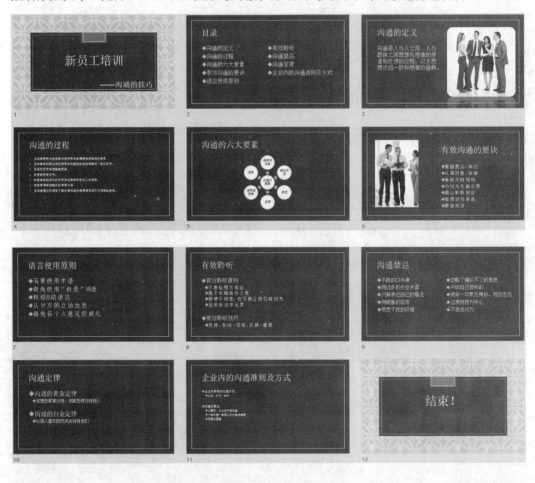

 视频教学

教学文件：教学文件\第 19 章\制作"沟通技巧培训"幻灯片.mp4

19.1.1　新建与保存演示文稿

下面将根据模板新建一个演示文稿，并将其进行保存，然后更改模板的变体效果。具体操作如下：

1 启动 PowerPoint 2021，在弹出的界面右侧选择"肥皂"模板选项，如下图所示。

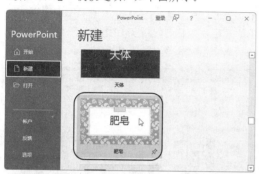

2 在弹出的对话框中单击"创建"按钮█，如下图所示。

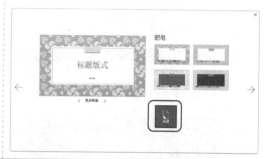

3 开始下载模板，下载完成后即可根据模板创建一个演示文稿，单击文件按钮，❶在打开的界面左侧选择"另存为"选项；❷在中间选择"浏览"选项，如下图所示。

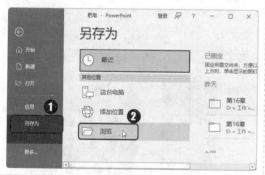

4 弹出"另存为"对话框，❶在地址栏中设置演示文稿保存的位置；❷在"文件名"文本框中输入"沟通技巧培训"；❸单击 保存(S) 按钮，如下图所示。

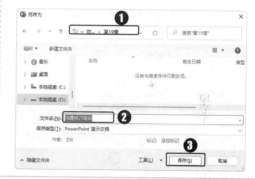

5 即可保存演示文稿，返回幻灯片编辑区，❶单击"设计"选项卡"变体"组中的"变体"按钮下方的 ▾ 按钮；❷在弹出的列表框中选择第 4 种选项，如下图所示。

6 即可查看到演示文稿中幻灯片的主题发生了变化，效果如下图所示。

19.1.2 添加幻灯片内容

下面新建幻灯片，并在幻灯片中添加相应的内容，如文本、形状、SmartArt 图形和图片等。具体操作如下：

1 在标题占位符和副标题占位符中输入相应的文本，❶选择副标题占位符，在"字体"组中将字号设置为"44"；❷单击"加粗"按钮**B**加粗文本，效果如下图所示。

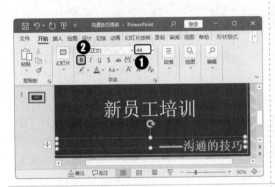

2 按两次 Enter 键新建两张幻灯片，分别在第 2 张和第 3 张幻灯片中输入相应的文本，选择第 3 张幻灯片，❶单击"插入"选项卡"图像"组中的"图片"按钮，❷在弹出的下拉菜单中选择"此设备"选项，如下图所示。

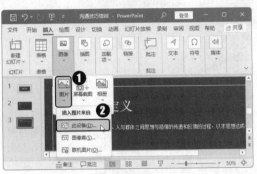

3 弹出"插入图片"对话框，❶在地址栏中选择图片保存的位置；❷选择需要插入的"沟通"图片文件；❸单击 插入(S) 按钮，如下图所示。

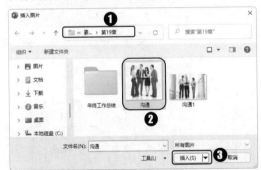

4 即可将选择的图片插入到第 3 张幻灯片中，效果如下图所示。

5 新建两张幻灯片，分别在幻灯片中输入需要输入的文本内容，单击第 5 张幻灯片中的"插入 SmartArt 图形"图标，如下图所示。

6 弹出"选择 SmartArt 图形"对话框，❶在左侧选择"循环"选项；❷在中间选择"分离射线"选项；❸单击 确定 按钮，如下图所示。

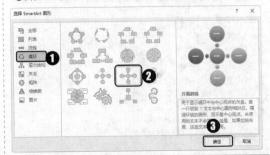

7 即可在幻灯片中插入选择的 SmartArt 图形，并在 SmartArt 图形中添加形状，输入相应的内容，效果如下图所示。

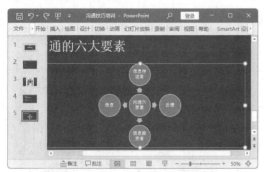

8 使用前面制作幻灯片的方法制作第 6～第 11 张幻灯片，效果如下图所示。

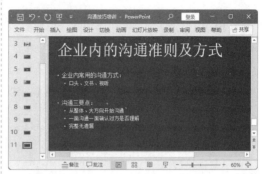

9 选择第 1 张幻灯片，在其上右击，在弹出的快捷菜单中选择"复制"命令复制幻灯片，如下图所示。

10 在最后 1 张幻灯片后右击，在弹出的快捷菜单中选择"粘贴"命令粘贴幻灯片，然后对幻灯片中的内容进行修改，效果如下图所示。

19.1.3　编辑幻灯片

下面将为幻灯片版式和幻灯片中的内容进行编辑。具体操作如下：

1 选择第 2 张幻灯片中的内容占位符，❶单击"段落"组中的"项目符号"按钮⁝⁝右侧的 ∨ 按钮；❷在弹出的下拉列表中选择"实心菱形"选项，如右图所示。

2 为占位符中的段落应用选择的项目符号，❶单击"开始"选项卡"段落"组中的"添加或删除栏"按钮 ☰；❷在弹出的下拉列表中选择"两栏"选项，如下图所示。

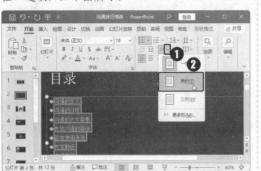

3 调整占位符的高度，占位符中的内容将自动划分为两栏，然后将占位符中的文本字号设置为"32"，效果如下图所示。

4 选择第 3 张幻灯片，分别调整图片和文本占位符的大小和位置，在文本框中输入文本并设置文本样式，选中文本占位符，单击"开始"选项卡"段落"组中的"项目符号"按钮 ☷，取消项目符号，如下图所示。

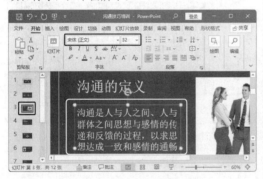

5 ❶选择图片；❷在"图片格式"选项卡的"快速样式"列表中选择"映像圆角矩形"选项，如下图所示。

6 即可应用于选择的图片中，然后选择第 4 张幻灯片中的文本内容，❶单击"段落"组中的"编号"按钮 ☷ 右侧的 ∨ 按钮；❷在弹出的下拉列表中选择需要的编号选项，为段落添加编号，如下图所示。

7 ❶选择第 5 张幻灯片 SmartArt 图形中的"信息传送者"形状；❷单击"SmartArt 设计"选项卡"创建图形"组中的"添加形状"按钮 ☐；❸在弹出的下拉列表中选择"在后面添加形状"选项，如下图所示。

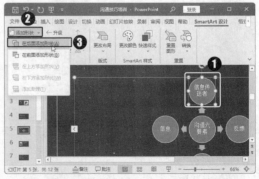

8 即可在选择的形状后面添加一个形状并在形状中输入相应的文本，效果如下图所示。

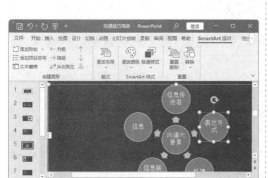

10 ❶单击"SmartArt 设计"选项卡"SmartArt 样式"组中的"更改颜色"按钮🎨；❷在弹出的下拉列表中选择"深色 2 轮廓"选项，如下图所示。

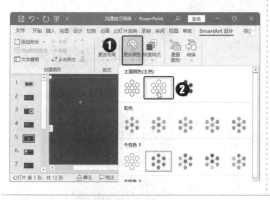

9 使用相同的方法在添加的形状后再添加一个"跟进"形状，然后选择 SmartArt 图形，❶单击"SmartArt 设计"选项卡"SmartArt 样式"组中的"快速样式"按钮📑；❷在弹出的下拉列表中选择"嵌入"选项，如下图所示。

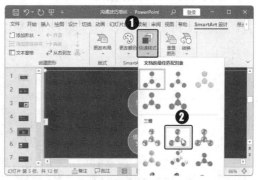

11 使用前面编辑幻灯片的方法对幻灯片的版式和内容进行相应的编辑，完成本例的制作，效果如下图所示。

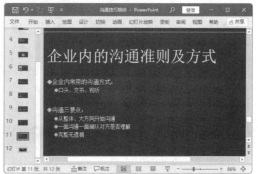

19.2 制作"年终工作总结"幻灯片

案例介绍

当工作进行到一定阶段或告一段落时，公司不仅会让员工自己对这段时间的工作作出总结，公司往往也会要求以文档的形式做出书面的总结报告。现在，很多企业内部要求员工以演示文稿的形式来制作工作总结，尤其以年终总结、半年总结和季度总结最为常见和多用。本节将制作一个年终总结 PPT。

本例将制作年终工作演示文稿，首先在幻灯片母版中自定义设置母版的效果和版式，然后在普通视图中添加幻灯片中的内容，并对其进行编辑。

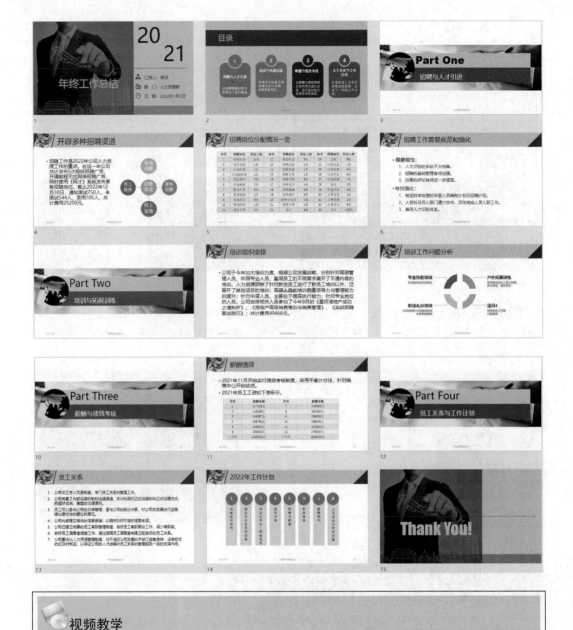

视频教学

教学文件：教学文件\第 19 章\制作"年终工作总结"幻灯片.mp4

19.2.1 设计幻灯片母版

下面先进入幻灯片母版，然后对自定义设计幻灯片母版背景、占位符格式和页眉页脚。具体操作如下：

1 新建一个名为"年终工作总结"的空白演示文稿，单击"幻灯片母版"按钮▭，进入幻灯片母版，❶选择第 1 张幻灯片；❷单击"插入"选项卡"图像"组中的"图片"按钮▨；❸在弹出的下拉列表中选择"此设备"选项，如下图所示。

2 弹出"插入图片"对话框，❶在地址栏中选择图片保存的位置；❷选择需要插入的"背景 1"图片文件；❸单击 插入(S) 按钮，如下图所示。

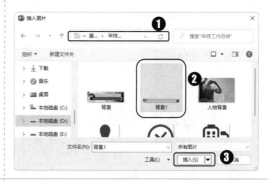

3 即可将选择的图片插入幻灯片母版中，将其调整到合适的位置和大小，选择该图片，❶单击"图片格式"选项卡"排列"组中的"下移一层"按钮▢下方的 ∨ 按钮；❷在弹出的下拉列表中选择"置于底层"选项，如下图所示。

4 将图片置于占位符下方，❶选择第 2 张幻灯片母版，在其中插入"人物背景"图片，并将其调整到合适的大小；❷单击"插入"选项卡"插图"组中的"形状"按钮▢；❸在弹出的下拉列表中选择"矩形"选项，如下图所示。

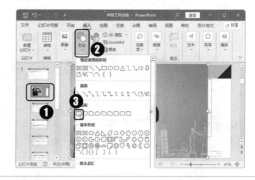

5 拖动鼠标绘制一个与图片大小相等的矩形，选择矩形，在"形状格式"选项卡"形状"组中的列表框中选择"半透明-黑色，深色 1，无轮廓"选项，如下图所示。

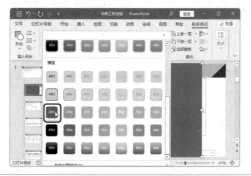

6 使用相同的方法在幻灯片母版右侧绘制一个矩形，选择矩形，❶单击"形状样式"组中的"形状填充"按钮▧右侧的 ∨ 按钮；❷在弹出的下拉列表中选择"橙色"选项，如下图所示。

7 ❶单击"形状样式"组中的"形状轮廓"按钮▧右侧的▾按钮;❷在弹出的下拉列表中选择"无轮廓"选项,如下图所示。

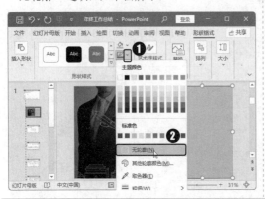

8 使用相同的方法绘制一个长方矩形和线条,选择幻灯片母版中的任一对象,单击"排列"组中的"选择窗格"按钮▱,如下图所示。

9 打开选择窗格,❶在其中选择图片和形状对应的选项;❷单击"排列"组中的"下移一层"按钮下方的▾按钮;❸在弹出的下拉列表中选择"置于底层"选项,如下图所示。

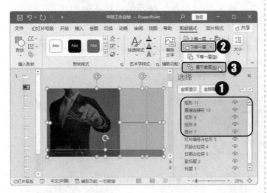

10 即可将幻灯片中的占位符显示出来,然后使用相同的方法制作幻灯片母版中第3张幻灯片的背景,如下图所示。

11 选择第4张幻灯片,在其中插入"背景"图片,将其调整到合适位置和大小,然后选中"幻灯片母版"选项卡"背景"组中的☑隐藏背景图形复选框,隐藏幻灯片顶部的图片,效果如下图所示。

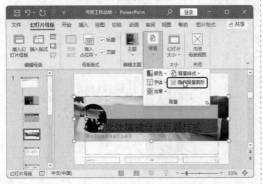

12 选择第1张幻灯片的标题占位符,将其移动到合适位置,然后将字体设置为"微软雅黑",然后将内容占位符的字体也设置为"微软雅黑",效果如下图所示。

13 删除第 2 张幻灯片中的副标题占位符，选择标题占位符，❶单击"艺术字样式"组中的"文本填充"按钮 A 右侧的 ˇ 按钮；❷在弹出的下拉列表中选择"橙色"选项，如下图所示。

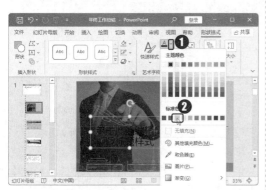

14 使用相同的方法对第 3 和第 4 张幻灯片中占位符的格式进行设置，❶选择第 1 张幻灯片；❷单击"文本"组中的"页眉和页脚"按钮，如下图所示。

15 弹出"页眉和页脚"对话框，❶选中☑日期和时间(D)复选框；❷再选中 ⦿ 固定(X)单选按钮，在其下的文本框中输入"2022/1/5"；❸选中☑幻灯片编号(N)复选框；❹选中☑页脚(F)复选框，在其下的文本框中输入公司名称；❺选中☑标题幻灯片中不显示(S)复选框；❻单击 全部应用(Y) 按钮，如下图所示。

16 即可查看到设置的页眉页脚，对页眉页脚占位符的字体格式进行设置，完成后单击"关闭"组中的"关闭母版视图"按钮 ⊠，退出幻灯片母版视图，如下图所示。

19.2.2　添加和编辑幻灯片对象

下面将为幻灯片添加所需对象，并对幻灯片中的对象进行编辑。具体操作如下：

1 在幻灯片占位符中输入标题"年终工作总结"，①单击"插入"选项卡"文本"组中的"艺术字"按钮 A；②在弹出的下拉列表中选择所需的艺术字样式，如右图所示。

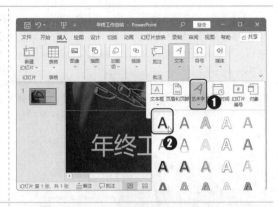

2 在艺术字文本框中输入"20"，将其字体设置为"微软雅黑"，字号设置为"120"，并加粗文本，然后复制艺术字，将其粘贴到幻灯片中，将艺术字更改为"21"，效果如下图所示。

3 ①在幻灯片右下方插入需要的图标图片，并对其进行调整；②然后单击"文本"组中的"文本框"按钮 A；③在弹出的下拉列表中选择"绘制横排文本框"选项，如下图所示。

4 拖动鼠标在第一个图标后面绘制一个文本框，在其中输入相应的文本，并对其字体格式进行相应的设置，然后复制两个文本框，更改其中的文本，效果如下图所示。

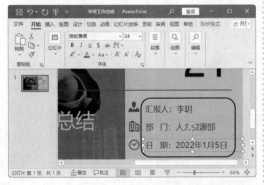

5 按 Enter 键新建一张幻灯片，在其中输入标题，并绘制一个正圆和圆角矩形形状，选择绘制的正圆，①单击"形状轮廓"按钮右侧的下拉按钮；②在弹出的下拉列表中选择"橙色"选项，如下图所示。

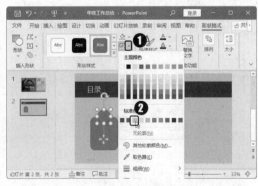

6 ❶在"形状轮廓"下拉列表中选择"粗细"选项；❷在弹出的下拉列表中选择"6磅"选项，如下图所示。

7 在正圆和圆角矩形两个形状中分别输入相应的文本，并对其格式进行相应的设置，效果如下图所示。

8 复制 3 个正圆和圆角矩形形状，将其粘贴到合适位置，并对形状中的文本进行更改，效果如下图所示。

9 按 Enter 键新建一张幻灯片，❶单击"开始"选项卡"幻灯片"组中的"版式"按钮▭；❷在弹出的下拉列表中选择"节标题"选项，如下图所示。

10 更改幻灯片的版式，在幻灯片中的占位符中输入相应的文本，效果如下图所示。

11 新建版式为"两栏内容"的幻灯片，在占位符中输入相应的内容，然后单击"SmartArt"按钮▦，弹出"选择 SmartArt 图形"对话框，❶在左侧选择"关系"选项；❷在中间选择"基本射线图"选项；❸单击 确定 按钮，如下图所示。

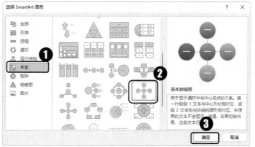

12 插入 SmartArt 图形，在其中输入相应的内容，选择 SmartArt 图形，❶单击"更改颜色"按钮；❷在弹出的下拉列表中选择"彩色范围-个性色 3 至 4"选项，如下图所示。

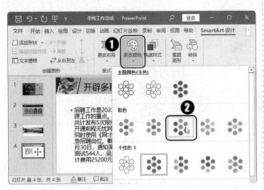

13 按 Enter 键新建一张幻灯片，❶单击占位符中的"插入表格"图标；❷弹出"插入表格"对话框，在"列数"数值框中输入"9"；❸在"行数"数值框中输入"12"；❹单击 确定 按钮，如下图所示。

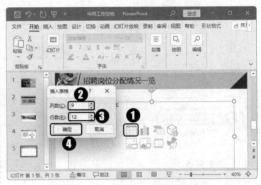

14 即可在幻灯片中插入表格，然后在表格中输入相应的文本，效果如下图所示。

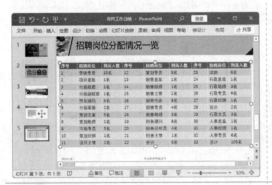

15 选择表格中的文本，单击"布局"选项卡"对齐方式"组中的"居中"按钮和"垂直居中"按钮，使文本居中对齐，如下图所示。

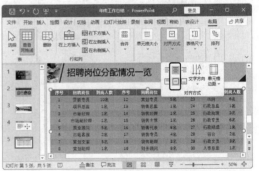

16 选择表格，在"表设计"选项卡"表格样式选项"列表框中选择"中度样式-强调 2"选项，如下图所示。

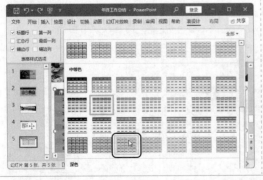

17 即可为表格应用选择的样式，效果如下图所示。

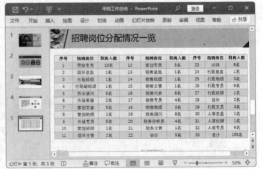

18 使用前面制作幻灯片的方法，制作剩余的幻灯片，效果如右图所示。

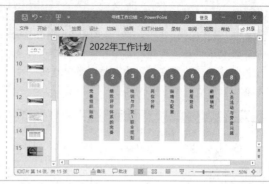

19.3　动态展示"产品宣传画册"幻灯片

案例介绍

企业的发展离不开宣传，宣传分为很多种，如产品宣传、企业形象宣传、上市宣传等，通过宣传既可以提高企业的形象和知名度，还可以推动产品的销售，提高企业的盈利率。

本例将通过为幻灯片添加切换效果和动画效果，放映幻灯片时，使幻灯片中的内容动态展示出来，并将其发布为视频。

视频教学

教学文件： 教学文件\第 19 章\动态展示"产品宣传画册"幻灯片.mp4

19.3.1　添加切换和动画效果

下面为幻灯片添加相同的切换效果，然后为幻灯片中的对象添加相应的动画效果。具体操作如下：

1 打开"素材文件\第 19 章\产品宣传画册.pptx"演示文稿，❶选择第 1 张幻灯片，单击"切换"选项卡"切换到此张幻灯片"组中的"切换效果"按钮▓；❷在弹出的下拉列表中选择"页面卷曲"选项，如下图所示。

2 即可为所选幻灯片添加切换效果，❶然后在"计时"组中选中☑单击鼠标时复选框；❷单击"应用到全部"按钮🔁，为演示文稿中的所有幻灯片应用相同的切换效果，如下图所示。

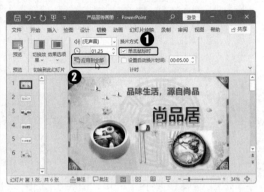

3 选择标题占位符，❶单击"动画"选项卡"动画"组中的"动画样式"按钮🏵；❷在弹出的下拉列表中选择"自定义路径"选项，如下图所示。

4 拖动鼠标，在幻灯片编辑区绘制动画路径，绘制完成后，在"计时"组中将"持续时间"设置为"02.00"，如下图所示。

5 选择标题占位符，❶单击"动画"选项卡"高级动画"组中的"添加动画"按钮☆；❷在弹出的下拉列表中选择"陀螺旋"选项，如下图所示。

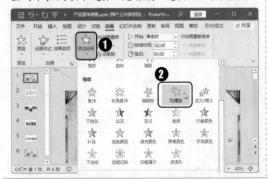

6 ❶单击"动画"组中的"效果选项"按钮≡；❷在弹出的下拉列表中选择"逆时针"选项，如下图所示。

7 为副标题添加飞入进入动画效果，❶单击"动画窗格"按钮；❷打开动画窗格，选择第2和第3个动画选项；❸在"计时"组的开始下拉列表框中选择"上一动画之后"选项，如下图所示。

8 为第2张幻灯片中和第3张幻灯片中的对象添加相应的动画效果，选择"和乐蟹"矩形动画选项，按住鼠标左键不放，将其拖动到图片6动画选项下，如下图所示。

9 释放鼠标调整动画播放顺序，使用相同的方法调整动画的播放顺序，然后选择出第1个动画选项的所有选项，将其开始时间设置为"上一动画之后"，如下图所示。

10 使用相同的方法为其他幻灯片中的对象添加相应的动画效果，效果如下图所示。

19.3.2　设置幻灯片排练计时

下面将为幻灯片设置排练计时。具体操作如下：

1 在"幻灯片放映"选项卡"设置"组中单击"排练计时"按钮，如下图所示。

2 进入幻灯片放映状态，并打开"录制"窗格记录第1张幻灯片的播放时间，如下图所示。

3 第 1 张录制完成后，单击进入到第 2 张幻灯片进行录制，直至录制完最后一张幻灯片的播放时间后，按 Esc 键，打开提示对话框，显示了录制的时间，单击 <u>是(Y)</u> 按钮进行保存，如下图所示。

4 进入幻灯片浏览视图，在每张幻灯片下方将显示录制的时间，效果如下图所示。

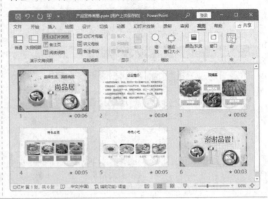

19.3.3　将幻灯片发布为视频

下面将制作好的演示文稿导出为视频文件。具体操作如下：

1 单击 文件 按钮，❶在打开的界面左侧选择"导出"选项；❷在中间选择"创建视频"选项；❸在右侧单击"创建视频"按钮，如下图所示。

2 弹出"另存为"对话框，❶在地址栏中设置导出的视频文件保存的位置；❷其他保持默认设置，单击 <u>保存(S)</u> 按钮，如下图所示。

3 开始制作视频，并在 PowerPoint 2021 工作界面的状态栏中显示视频导出进度，效果如下图所示。

4 导出完成后，即可使用视频播放器将其打开，预览演示文稿的播放效果，如下图所示。

本章小结

本章通过制作不同的演示文稿，以巩固前面所学的主题的应用，具体涉及幻灯片对象的添加、编辑和美化，母版的设计、页眉页脚的添加、动画的添加与设置、排练计时的设置、导出幻灯片等知识，通过这些演示文稿的制作，使大家能灵活运用所学的知识，制作需要的幻灯片。